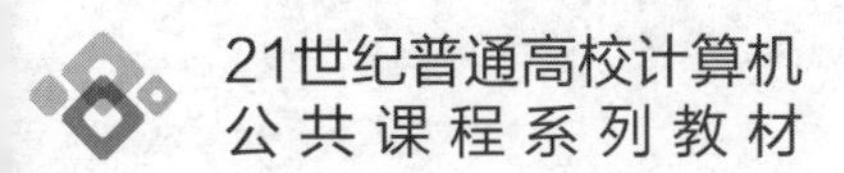

C程序设计

朱晓燕　主　编
陈　刚　程欣宇　沈宁　李支成　朱家成　副主编

清華大學出版社
北京

内容简介

“C程序设计”目前是各高等学校理工科学生的必修课程之一，在全国计算机技术与软件专业技术资格(水平)考试和全国计算机等级考试中占有重要地位。

本书共分12章，由数据类型和程序设计方法两条主线组织而成，举例选材力求浅显易懂、实用性强，全面系统地介绍了C语言基础知识、数据类型和运算、语法结构、数组、函数、指针、结构体类型与链表、共用体与枚举类型、文件等，也进一步介绍了基于C++面向对象编程的基础知识。

本书以应用为目的，可作为高等学校程序设计类课程的教材，也可以作为相关考试的培训教材，还可供计算机应用相关行业人员参考。

图书在版编目(CIP)数据

C程序设计/朱晓燕主编. —北京：清华大学出版社，2023.2 (2024.1 重印)
21世纪普通高校计算机公共课程系列教材
ISBN 978-7-302-62841-5

Ⅰ. ①C… Ⅱ. ①朱… Ⅲ. ①C语言－程序设计－高等学校－教材 Ⅳ. ①TP312.8

中国国家版本馆CIP数据核字(2023)第028363号

责任编辑：贾　斌
封面设计：刘　键
责任校对：李建庄
责任印制：宋　林

出版发行：清华大学出版社
网　　址：https://www.tup.com.cn，https://www.wqxuetang.com
地　　址：北京清华大学学研大厦A座　　**邮　　编**：100084
社 总 机：010-83470000　　**邮　　购**：010-62786544
投稿与读者服务：010-62776969，c-service@tup.tsinghua.edu.cn
质量反馈：010-62772015，zhiliang@tup.tsinghua.edu.cn
课件下载：https://www.tup.com.cn，010-83470236
印 装 者：三河市龙大印装有限公司
经　　销：全国新华书店
开　　本：185mm×260mm　　**印　张**：19.5　　**字　　数**：478千字
版　　次：2023年3月第1版　　**印　　次**：2024年1月第2次印刷
印　　数：2001～3200
定　　价：59.00元

产品编号：090033-01

前 言

“C 程序设计”课程是高校计算机公共基础教学和计算机专业基础教学的核心课程之一，是理工科学生的必修课程。开设程序设计类课程的主要目的有两个：一是培养学生的计算思维，使其具有初步的程序设计能力，以便为后续计算机与其专业的结合应用打下基础；二是加深学生对计算机的理解，提高其信息素养，培养各个领域的计算机应用人才。

C 语言是国内外广泛使用的计算机语言，具有简洁紧凑、灵活自由、实用高效、可移植性强等特点，适合用于编写系统软件和各类应用程序。它可以作为基础语言来学习，有了 C 语言的基础，以后过渡到任何一种语言（如 C++、C＃、Java 等）都不会困难。目前，全国各高校理工类专业几乎都开设了“C 程序设计”课程。在全国计算机技术与软件专业技术资格（水平）考试和全国计算机等级考试中，C 语言也占有极其重要的地位。

学习 C 语言程序设计的人群有着不同的学习目的和要求，很多人反映学习 C 语言很难。C 语言知识系统确实庞大而复杂，“难”主要体现在两方面：一方面是语法，必须尽可能详尽了解编译规则，才可能编出合法高效的程序；另一方面是算法，作为初学者，一开始不善于从计算机的角度去思考问题。因此，本书着重关注语法和算法的均衡。在语法方面，通过大量的实例突出语法知识点，同时配以较详尽的分析；在算法方面，通过精心选例，与语法紧密结合，由简到难，最后突出经典算法。同时，本书加入各种考试常考的算法，提高读者举一反三的能力。在此基础上，构造了新的教学和教材体系。

为了配合相关章节的学习并巩固知识要点，每一章前面配有“导学”，从知识目标和能力目标两方面进行引导。章节后面配有习题与思考，与章节知识点联系紧密。附录 E 给出章节习题的参考答案，但对于编程类问题，思路不同解法也会不同，答案仅供参考。

针对本课程对实践环节要求高的特点，与本书配套的实验教材提供了上机实验指导和有针对性的实验练习，通过验证性和设计性实验，学生能快速掌握所学知识并灵活运用。

本书由江汉大学长期承担 C 语言教学和实验任务的专业教师编写，具体编写分工为：第 1、2、12 章由程欣宇编写，第 3 章由李支成编写，第 4、5 章由沈宁编写，第 6 章由朱家成编写，第 7、8 章由陈刚编写，第 9～11 章由朱晓燕编写，全书由朱晓燕主编并统稿。在书稿的编写过程中，得到江汉大学教务处、人工智能学院等各级领导的关心和支持，许多教师给予了帮助并提出了宝贵意见，在此表示真挚的谢意！

由于编者水平有限，书中难免存在疏漏或错误，恳请读者赐教指正。

编 者

2023 年 1 月

目 录

第 1 章 C 语言基础知识 ······ 1

1.1 C 语言概述 ······ 2

1.1.1 认识程序设计语言 ······ 2

1.1.2 C 语言的特点 ······ 4

1.1.3 怎样学习 C 语言 ······ 5

1.2 C 语言程序的基本组成 ······ 5

1.2.1 程序语句 ······ 5

1.2.2 函数 ······ 6

1.2.3 头文件 ······ 8

1.3 C 程序的执行和集成开发环境 ······ 8

1.3.1 C 程序的执行步骤 ······ 8

1.3.2 集成开发环境 ······ 9

1.4 算法和流程图 ······ 10

1.4.1 算法及其特性 ······ 10

1.4.2 一种描述算法的工具——流程图 ······ 11

习题与思考 ······ 12

第 2 章 数据类型和运算 ······ 14

2.1 数据类型 ······ 15

2.1.1 基本数据类型 ······ 15

2.1.2 其他数据类型 ······ 18

2.2 常量和变量 ······ 18

2.2.1 常量 ······ 18

2.2.2 变量 ······ 21

2.3 运算符和表达式 ······ 24

2.3.1 算术运算 ······ 25

2.3.2 关系运算 ······ 26

2.3.3 逻辑运算 ······ 27

2.3.4 自增自减运算 ······ 28

2.3.5 赋值运算 ······ 29

2.3.6 条件运算 …… 31
2.3.7 逗号运算 …… 32
2.3.8 其他单目运算 …… 32
2.3.9 混合运算中数据类型的转换 …… 33
2.4 常用数学库函数 …… 34
习题与思考 …… 36

第3章 顺序结构程序设计 …… 40

3.1 数据的输入与输出 …… 40
3.1.1 数据输出函数 …… 41
3.1.2 数据输入函数 …… 45
3.2 顺序结构的流程 …… 48
3.2.1 C语言的基本语句 …… 48
3.2.2 C程序的一般结构 …… 50
3.3 顺序结构综合应用实例 …… 51
习题与思考 …… 54

第4章 分支结构程序设计 …… 58

4.1 if结构语句 …… 58
4.1.1 单分支结构 …… 59
4.1.2 双分支结构 …… 60
4.1.3 多分支结构 …… 61
4.1.4 if语句的嵌套 …… 63
4.2 多路分支——switch结构语句 …… 64
4.3 分支结构综合应用实例 …… 66
习题与思考 …… 68

第5章 循环结构程序设计 …… 73

5.1 循环的概念 …… 73
5.2 while语句 …… 74
5.3 do-while语句 …… 76
5.4 for语句 …… 78
5.5 break语句和continue语句 …… 81
5.6 循环的嵌套 …… 83
5.7 循环结构综合应用实例 …… 85
习题与思考 …… 88

第6章 数组 …… 92

6.1 一维数组 …… 93

6.1.1 一维数组的定义 …… 93
6.1.2 数组元素的引用 …… 94
6.1.3 一维数组的存储结构与初始化 …… 95
6.1.4 一维数组应用举例 …… 97
6.2 二维数组 …… 103
6.2.1 二维数组的定义及引用 …… 103
6.2.2 二维数组的存储结构与初始化 …… 104
6.3 字符数组与字符串 …… 107
6.3.1 字符数组的定义与初始化 …… 107
6.3.2 字符数组的处理 …… 108
6.3.3 字符串的概念及处理 …… 108
6.3.4 字符串的输入输出库函数 …… 109
6.3.5 字符串处理函数 …… 111
6.3.6 字符数组综合应用实例 …… 114
习题与思考 …… 117
第7章 函数 …… 121
7.1 模块化程序设计与函数 …… 122
7.2 函数定义与调用 …… 123
7.2.1 函数概述 …… 123
7.2.2 函数的定义 …… 125
7.2.3 函数的调用 …… 125
7.2.4 函数的参数和函数的返回值 …… 128
7.2.5 数组作为函数的参数 …… 131
7.2.6 函数的嵌套和递归调用 …… 133
7.2.7 函数应用举例 …… 135
7.3 变量作用域与存储方式 …… 137
7.3.1 变量的作用域 …… 137
7.3.2 变量的存储方式 …… 140
7.4 编译预处理 …… 144
7.4.1 文件包含 …… 145
7.4.2 宏定义 …… 146
7.4.3 条件编译 …… 148
习题与思考 …… 150
第8章 指针 …… 154
8.1 指针和指针变量 …… 155
8.1.1 指针的概念 …… 155
8.1.2 指针变量的概念 …… 155

8.1.3 指针变量的赋值与运算…… 156
8.1.4 多级指针概念和用法…… 158
8.1.5 指针变量的应用…… 159
8.2 指针与数组 …… 161
8.2.1 指针变量处理一维数组…… 161
8.2.2 指针变量处理二维数组…… 163
8.2.3 指针数组…… 165
8.3 指针变量处理字符串 …… 166
8.4 指针变量与函数 …… 169
8.5 指针综合应用实例 …… 172
习题与思考…… 174

第9章 结构体类型与链表…… 179

9.1 结构体类型的定义 …… 180
9.2 结构体变量 …… 181
9.2.1 结构体变量的定义和初始化…… 181
9.2.2 结构体变量的使用…… 182
9.3 结构体数组 …… 185
9.3.1 结构体数组的定义和初始化…… 185
9.3.2 结构体数组的使用…… 185
9.4 结构体类型指针 …… 186
9.4.1 结构体类型指针的概念…… 186
9.4.2 结构体类型指针作为函数参数…… 187
9.5 链表应用 …… 188
9.5.1 链表的概念…… 188
9.5.2 用指针实现内存动态分配…… 189
9.5.3 单向链表的常用操作…… 191
9.5.4 链表综合应用实例…… 196
习题与思考…… 197

第10章 共用体与枚举类型 …… 201

10.1 共用体 …… 202
10.1.1 共用体类型和共用体变量 …… 202
10.1.2 共用体变量成员的引用 …… 203
10.1.3 共用体变量的应用 …… 204
10.2 枚举类型 …… 205
10.2.1 枚举类型和枚举变量 …… 205
10.2.2 枚举类型变量的应用 …… 207
10.3 类型标识符的重新定义 …… 208

10.4 位运算 …… 209
10.4.1 位运算符和位运算应用 …… 209
10.4.2 位段结构 …… 212
习题与思考 …… 213
第11章 文件 …… 216
11.1 文件概述 …… 217
11.1.1 文件的基本概念 …… 217
11.1.2 文本文件和二进制文件 …… 217
11.1.3 缓冲文件系统 …… 218
11.2 文件类型及其指针 …… 219
11.2.1 文件类型 …… 219
11.2.2 文件类型指针 …… 219
11.3 文件的打开和关闭 …… 219
11.3.1 文件打开函数 …… 219
11.3.2 文件关闭函数 …… 221
11.4 文件的输入和输出 …… 222
11.4.1 字符读写函数 fgetc()和 fputc() …… 222
11.4.2 字符串读写函数 fgets()和 fputs() …… 224
11.4.3 格式化读写函数 fscanf()和 fprintf() …… 225
11.4.4 数据块读写函数 fread()和 fwrite() …… 227
11.5 文件的其他函数 …… 228
习题与思考 …… 230
第12章 C++面向对象基础 …… 233
12.1 C++的开发环境 …… 234
12.1.1 Visual Studio …… 234
12.1.2 Code::Blocks For Windows …… 234
12.2 C++的输入/输出 …… 237
12.2.1 标准输出流对象(cout) …… 238
12.2.2 标准输入流对象(cin) …… 239
12.3 面向对象概述 …… 240
12.3.1 面向对象基本概念 …… 240
12.3.2 面向对象基本原则 …… 241
12.4 类与对象 …… 242
12.4.1 类的定义和使用 …… 242
12.4.2 构造函数和析构函数 …… 244
12.4.3 对象指针 …… 244
12.5 派生类与继承类 …… 245

习题与思考 …… 247
参考文献 …… 249
附录A 几种C语言集成开发环境 …… 250
附录B ASCII码表(完整版) …… 262
附录C C语言的32个关键字 …… 264
附录D C语言常用库函数 …… 265
附录E 章节习题参考解答 …… 270

第1章　C语言基础知识

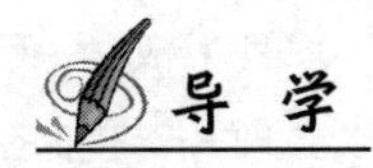

导学

学习时长：1周

学习目标

知识目标：

- 理解程序设计和C语言的特点。
- 理解C语言程序的基本框架。
- 理解C语言集成开发环境和C程序的执行流程。
- 理解算法的概念和算法工具之一——流程图。

能力目标：

- 熟悉C语言的集成开发环境 Visual C++ 6.0 或 Visual Studio 2010。
- 掌握运行一个C程序的步骤：编辑—编译—连接—运行。
- 理解程序调试的基本思想，能找出并改正简单C程序中的错误。

本章内容概要

1.1　C语言概述
- 认识程序设计语言
- C语言的特点
- 怎样学习C语言

1.2　C语言程序的基本组成（本章重点）
- 程序语句
- 函数（库函数、自定义函数、main主函数）
- 头文件

1.3　C程序的执行和集成开发环境（本章重点、难点）
- C程序的执行步骤
- 集成开发环境

1.4　算法和流程图
- 算法及其特性
- 一种描述算法的工具——流程图

1.1 C语言概述

1.1.1 认识程序设计语言

汉语是“中国语言”。如果通过汉语把需求告诉别人，别人就可能满足我们的需求。因此从某种意义上我们是用“中国语言”来“控制”别人，让别人做我们需要的事。

同样，我们也可以通过“某计算机语言”来“控制”计算机，让计算机为我们做事情，这样的语言就叫作程序设计语言，或称编程语言（Programming Language）。类似于汉语，程序设计语言也有固定的语法和专有词汇（或称关键字），我们必须经过学习才会使用，才能控制计算机。

1. 程序设计语言的发展

程序设计语言发展大致经历了机器语言、汇编语言、高级语言以及面向对象的高级语言四个阶段。

1）机器语言

机器语言是最早出现的程序设计语言。计算机能够直接识别并执行的指令集合称为该计算机的指令系统，用指令系统编写的程序称为机器语言程序。它由一串“1”和“0”构成，很难读懂和使用。不同类型计算机的机器语言是不同的。因此它直观性差，没有可移植性。

2）汇编语言

为克服机器语言的弱点，人们用特定的助记符号来表示二进制形式的计算机指令，这样就构成了一种与机器语言相对应的符号语言，这种符号化的语言就称为汇编语言。汇编语言比机器语言更易理解和记忆，但它仍是针对某个硬件的，通用性和可移植性较差。

3）高级语言

机器语言和汇编语言都是面向机器的语言，一般称为低级语言。从20世纪50年代中期开始逐步发展了面向实际问题的编程语言，这种语言称为高级语言。

高级语言与机器的硬件无关，其表达方式接近于被描述的问题，它是接近于人类自然语言和数学语言的计算机语言。高级语言编写程序比低级语言编程效率高，通用性和可移植性好。

4）面向对象的高级语言

随着计算机技术的发展，又将高级语言划分为面向过程的高级语言（如C、Fortran语言）和面向对象的高级语言（如C++、Java等语言）。它们的区别见本书第12章。

程序设计语言有很多种，常用的有C/C++、Java、C＃、Python、PHP、JavaScript、Go、Objective-C、Swift、汇编语言等，每种语言都有自己擅长的方面，如表1-1所示。

表1-1 主流编程语言及用途

编程语言	主要用途
C/C++	C++是在C语言的基础上发展的，C++包含了C语言的所有内容，C语言是C++的一部分，它们往往混合在一起使用，所以统称为C/C++。C/C++主要用于PC软件开发、Linux开发、游戏开发、单片机和嵌入式系统
Java	Java是一门通用型的语言，可以用于网站后台开发、Android开发、PC软件开发，归功于Hadoop框架的流行，近年来又涉足了大数据领域

续表

编 程 语 言	主 要 用 途
C#	C#是微软开发的用来对抗 Java 的一门语言，实现机制和 Java 类似，目前主要用于 Windows 平台的软件开发，以及少量的网站后台开发
Python	Python 也是一门通用型的语言，主要用于系统运维、网站后台开发、数据分析、人工智能、云计算等领域，近年来势头强劲，增长非常快
PHP	PHP 是一门专用型的语言，主要用来开发网站后台程序
JavaScript	JavaScript 最初曾是前端开发的唯一语言。近年来由于 Node.js 的流行，JavaScript 在网站后台开发中还占有了一席之地，并且在迅速增长
Go 语言	Go 语言是 2009 年由 Google 发布的一款编程语言，成长非常迅速，在国内外已经有大量的应用。Go 语言主要用于服务器端的编程
Objective-C、Swift	Objective-C 和 Swift 都只能用于苹果产品的开发，包括 Mac、MacBook、iPhone、iPad、iWatch 等
汇编语言	汇编语言是计算机发展初期的一门语言，它的执行效率非常高，但是开发效率非常低，所以在常见的应用程序开发中不会使用汇编语言，只有在对效率和实时性要求极高的关键模块才会考虑汇编语言，例如，操作系统内核、驱动、仪器仪表、工业控制等

可以将不同的编程语言比喻成各国语言，为了表达同一个意思会使用不同的语句。例如，不同国家语言用以下语句表达“你好世界”的意思：

汉语：你好世界

英语：Hello World

法语：Bonjour tout le monde

同样，在编程语言中，同样的操作需使用不同的语句。例如，在屏幕上显示“你好世界”：

C 语言：puts("你好世界")；

PHP：echo "你好世界"；

Java：System.out.println("你好世界")；

下面的例 1-1 是一个完整的 C 语言程序代码。它的功能是让屏幕上显示“你好世界”。

【例 1-1】 在屏幕上显示“你好世界”。

```
#include <stdio.h>
int main()
{
    puts("你好世界"); /* 输出字符串 */
    return 0;
}
```

可以看到，这些具有特定含义的词汇、语句，按照特定的格式组织在一起，就构成了源代码(Source Code)，也称源码或代码(Code)。编写源代码的过程就叫作编程(Program)。从事编程工作的人叫程序员(Programmer)。

C 语言有特定的语法(Syntax)。它与我们学习英语时所说的“语法”类似，都规定了如何将特定的词汇和句子组织成计算机能听懂的语言。

2. C 语言的起源

C 语言诞生于 1972 年美国的贝尔实验室，Thompson 和 Ritchie 为了优化 UNIX 操作系统而由 Ritchie 将 B 语言改进得到了最早的 C 语言。

有关 C 语言的诞生有一个有趣的故事：

1970 年，美国贝尔实验室的研究员 Ken Thompson 闲来无事，想玩一个他自己编写的，模拟在太阳系航行的电子游戏 Space Travel。他背着老板找了台空闲的机器 PDP-7。但 PDP-7 没有合适的操作系统，于是他准备使用 B 语言自己开发一个全新的操作系统——UNIX。

1971 年，了解到这一情况的 Dennis Ritchie 为了能更快玩上这一游戏，加入了 Thompson 的开发项目。1972 年，在开发 UNIX 的过程中 Ritchie 认为 B 语言需改进，C 语言就此诞生。1973 年年初，C 语言主体设计完成。Thompson 和 Ritchie 为此兴奋不已，迫不及待地用 C 语言完全重写了 UNIX。此时，编程的乐趣使他们已经完全忘了那个 Space Travel 游戏，全心投入到 UNIX 和 C 语言的改进中，并于当年发布了第 1 版 C 语言。

世界如此奇妙，基于一个被遗忘的游戏而诞生的 UNIX 被不断完善且使用至今，甚至多年之后著名的 Linux 以及 iOS 操作系统都被称为类 UNIX 操作系统。而一同诞生的 C 语言同样长期是最受欢迎的编程语言。图 1-1 是权威机构 TIOBE 发布的截至 2022 年全球编程语言在不同年代受欢迎程度的排名。

Programming Language	2022	2021	2016	2011	2006	2001	1996
C	2	1	2	2	2	1	1
Java	4	2	1	1	1	3	18
Python	1	3	5	6	8	26	24
C++	3	4	3	3	3	2	2
C#	5	5	4	5	7	13	-

图 1-1　权威机构 TIOBE 发布的编程语言排名(2022 年 12 月)

由于 C 语言的广泛使用而出现了大量的 C 语言版本。为了统一规范，美国国家标准协会 ANSI 在 1989 年发布了第一个完整的 C 语言标准——ANSI X3.159—1989，简称“ANSI C”或者“C89”。此后 C 标准还在 1999 年、2011 年和 2017 年都有较大更新，分别被称为“C99”“C11”“C17”，这些都是针对实际需要进行的增改，如新增数据类型等。

1.1.2　C 语言的特点

C 语言之所以成为目前世界上使用最广泛的程序设计语言，并被选作为适应近代软件工程需要而发展起来的面向对象的程序设计语言 C++的基语言，是由 C 语言的诸多突出优点所决定的。就语言本身和运用角度两方面特点概括如下。

(1) 语言表达能力强。C 语言共有 32 个关键字(如表 1-2 所示)和 9 种控制语句，具有丰富的数据类型和运算符；可以直接访问内存物理地址和硬件寄存器，可以表达直接由硬件实现的针对二进制位的运算。

表 1-2　C 语言的关键字

标识数据类型的关键字(14 个)	int、long、short、float、double、char、unsigned、signed、struct、union、enum、void、volatile、const

续表

标识存储类型的关键字(5个)	auto、static、register、extern、typedef
标识流程控制的关键字(12个)	goto、return、break、continue、if、else、while、do、for、switch、case、default
标识运算符的关键字(1个)	sizeof

(2) 流程控制结构化、程序结构模块化。C语言是结构化的程序设计语言,具有各种流程结构的控制语句和多种转移语句,结合这两种语句控制的功能,有助于编制结构良好的程序,此外,使用函数作为程序的基本单位以及变量的存储属性,在某种程度上实现了数据的隐藏和模块化程序设计。

(3) 简练且使用灵活。C语言只有6种基本语句,在语言的成分上尽可能简洁。使用灵活体现在变量及其值在数据类型上不要求具有严格的对应关系。

(4) 程序代码质量高。即C程序经编译后生成的目标程序运行速度高而存储空间上开销小。一般高级语言相对汇编语言而言代码质量要高得多。

(5) 程序的可移植性好。可移植性是指将一个程序不做改动或稍加改动就能从一个机器系统上移到另一个机器系统上运行。

因此,C语言是一门通用程序设计语言,既可用于编写系统软件又可编写应用软件。同时,还可以完成许多只有低级语言才能完成的面向机器的底层工作。

1.1.3 怎样学习C语言

C语言是学习众多后续课程的基本工具,特别是与Windows编程有关的课程。它的灵活性给用户带来方便的同时,也给初学者带来许多麻烦。

在学习过程中要注意以下几点。

(1) 阅读程序是学习C语言的重要手段。熟练掌握C语言基本概念和语法规则,掌握程序设计的基本思想、程序设计的方法以及算法,阅读和分析一些典型实例程序有利于检验和提高对基本知识的理解,同时也为学习正确编程打下良好的基础。

(2) C语言是一门实践性强的课程,上机实验是必不可少的教学环节。在阅读代码基础上独立编写代码,熟悉语法,通过上机实践深化和巩固理论知识,最终达到独立使用C语言来编写程序的目的。

1.2 C语言程序的基本组成

C语言程序(以下简称C程序)是由各种基本符号按照C语言语法规则构成的语句组成。本节通过例1-2说明C程序的基本组成和特点,并解释其中含义。

1.2.1 程序语句

【例1-2】 在屏幕上显示“你好世界”。

```
1    #include <stdio.h>
2    int main()
3    {
```

```
4        puts("你好世界"); /* 输出字符串.或 printf("你好世界\n"); */
5        return 0;
6    }
```


程序代码第4行的puts()函数是output string(输出字符串)的缩写,功能是向屏幕终端输出指定字符串数据。在计算机语言中,"在屏幕上显示文字"叫作输出(Output);每个文字都是一个字符(Character);多个字符组合起来,就是一个字符序列,叫作字符串(String)。

值得注意的是,程序中的括号、双引号、分号都必须是半角英文符号。这是因为计算机起源于美国,C语言、C++、Java、JavaScript等很多流行的编程语言都是美国人发明的,所以在编写代码时必须使用英文半角输入法,尤其是标点符号,初学者一定要引起注意。

比如一些相似的中英文标点符号:

中文分号(;)	英文分号(;)
中文逗号(,)	英文逗号(,)
中文冒号(:)	英文冒号(:)
中文括号()	英文括号()
中文问号(?)	英文问号(?)
中文单引号(' ')	英文单引号(' ')
中文双引号(" ")	英文双引号(" ")

它们在视觉上的差别很小,一旦将英文符号写成中文符号就会导致错误,而且往往不容易发现。此外半角和全角问题也须注意。标点符号、英文字母、阿拉伯数字等这些字符不同于汉字,在半角状态它们被作为英文字符处理,而在全角状态作为中文字符处理。并且"相同"字符在全角和半角状态下对应的编码值(如Unicode编码、GBK编码等)不一样,所以它们是不同的字符。

例1-2中的"/*输出字符串……*/"是一段注释。注释是编程者针对某语句、程序段或函数等的解释或提示,它能提高代码的可读性,但不会被计算机"读取"并编译。

C/C++拥有行注释 // 和块注释 /* … */ 两种方式。

1.2.2 函数

C语言提供了很多功能,例如,输入输出、获得日期时间、文件操作等,只需要一句简单的代码就能够使用。但是这些功能的底层都比较复杂,通常是软件和硬件的结合,还要考虑很多细节和边界,如果将这些功能都交给程序员去完成,那将极大增加程序员的学习成本,降低编程效率。

好在C语言的开发者们将常见的基本功能都编写完成并让用户直接使用。这些代码被分门别类地放在了不同的文件中,并且每一段代码都有唯一的名字。使用代码时,只要在对应的名字后面加上括号"()"就可以。这样的一段代码能够独立地完成某个功能,一次编写完成后可以重复使用,被称为函数(Function)。计算机的函数与数学意义上的函数不同,本书第7章有详述,这里可以认为,函数就是一段可以完成某种功能并可反复使用的代码。

"puts("你好世界")"就是一个具有输出功能的函数,函数名是"puts","你好世界"是要处理的数据。使用函数的过程在编程中叫作函数调用(Function Call)。

如果函数需要处理多个数据，那么它们之间使用逗号分隔，例如，当需要输出 3 个数据，且分别是字符串、整数、浮点数(小数)时，就需要用到以下这一语句：

```
printf("%s\t%d\t%f\n", "hello world", 66, 1.2f);  /* 输出: hello world  66  1.2 */
```

这里用到 printf()函数可以按照某种格式一次性输出许多类型的数据，输出功能更强大。而 puts()函数只能输出一个字符串。第 3 章将详细介绍 printf()函数的用法。

需要注意的是，C 语言中的函数和数学中的函数不是同一个概念。计算机函数的英文名称是 Function，它还有“功能”的意思。

1. 库函数

C 语言自带的函数称为库函数(Library Function)。库(Library)是编程中的一个基本概念，可以简单地认为它是一些函数的集合，在磁盘上往往是一个文件夹。C 语言自带的库称为标准库(Standard Library)，其他公司或个人开发的库称为第三方库(Third-Party Library)。例 1-2 中的 puts()函数和 printf()函数就属于库函数。

2. 自定义函数

除了库函数，我们还可以编写自己的函数，拓展程序的功能。自己编写的函数称为自定义函数。自定义函数和库函数在编写和使用方式上完全相同，只是由不同的机构来编写。

3. main 函数

例 1-2 中的 main()称为主函数，是一个最为特殊的函数。main 是函数的名字，“()”表明这是函数定义，“{}”之间的代码是函数要实现的功能。

C 语言规定，一个程序必须有且只有一个 main 函数。main 被称为主函数，是程序的入口函数，程序运行(注意是“运行”而不是“编写”)必须从 main 函数开始，直到 main 函数结束(任何函数只有遇到 return 或者执行到函数末尾时，函数才结束)。

函数可以接收待处理的数据，同样可以将处理结果告诉我们。使用 return 语句可以告知处理结果，这一结果被称为“返回值”。

例 1-2 中第 2 行代码中在函数名 main 前面存在一个 int，这个 int 是 integer 的简写，意为“整数”。它告诉我们，函数的返回值是整数。第 5 行代码“return 0;”表明，main 函数的返回值是整数 0。

需要注意的是，有的教材中将 main 函数写作：

```
void main()
{
    // Some Code...
}
```

在 VC++ 6.0 下能够通过编译，但在 C-Free、GCC(类 UNIX 操作系统用)中却会报错，因为这不是标准的 main 函数的写法，本书中提到的 C99 标准中只有两种 main 函数格式：

```
int main(void)
int main(int argc, char * argv[])
```

可以简化为：

```
main(void)
```

本书采用简化的书写格式。

1.2.3 头文件

例1-2中#include <stdio.h>是什么意思呢？

stdio是standard input output的缩写，stdio.h被称为"标准输入输出头文件"，包含了大多和输入输出有关的函数说明，puts()、printf()就是其中之一。调用某个函数时，需要引入对应的头文件，否则计算机(或编译器)找不到这个函数。

较早的C语言标准库包含了15个头文件，stdio.h和stdlib.h是最常用的两个。stdlib.h被称为"标准库文件"，包含的多是一些通用工具型函数，system()就是其中之一。C语言常用库函数及对应头文件可参见附录D。

引入头文件使用#include命令，在本书第7章有详细介绍。

1.3 C程序的执行和集成开发环境

读懂了某个程序还算不上真正掌握，需要自己独立在开发环境中编写、调试、运行之后才行。

1.3.1 C程序的执行步骤

在不同的操作系统和集成开发环境下运行一个C程序的具体操作步骤可能不相同，但其过程和原理是相同的。C程序编写的源程序必须先进行编译和连接，生成可执行程序之后才能执行，具体过程如图1-2所示。

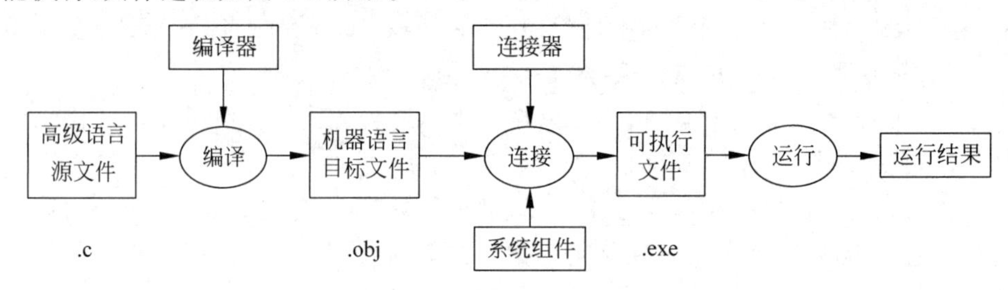

图1-2 C程序的编译过程

一般步骤如下。

1. 源程序文件的建立和编辑

在开发软件的过程中，需要将编写(或称编辑)好的代码(Code)保存到一个文件中，这样代码才不会丢失，才能够被编译器找到，才能最终变成可执行文件。这种用来保存代码的文件就叫作源文件(Source File)。

每种编程语言的源文件都有特定的后缀，以方便被编译器识别。例如：

C语言源文件的后缀是.c；

C++语言(C Plus Plus)源文件的后缀是.cpp；

Java源文件的后缀是.java；

Python源文件的后缀是.py；

JavaScript源文件的后缀是.js。

源文件其实就是纯文本文件，它的内部并没有特殊格式，将C语言代码放在.cpp文件中不会有错,很多初学者都是这么做的。但本书还是建议将C语言代码放在.c文件中,这样能够更加严格地遵循C语言的语法,也能够更加清晰地了解C语言和C++的区别。

2. 编译

编译器(Compiler)是一个特殊的软件,它能够识别程序代码中的词汇、句子以及各种特定的格式,并将它们转换成计算机能够识别的二进制指令,这个过程称为编译(Compile)。

编译是一个复杂的过程,大致包括词法分析、语法分析、语义分析、性能优化、生成可执行文件五个步骤,其间涉及复杂的算法和硬件架构。代码语法正确与否,编译器说了才算。编译器可以100%保证你的代码从语法上讲是正确的,因为哪怕有一点小小的错误,编译也不能通过,编译器会告诉你哪里错了,便于修改。

C语言的编译器有很多种,不同的平台下有不同的编译器,例如:

Windows下常用的是微软开发的Visual C++,它被集成在Visual Studio中;

Linux下常用的是GUN组织开发的GCC,很多Linux发行版都自带GCC;

Mac下常用的是LLVM/Clang,它被集成在Xcode中。

C语言代码经过编译以后会生成一种叫作目标文件(Object File)的中间文件。目标文件是二进制形式的,它和可执行文件的格式是一样的。对于Visual C++,目标文件的后缀是.obj;对于GCC,目标文件的后缀是.o。

3. 连接

编译只是将我们自己写的代码变成了二进制形式(目标文件),它还需要和系统组件(比如标准库、动态链接库等)结合起来,这些组件都是程序运行所必需的。目标文件经过连接(Link)以后才能变成可执行文件。完成连接的过程也需要一个特殊的软件,叫作连接器(Linker)。

早期开发环境都严格按照步骤1~3操作,而当下某些集成开发环境的操作按钮会将编译与连接合并。但实际仍是经过了这两个步骤。

4. 运行

连接后,源程序的目标程序就是可执行文件了,在集成环境中直接运行。如果执行后没有得到预定的结果,说明程序中还存在逻辑错误或算法错误,此时,必须重复步骤1~4,直到正常执行并输出正确的结果。

综上所述,C语言程序运行的步骤如下:

编辑源代码(.c)→ 编译为二进制(.obj)→ 连接为可执行文件(.exe)→ 执行。

1.3.2 集成开发环境

实际开发中,除了编译器是必需的工具,往往还需要很多其他辅助软件。

(1) 编辑器:用来编写代码,并且给代码着色,以方便阅读。

(2) 代码提示器:输入部分代码,即可提示全部代码,加速代码的编写过程。

(3) 调试器:观察程序的每一个运行步骤,发现程序的逻辑错误。

(4) 项目管理工具:对程序涉及的所有资源进行管理,包括源文件、图片、视频、第三方库等。

(5) 漂亮的界面:各种按钮、面板、菜单、窗口等控件整齐排布,操作更方便。

这些工具通常被打包在一起,统一发布和安装,例如Visual Studio、Visual C++ 6.0、

Dev C++、Code::Blocks、Xcode、C-Free 等，它们统称为集成开发环境（Integrated Development Environment，IDE）。

本书所有例程均在 Visual C++ 6.0、Dev C++和 Visual Studio 2010 下验证通过。这几个 IDE 的基本使用方法请参看本书附录 A。某些特殊问题在不同的编译器中可能会有不同的处理结果，本书以 Visual C++ 6.0 和 Visual Studio 2010 为主要使用环境。

1.4 算法和流程图

1.4.1 算法及其特性

瑞士科学家 Niklaus Wirth 曾提出一个著名的公式：数据结构＋算法＝程序。这个公式高度概括了程序设计的两个重要方面，其中，数据结构是指待处理的数据在计算机中如何合理地组织和存储，而算法则是确定解决问题的具体步骤。

对同一个问题可以采用不同的算法。一般来说，用计算机解题时应该选择步骤较少、相对简单的算法。

例如，将任意整数 a，b 按照从小到大的次序输出，需要经过如下步骤：

S1：定义变量 a，b，并给它们赋值。

S2：如果 a 大于 b，输出 a，b。

S3：如果 a 小于 b，输出 b，a。

当想清楚解题算法以后，再转化为程序才不易出错。正常算法都应具备以下特点。

1. 有穷性

有穷性即算法必须由有限个操作步骤组成，不能是无限的。例如，可以用计算机描述 100 个、1000 个自然数的和，但是却不能描述计算所有自然数的和。

2. 确定性

确定性即算法中的每一个步骤的含义都应该明确无误，不能存在歧义。例如，描述“输出 x 加 y 乘以 3 的值”就是一个二义性的描述，无法确定是输出(x＋y)×3 还是 x＋(y×3)。

3. 有效性

有效性即算法的每个步骤都应该能够有效地执行，并能够在执行算法后得到确定的结果。例如要求解 x 的平方根，当 x 的值是一个负数时，运算就不能有效进行。

4. 有 0 个到多个输入，有 1 个或多个输出

输入是指算法执行过程中需要用户提供的信息。这些信息既可以在程序运行过程中输入，也可以直接在程序中指定。此外，算法通常有 1 个以上的输出。

程序设计就是把算法用程序设计语言描述出来转变成程序的过程。简单的程序设计一般应包含以下几部分。

(1) 确定数据结构：根据任务提出的要求、指定输入数据和输出结果，确定存放数据的数据结构。

(2) 确定算法：针对存放数据的数据结构来确定解决问题、完成任务的步骤。

(3) 编写代码程序：根据确定的数据结构和算法，使用选定的程序设计语言编写程序代码。

(4) 调试和运行程序：通过对程序的调试消除语法和语义上的错误，用各种可能的输入数据对程序进行测试,使得各种合理的数据都能得到正确的结果,而对不合理的数据能进行适当的处理。

1.4.2 一种描述算法的工具——流程图

流程图是描述算法的一种工具,它通过指定的几何框图和流程线来描述各步骤的操作和执行的过程,它的主要优点是直观清晰、易于理解,不依赖于任何一种程序设计语言。

流程图规定的几何图形如图 1-3 所示。

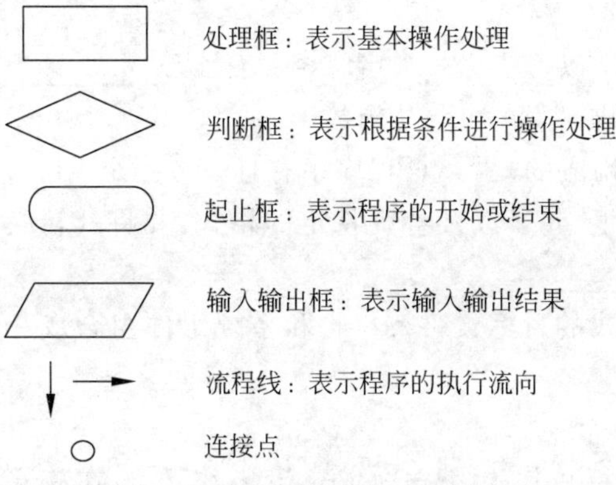

图 1-3 流程图规定的几何图形

按照结构化程序设计的观点,任何一个程序都可以由顺序结构、分支结构和循环结构 3 种基本控制结构组成。按照结构化程序设计方法编写的程序结构清晰,程序易于理解和验证。用流程图描述程序的 3 种基本结构如图 1-4 所示。

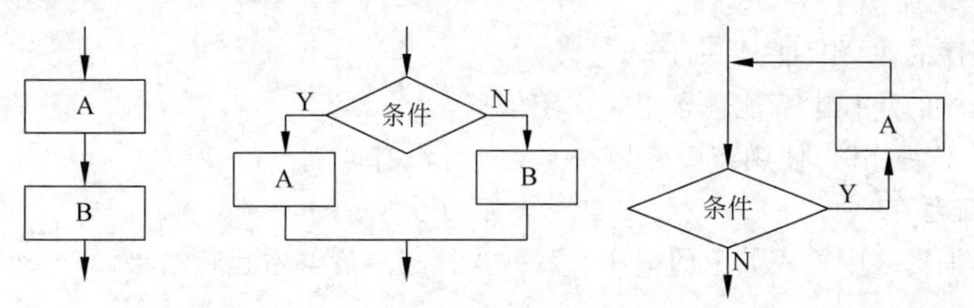

图 1-4 用流程图描述 3 种结构

(1) 顺序结构是最基本的程序结构,在顺序结构中,语句按先后顺序依次执行。

(2) 分支结构是让程序先进行逻辑判断,在满足条件时转去执行相应的语句,使程序可以通过判断条件在多个可能的运算或处理步骤中选择一个来执行。

(3) 当程序中有重复的工作要做时,就需要用到循环结构,循环的应用使得单调的重复运算变得简单清晰。

例如,对输入的一个数求绝对值。算法用流程图描述,如图 1-5 所示。

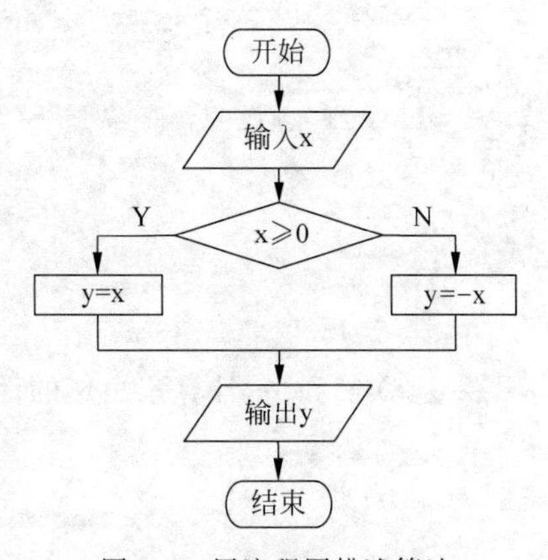

图 1-5 用流程图描述算法

为了解决一个具体问题,可先用流程图设计解决问题的方法步骤,按照结构化程序设计的要求,只使用3种基本结构,使得所设计的算法清晰、易懂、易维护且符合软件工程的规范。

习题与思考

一、填空题

1. C程序的注释块可以由________和________一对符号组合所界定的文字信息组成的。

2. C源程序代码文件以________为后缀,头文件以________为后缀。

3. C语言自带的函数称为________函数。

4. C程序是由函数构成的,一个C程序中有且只有一个________(填写英文)函数。

5. 识别代码中的词汇、句子以及各种特定的格式,并将其转换成计算机能够识别的二进制形式,这个过程称为________。

6. 将所有二进制形式的目标文件(.obj)和系统组件组合成一个可执行文件(.exe)的过程叫________。

二、判断题

1. 一个C程序的执行总是从该程序的main函数开始,在main函数最后结束。(　　)

2. main函数必须写在一个C程序的最前面。(　　)

3. 一个C程序可以包含多个函数。(　　)

4. C程序的注释部分可以出现在程序的任何位置,它对程序的编译和运行不起任何作用,但是可以增加程序的可读性。(　　)

5. C程序的注释只能是一行。(　　)

6. C程序的注释中不能包含中文文字信息。(　　)

7. 编写C程序时,使用英文分号和中文分号没有区别。(　　)

三、验证程序

在IDE编辑区中输入如下的程序,编译、连接通过后查看运行结果。

1.

```
#include <stdio.h>
int main()
{
    puts (" * ");
    puts (" *** ");
    printf(" ***** \n");
    printf(" ******** \n");
    return 0;
}
```

2. 已知底和高,计算三角形的面积。

```
#include <stdio.h>
int main()
{
    int bottom, high, area; /* bottom 表示底,high 表示高,area 表示面积 */
    bottom = 4;
```

```
    high = 6;
    area = bottom * high/2;
    printf("the area is %d\n", area);
    return 0;
}
```

四、算法设计

请用流程图描述如下算法。

1. 在屏幕上显示如下的文字。

HELLO WELCOME　YOU

2. 打印所有的"水仙花数"，所谓"水仙花数"是指一个三位数，其个位数字立方和等于该数本身。例如，153 是一个"水仙花数"，因为 153＝1 的三次方＋5 的三次方＋3 的三次方。

3. 对输入的某学生成绩，如果学习成绩≥90 分的同学用等级 A 表示，60～89 分的用等级 B 表示，60 分以下的用等级 C 表示。

4. 一只猴子摘了 n 个桃子第一天吃了一半又多吃了一个，第二天又吃了余下的一半又多吃了一个，到第十天的时候发现还有一个，问共有多少个桃子。

第2章 数据类型和运算

学习时长：1周

学习目标

知识目标：

- 理解C语言各种基本数据类型的特点。
- 理解C语言常量和变量的结构和原理。
- 理解C语言运算符以及表达式运算规则。
- 了解常用数学库函数。

能力目标：

- 掌握各种类型数据的描述形式。
- 掌握变量的定义和赋值。
- 掌握C语言运算符和表达式的用法。
- 掌握常用数学库函数的用法。

本章内容概要

本章主要介绍C语言的基本语法：数据类型、常量和变量的表示、丰富的C语言运算符和表达式运算，以及混合运算中的运算次序和类型转换问题，还介绍一些常用的数学库函数。

2.1 数据类型
- 基本数据类型(字符型、整型、实型数据)
- 其他数据类型

2.2 常量和变量(本章重点)
- 常量
- 变量

2.3 运算符和表达式(本章重点、难点)
- 算术运算
- 关系运算
- 逻辑运算
- 自增自减运算
- 赋值运算
- 条件运算
- 逗号运算

• 其他单目运算(sizeof()、(类型)等)
• 混合运算中数据类型的转换

2.4 常用数学库函数

算法处理的对象就是数据,而数据必须是以某种形式存在(例如,整数、实数、字符等形式)。这种数据的存在形式就是数据类型。

2.1 数据类型

C语言的数据类型非常丰富,主要分为基本数据类型、构造类型和指针类型三类,如图2-1所示。

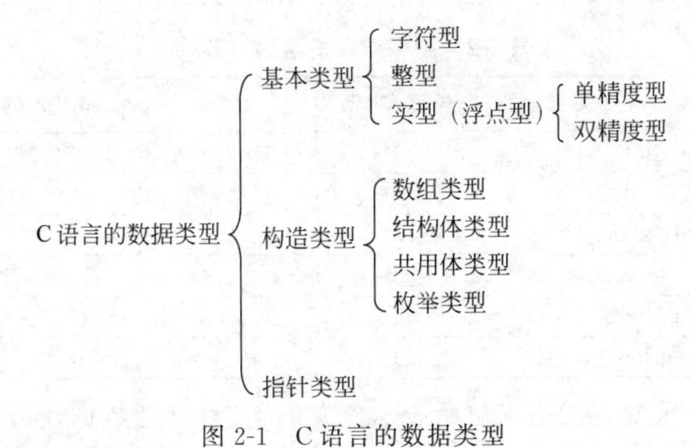

图2-1 C语言的数据类型

2.1.1 基本数据类型

1. 字符型数据

字符型数据是指字母、数字和各种符号等用ASCII值表示的字符,它的类型标识符是char。

系统为每个字符型数据分配1字节的内存单元,只能存放一个字符,而且存放的是这个字符的ASCII码值。如字符A的ASCII码值65,在内存单元中以二进制的形式0100 0000存储。

字符型数据的类型及规定如表2-1所示。

表2-1 字符型数据的类型及规定

类型名称	类型标识符(关键字)	长度/字节	取值范围
字符型	char	1	0~255
有符号字符型	signed char	1	−128~127
无符号字符型	unsigned char	1	0~255

说明:

① 由于字符型数据在内存中的存储形式与整型数据的存储形式类似,所以,在C语言中字符型数据和整型数据之间在一定取值范围内可以通用,即可以将字符数据以整型数据处理。

② 由于字符数据在内存中以ASCII值存储，是一个整型数据形式，不同的C编译器对其处理有时不同，有些视其为有符号的，有些视其为无符号的，因此C语言允许使用signed和unsigned修饰char类型数据。但是只有在按照整型数据形式输出时，才能显示不同定义的区别。

2. 整型数据

整型数据是指不带小数点和小数部分的整数数据。

标准C语言没有具体规定各种类型的整型数据所占字节数，不同编译系统的处理方式是不同的。本书描述基于常用的IDE环境(VC++ 6.0和VS系列)下的数据类型。

(1) 整型数据的类型。

在C语言中，整型数据的表示范围可分为基本整型、短整型和长整型。每种整型数据又可以分为有符号整数和无符号整数两种。整型数据的类型及规定如表2-2所示。

表2-2 整型数据的类型及规定

类型名称	类型标识符(关键字)	长度/字节	取值范围
基本整型	[signed] int	4	$-2147483648\sim2147483647(-2^{31}\sim2^{31}-1)$
无符号整型	unsigned [int]	4	$0\sim4294967295(0\sim2^{32}-1)$
短整型	[signed] short [int]	2	$-32768\sim32767(-2^{15}\sim2^{15}-1)$
无符号短整型	unsigned shor [int]	2	$0\sim65535(0\sim2^{16}-1)$
长整型	[signed] long [int]	4	$-2147483648\sim2147483647(-2^{31}\sim2^{31}-1)$
无符号长整型	unsigned long[int]	4	$0\sim4294967295(0\sim2^{32}-1)$

根据计算机中存放数据的最高位所表示含义的不同，整型数据还可以分为有符号和无符号两种，分别用类型修饰标识符signed和unsigned来区分。

说明：

① C语言规定int类型变量默认是有符号的(signed)，所以使用数据类型标识符进行变量定义时signed通常会省略，[ ]表示其中的内容为可选项。

② short、long、unsigned和int联合使用时，可以省略int说明符。

③ 有符号的整型数据用signed修饰，数据的最高位用于表示符号，其他位用于表示数值的大小。当符号位为0时表示该数是正数，为1时表示该数是负数。

图2-2(a)给出正整数+25在内存中的表示形式，占4字节(32位)，左边最高位是符号位0，图2-2(b)给出负整数−25在内存中的表示形式，最高位为1。整数均以补码形式存放。

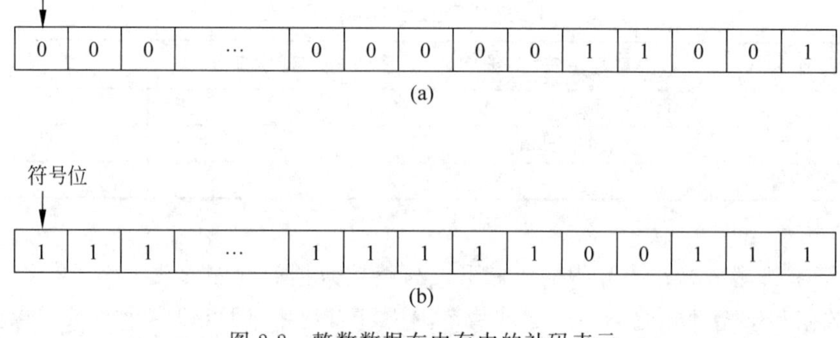

图2-2 整数数据在内存中的补码表示

④ 无符号的整型数据用 unsigned 修饰，只能表示非负整数，它的最高位不代表符号，而是作为数据位使用。

(2) 整型数据在内存中的存储形式。

数值型数据可以有原码、反码和补码的不同表示形式，绝大多数的计算机采用二进制补码形式存储。如何求一个数的补码呢？

- 正数的补码：一个正数的原码、反码和补码都是相同的，其符号位取 0，数值部分就是该数的二进制值，比如，基本整型数据用 31 个二进制位表示数值部分。

例如，求 25 的补码。

25 的原码＝反码＝补码，即 0000 0000 0000 0000 0000 0000 0001 1001(高位是符号位 0)。

- 负数的补码：一个负数的补码其符号位为 1，数值部分的表示为“补码＝原码取反＋1”。

例如，求－25 的补码。

|－25|的原码为 1000 0000 0000 0000 0000 0000 0001 1001(高位是符号位 1)；

然后对原码除符号位以外的其他各位取反，得到反码 1111 1111 1111 1111 1111 1111 1110 0110；

再在反码上加 1，得到该数的补码 1111 1111 1111 1111 1111 1111 1110 0111。

要注意的是，存放在内存中的一个整数既可以被看作有符号数，也可以被看作无符号数，在两种情况下所代表的值是不同的。

3. 实型数据

实型数据又称浮点型数据，是指带小数的数据或超出整数范围的数值。按照存储数值的精度，分为单精度和双精度两种类型。

(1) 实型数据的类型。

实型数据的类型及规定如表 2-3 所示。

表 2-3 实型数据的类型及规定

类型名称	类型标识符(关键字)	长度/字节	有效数字	取值范围
单精度实型	float	4	7～8	$\pm(10^{-38} \sim 10^{38})$
双精度实型	double	8	15～16	$\pm(10^{-308} \sim 10^{308})$

说明：

虽然用实型数据可以表示很大的数和很小的数，但是在计算机中数据的精度要受到一定的限制，例如单精度数有效数字是 7～8 位。因此，如果实际应用中数据位数超过这个范围，则后面的部分就不准确了。

(2) 实型数据在内存中的存储形式。

以单精度实型为例，一个 float 型数据在内存中占 4 字节，但与整型数据的存储方式是不同的，实型数据是按照指数的形式存储的。系统把一个实型数据分为小数部分和指数部分，小数部分采用规范化的指数形式：尾数的绝对值大于等于 0.1 并且小于 1，从而唯一地规定了小数点的位置。

例如，110.011(B)在内存中的存放形式用单精度浮点数(32 位)表示为如图 2-3 所示。

110.011(B)表示为指数次幂的形式：$+0.110011\times 2^{+11}$。

实型数据在内存中都是以带符号的数据形式存放的。在 4 字节中小数部分和指数部分各用多少位来表示，标准 C 没有具体的规定，各个 C 编译系统定义不同。很多 C 编译系统

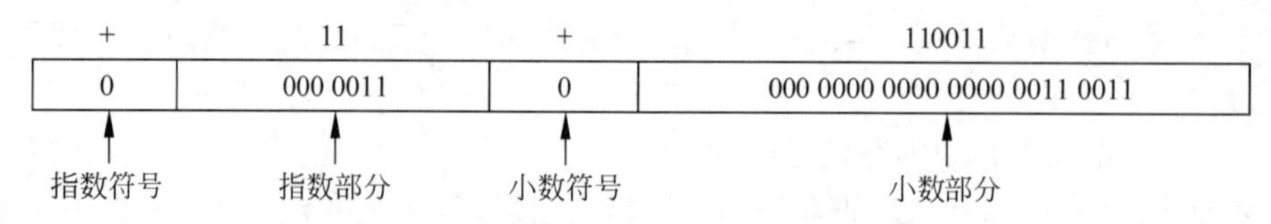

图 2-3　实型数据的存储形式

以 24 位表示小数部分(包括小数符号位),8 位表示指数部分(包括指数符号位)。

2.1.2　其他数据类型

以上介绍的是 C 语言的基本数据类型。不同的数据之间往往还存在某些联系,例如若干字符组成一个字符串,“Hello World!”就是由 12 个字符组成。而这些数据的组织形式被称为数据结构。

由这些数据类型可以构造出不同数据结构。例如构造类型之一的数组类型可以存放字符串,本书第 6 章将专门介绍数组类型。

还有将不同类型的数据组合起来的结构体类型和共用体类型,将在第 9 章详细介绍。

指针类型将在第 8 章详细介绍。

2.2　常量和变量

C 程序中的数据除有类型的区别外,在表现形式上还有常量和变量之分,例如浮点型数据就包含浮点型常量和浮点型变量。反过来,任何一个常量和变量都属于某个数据类型。

常量是在程序执行过程中,其值不会发生改变的量,常量的类型是由其本身隐含说明的,在程序中,不需要作显式说明就可以直接引用。

C 语言中常量分为整型常量、实型常量、字符常量、字符串常量和符号常量 5 种。

2.2.1　常量

1. 字符常量

一个字符常量代表 ASCII 码字符集里的一个字符,在计算机中占 1 字节的存储单元,存放其 ASCII 值。

字符常量有两种表示方法。

(1) 在程序中用单引号括起来的单个字符表示。例如,'a'、'A'、'3'、'+'、'>'、' '是合法的字符常量,其中' '是空格字符,'a'和'A'是两个不同的字符。字符码中 32～126 的字符是可打印字符,因此这种方法只适用于部分字符。

(2) 用转义字符表示一个字符常量。对于不可打印的字符,如回车符、换行符和响铃符,C 程序中是通过转义字符来表示的。转义字符是以反斜线(\)开头,后跟一个或多个字符,如表 2-4 所示。

表 2-4　C 语言常用的转义字符

转义字符	转义字符的功能	ASCII 码(值)
\b	退格(Backspace)	BS(008)
\n	回车换行(Newline)	NL(010)

续表

转 义 字 符	转义字符的功能	ASCII 码(值)
\r	回车(Return)	CR(013)
\t	横向跳到下一制表位置(Tab)	HT(009)
\a	响铃(Bell)	BEL(007)
\"	双引号"	034
\'	单引号'	039
\0	空字符	NUL(0)
\\	反斜线符\	092
\ddd	1～3 位八进制数所代表的字符	1～3 位八进制数
\xhh	1～2 位十六进制数所代表的字符	1～2 位十六进制数

说明：

(1) 转义字符代表 1 个字符，在内存中只占 1 字节的存储单元。例如，'\n'在内存中存储的是回车换行符的 ASCII 值 10，转义字符'\0'就是 ASCII 值为 0 的空字符，常用于表示字符串常量的结束标志符。

(2) C 语言字符集中的任何一个字符均可用该字符的八进制或十六进制转义字符来表示。

① 八进制转义表示：'\ddd'形式的转义字符代表 1 个字符，反斜线后是 1～3 位八进制数，例如，\101 表示字符'A'(大写字母 A 的 ASCII 值的八进制数是 101)，'\45'代表字符'%'。

② 十六进制转义表示：'\xhh'形式的转义字符也代表 1 个字符，其中反斜线后必须以小写字母 x 开头，后面是 1～2 位十六进制的数。例如，'\xa'和'\xA'都代表回车换行符，与转义字符'\n'的功能相同。

例如，字符 A 的 ASCII 码值为 65D(相当于 101Q，41H)，则字符 A 在 C 语言中可以表示为：'A'、'\101'、'\x41'。

(3) 字符常量是可以进行算术运算的。例如，'A'+1 值为 66，对应于字符'B'。可参看附录 B《ASCII 码表完整版》。

(4) 数字和数字字符是有区别的，例如，1 是数字，是整数，而'1'是字符，在计算机内部用 ASCII 码 49 表示。

2. 字符串常量

C 语言没有字符串类型，但可以用一对双引号括起多个字符序列表示字符串常量。例如，"CHINA"，"C program"，"＄12.5" 等都是合法的字符串常量。

系统自动给每一个字符串常量的结尾处加转义字符'\0'作为字符串结束的标志，因此字符串常量存储时，系统给其分配的存储空间大小是字符串常量的长度加 1 字节。

例如，字符串常量，"Good morning\n"在内存中的存储形式如图 2-4 所示，占 14 字节。

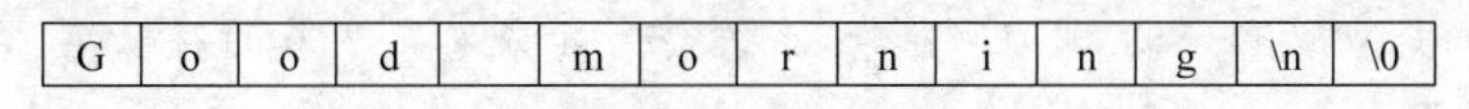

图 2-4　字符串常量在内存中的存储形式

说明：

(1) 字符串常量与字符常量之间的区别是：字符常量由单引号括起，字符串常量由双引号括起。

例如,"a"和'a'是不同的。"a"是存储长度为2字节的字符串,存放的是字符'a'和'\0';而'a'是一个字符常量,占1字节存储空间,存放的是字符'a'的ASCII码值。

(2) 字符串"123"和123的不同:前者表示字符串常量,占4字节的存储空间,分别存放'1'、'2'、'3'和'\0'的ASCII码值;后者是整型数据,占4字节,存放数值123的二进制补码。

(3) 字符串常量中含有转义字符时,其长度的计算方法:例如,字符串"is\118d\nmy"的长度是8,在内存中占9字节,其中\11和\n是转义字符,分别算1字节。

(4) " "空字符串是合法的,其长度为1字节。

3. 整型常量

整型常量就是整常数,整型常量有三种形式,包括十进制整型常量、八进制整型常量和十六进制整型常量。

(1) 十进制整型常量:如666, 0,−158等。

(2) 八进制整型常量:必须以0开头,即以0作为八进制数的前缀。八进制一般用于表示无符号整数。例如061,0773等,不能含有数字8。

(3) 十六进制整型:前缀为0X或0x,如0X66,0x5AC, 0xFFF等。

说明:

所有整数的缺省类型是短整型(short int),其他数据类型是通过在其后面加上后缀字母来表示的。

(1) 长整数:在任意进制的整数后面加l或L。例如,−27l、0400L、0xb8000000L。

(2) 无符号整数:在任意进制的整数后面加u或U。例如,27u、0400U、0xb8000000U。

(3) 无符号长整数:在任意进制的整数后面加ul或UL。例如,27UL、0400ul、0xb8000000ul。

4. 实型常量

实型常量也称为实数或浮点数,在C语言中,实数只能采用十进制表示,它有十进制小数和指数两种表示形式。

(1) 小数形式:由数字0~9和小数点组成。例如,45.2,0.000744,−623.0等。

(2) 指数形式:相当于科学记数法表示,由数字0~9和字母E或e组成。例如,3.24E3表示3.24×10^{3};1e−3表示1×10^{-3}。其中E前面的数字称为尾数,E后面的数字称为指数。

注意:

(1) E的两边必须有数,例如,1E0、0e5、.0e0都是合法的表示方法。1.1E,E5都是不合法的数。

(2) 指数部分必须是整数,例如,1E0.2,1E1.都是不合法的实型常量。

(3) 实型常量默认的数据类型是double。如果在实型数后面加字母F(或f),则强调表示该数是float类型。例如,3.5f、1e2F等,系统会为其分配4字节的存储单元。

5. 符号常量

为使程序易于阅读和修改,把程序中经常使用的常量用标识符表示,称为符号常量。符号常量一般用大写字母表示,使用前用预处理命令#define定义。符号常量需先定义后使用,定义形式为:

＃define　　符号常量　　字符串

符号常量一旦定义,就可以在程序中如同常量一样使用。

例如以下程序代码:

```
#include <stdio.h>
#define PI 3.14
main()
{
    float r,s;
    r=3;
    s=r*r*PI;
    printf("s=%f",s);
}
```

说明:

(1) 在程序开头的预处理命令 define 定义了符号常量 PI,它代表 3.14。在编译前系统会自动将程序中标识符 PI 替换成 3.14。

(2) define 是编译预处理命令(第 7 章详述),必须以"＃"开头。它不是 C 语句,所以不要以分号结束。

(3) 符号常量的好处:当一个常量多次在程序中出现时,要改变 PI 的精度位数,只需将＃define 行中的 3.14 改为 3.141593。符号常量的使用不但便于修改程序而且还能保持数据的一致性,减少人为输入的错误。

2.2.2 变量

变量是程序运行过程中存储数据的存储单元,其值可以改变。

计算机能够在外存、内存或 CPU 的寄存器中存储数据,但是外存不能用于存储变量。7.3 节将讲述如何命令计算机把 CPU 中的寄存器用于存储变量,而在此之前的变量都是以内存作为存储单元。

变量有 3 个要素:变量名、变量值和变量地址。通过变量名和变量地址都可以使用变量的值。

1. 变量的命名规则

程序中可能需要使用多个变量,为了加以区分,需要给变量命名。为变量命名的字符序列称为标识符,标识符还可用于程序中的常量、函数、数组、自定义类型等命名。简单地说,标识符就是一个名字。

C 语言规定:标识符只能是由字母、数字和下画线组成的字符序列,且第一个字符必须为字母或下画线。

C 语言的标识符可以分为 3 类:关键字,预定义标识符,用户定义标识符。

(1) 关键字

在 C 程序中有特殊含义的英文单词称为关键字,关键字又称保留字,主要进行数据类型的定义,或用于构成语句。C 语言中标识符的关键字一共 32 个,都是小写,详见表 1-2。

(2) 预定义标识符

预定义标识符是指被系统使用但用户还可以重复使用或重新定义的标识符。C语言中除了32个关键字以外,系统的标准函数还使用了大量的符号,例如printf、sqrt等,这些标识符在C语言中可以重复使用和重新定义。

(3) 用户定义标识符

用户定义标识符是指用户自己定义的标识符,如在程序中定义的变量,函数名等。

定义标识符时注意:

(1) C语言是区分大小写字母的。例如,Student和student是不同的标识符。习惯上,变量名和函数名用小写表示,符号常量名用大写表示。

(2) 标识符虽然可由程序员依照规则随意定义,但标识符是用于标识某个量的符号。程序中使用的标识符除要遵循命名规则外,还应注意"见名知意"。因此,命名应有相应的意义。

(3) 注意空格符号的使用,空格多用于语句中各词之间间隔,在关键字和标识符之间必须有一个以上的空格符间隔,否则就会出现语法错误。如"int a"误写成"inta",C编译器就把"inta"当成一个标识符处理,从而造成错误。

2. 变量的定义

C语言所有用到的变量都必须严格遵循"先定义,后使用"的原则(不同于某些高级语言)。这看似烦琐,却对培养良好编程习惯至关重要。

定义变量就是命令计算机在执行程序时分配对应的存储单元,其空间大小由变量的数据类型决定。

变量定义语句的形式为:

```
数据类型标识符    变量名1,变量名2,…,变量名n;
```

数据类型标识符表示变量占据内存空间的大小,如果有多个变量,各变量名之间用逗号隔开。变量名必须是合法的用户定义标识符。

例如:

```
int count,sum;              /* 定义整型变量count和sum */
float x,y;                  /* 定义单精度实型变量x和y */
char ch1,ch2;               /* 定义字符型变量ch1和ch2 */
```

同类型的变量也可分开说明,例如写成

```
int count;
int sum;
```

注意:

(1) 变量定义的位置通常放在函数体的开始部分,也可以放在函数的外面,或在复合语句内部。如果在程序中使用了未定义的变量,系统在编译时会报告变量没有定义的错误信息。

(2) 当定义某个变量后,系统会在内存中为变量分配相应长度的存储单元,用于存放变量的值。分配存储空间的大小取决于变量的类型。如上例系统会为整型变量sum分配4字节的存储空间,用于存放sum的值。

(3) 获取变量的值,实际上是通过变量名找到相应的内存地址,从其存储单元中读取数据。例如:

定义“int a=5;”,系统会在内存中为变量 a 分配一块 4 字节的存储空间,如图 2-5 所示。

变量地址	变量值	变量名
1000H		
1001H		a
1002H	5	a
1003H		a
1004H		a

图 2-5　变量的存储形式

(4) 在变量确定了数据类型后,实际上也就确定了对这个变量所能进行的运算操作。例如“int a,b;”,可以进行求余操作 a%b,而对实型变量则不能进行%求余运算。

3. 变量的初始化与赋值

变量的初始化,含义是在定义变量的同时给变量赋值,这个值称为变量的初值。变量赋初值的形式为:

```
数据类型标识符　　变量 1 = 初值 1,变量 2 = 初值 2,… ;
```

例如:

```
int x = 6,y = 6,z = 6;
double x = 3.14,y;
char ch1 = 'A',ch2 = '\101',ch3 = 65;
```

变量也可以在定义后再单独赋值。

例如:

```
int a;
a = 5;
```

注意:

(1) 当定义一个没有赋给初值的变量时,它的值是一个不确定的随机数,直接使用会产生错误的结果。

(2) 赋值的类型应该与定义的变量的类型一致,并且只能是常量、常量表达式、已定义过的符号常量和已初始化过的变量,不能含有未定义的变量或已定义过但未初始化的变量。

例如,下面的初始化是正确的:

```
#define PI 3.14
int a = 3,b = 3 * 10,c = a + b,d = PI + c;
```

下面变量的初始化是错误的:

```
int a = 3 + b,b = 5;              /* 错误 */
```

(3) 变量的值是可以改变的,变量总是保存最近一次的赋值。

例如:

```
int a,b,c;
a = 2;
b = 5;
c = a;
a = b;
b = c;
```

经过这样几次赋值后,a=5,b=2,即实现了 a,b 变量值的交换。

请思考:如果 a=8,b=9,c=10,如何实现将 a 的值赋给 b,将 b 的值赋给 c,将 c 的值赋给 a?

2.3 运算符和表达式

在程序设计中,经常要对数据对象进行运算操作。C语言提供的运算非常丰富。

C运算符的类型,按操作数的数目分类,有单目运算符、双目运算符和三目运算符;按运算符的功能分类有算术运算符、自增自减运算符、关系运算符、逻辑运算符、赋值运算符、逗号运算符等。

C语言表达式是由运算符将操作数(常量、变量和函数等)连接起来的符合C语法的算式。

当表达式中出现多个运算符时,就会遇到运算顺序的问题,这时需要遵循运算符的优先级和结合性规则。

C语言中把所有的运算符分成15个等级,1级优先级最高,15级最低。优先级决定运算符运算的先后次序。同一级别的运算符再根据结合性,确定是自左向右进行运算还是自右向左进行运算,C运算符的优先级和结合性如表2-5所示。

表2-5 运算符的优先级和结合性

<table>
<tr><th>优先级</th><th>运算符</th><th>名称</th><th colspan="2">类别</th><th>结合性</th></tr>
<tr><td rowspan="3">1</td><td>()</td><td>强制类型转换</td><td colspan="2" rowspan="3">初等运算</td><td rowspan="3">从左到右
(左结合)</td></tr>
<tr><td>[]</td><td>下标</td></tr>
<tr><td>->或.</td><td>存取结构或联合成员</td></tr>
<tr><td rowspan="8">2</td><td>!</td><td>逻辑非</td><td>逻辑运算</td><td rowspan="8">单目运算符</td><td rowspan="8">从右到左
(右结合)</td></tr>
<tr><td>~</td><td>按位取反</td><td>字位运算</td></tr>
<tr><td>++</td><td>增1</td><td>增量赋值</td></tr>
<tr><td>--</td><td>减1</td><td>减量赋值</td></tr>
<tr><td>&</td><td>取地址</td><td rowspan="2">指针运算</td></tr>
<tr><td>*</td><td>取值</td></tr>
<tr><td>-</td><td>负号</td><td>算术运算</td></tr>
<tr><td>sizeof()</td><td>长度计算</td><td>长度计算</td></tr>
<tr><td rowspan="3">3</td><td>*</td><td>乘</td><td rowspan="3">算术运算</td><td rowspan="16">双目运算符</td><td rowspan="16">从左到右</td></tr>
<tr><td>/</td><td>除</td></tr>
<tr><td>%</td><td>取模(求余)</td></tr>
<tr><td rowspan="2">4</td><td>+</td><td>加</td><td rowspan="2">算术和指针运算</td></tr>
<tr><td>-</td><td>减</td></tr>
<tr><td rowspan="2">5</td><td><<</td><td>左移</td><td rowspan="2">字位运算</td></tr>
<tr><td>>></td><td>右移</td></tr>
<tr><td rowspan="4">6</td><td>>=</td><td>大于或等于</td><td rowspan="6">关系运算</td></tr>
<tr><td>></td><td>大于</td></tr>
<tr><td><=</td><td>小于或等于</td></tr>
<tr><td><</td><td>小于</td></tr>
<tr><td rowspan="2">7</td><td>==</td><td>恒等于</td></tr>
<tr><td>!=</td><td>不等于</td></tr>
<tr><td>8</td><td>&</td><td>按位与</td><td rowspan="3">字位运算</td></tr>
<tr><td>9</td><td>∧</td><td>按位异或</td></tr>
<tr><td>10</td><td>|</td><td>按位或</td></tr>
</table>

续表

优先级	运算符	名称	类别		结合性
11	&&	逻辑与	逻辑运算	双目运算符	从左到右
12	||	逻辑或			
13	?:	条件运算	条件运算	三目运算符	从右到左
14	=	赋值	赋值运算		从右到左
	+= -= *= /= %= &= ∧= |= <<= >>=	复合赋值			
15	,	逗号运算	逗号运算	多目运算符	从左到右

2.3.1 算术运算

1. 算术运算符

① 单目算术运算符。

2 个：＋和－。其功能是对操作数求正或求负的运算。

② 双目算术运算符。

5 个：＋(加)，－(减)，*(乘)，/(除)，%(求余、取模)。

2. 运算规则

① ＋、－、*、/的操作数可为任何类型的数，运算规则等同于数学上的四则运算。

例如：

```
25 + (i % j * 8 / (i - k ) )
(b * b - 4 * a * c - 'A')/3
- a * (x + y - 0.96) + 25 % 6
```

② /(除)：当两个整数相除时，结果为整数。但当两个操作数中至少有一个是实数时，结果是实数。

例如：

5/2 的结果为整数 2。

5.0/2 的结果是实数 2.5。

③ %(求余、取模)：要求两个操作数必须是整型数据。它的运算规则是两个数相除取余数。余数的正负号与被除数的符号相同。

例如：

7%4 的结果为 3。

－7%4 的结果是－3。

3%－4 的结果是 3。

又如：

```
int a = 123;
```

取 a 的个位：a%10。

取 a 的十位：a/10%10 或 a%100/10。

取 a 的百位：a/100。

④ char 型数据可以参与算术运算。这时取其 ASCII 码值进行运算，结果是数据类型中值域较宽的。

例如：

'a'%100，其结果为 97。

⑤ C 语言中没有乘方运算符，要计算 a^3 可以表示成 a * a * a。

3. 算术运算符的优先级和结合性

① 算术运算符的优先顺序是，单目算术运算符优先级别高；其次是 * 、/、%，这三个是同级别的；最后是+、-。算术运算符的结合方向为“自左向右”。

例如：

3 * 5%6，在 * 和%的优先级相同的情况下，先计算 3 * 5。

② 双目算术运算符的两个操作数的数据类型可以不同。运算前遵循类型的一般算术转换规则自动转换成相同的类型，运算结果的类型与转换后操作数的类型相同。基本原则是值域较窄的类型向值域较宽的类型转换。(详见 2.3.9 节)

例如：

13.0+5，结果为双精度实型数 18.0。

执行+运算之前，5 被转换成 double 再参与+运算。

③ 将一个数学式子写成 C 语言表达式时，乘号 * 和()不能省略；多个圆括号套用先计算最里面的括号。

例如：

数学式子：$\frac{a+bc}{2ab}$

相应的 C 语言表达式：

(a+b+c)/(2 * a * b) 或 (a+b+c)/2/a/b

其他的诸如 a+b+c/2 * a * b，就不能正确地表达上述的数学式子，计算的结果不正确；而(a+b+c)/2ab，系统编译时会报告语法上有错误。

数学中有些常用的计算可用 C 系统提供的标准数学库函数实现(见 2.4 节)。例如求 x 的平方根可以用 sqrt(x)，求|y-z|可以用 abs(y-z)。

2.3.2 关系运算

1. 关系运算符

关系运算符用于比较两个操作数的大小。包括>(大于)、<(小于)、==(等于)、>=(大于或等于)、<=(小于或等于)、!=(不等于)6 种。

关系运算有“真”或“假”两种结果。在 C 语言中用整数 1 表示“真”，用 0 表示“假”。

需要注意的是，C 语言中没有表示逻辑“真”和逻辑“假”的逻辑类型，在逻辑值出现的地方，任何非 0 的值都表示逻辑真值，0 表示逻辑假值，即“非 0 即真”原则。

例如：

'a'!='b'，结果为逻辑真值，表达式的值为 1。

1>=9，结果为逻辑假值，表达式的值为 0。

2. 关系运算符的优先级和结合性

在 6 种关系运算符中，<、<=、>、>=的优先级相同，高于==和!=，==和!=的优先级相同。关系运算符的结合性为左结合。关系运算符的优先级低于算术运算符。

例如：

若 int a=3,b=2,c=1 则

```
(a>b)==c            /* a>b的值为1,1==c的值为1 */
f=a>b>c             /* 先执行a>b得值1,再执行1>c,得值0,0赋给f */
'a'+1<c             /* 表达式值为0 */
(a=5)>(b=3)         /* 表达式值为1 */
```

又如：

```
int a;
```

判断变量 a 是否奇数：a%2==1 或者 a/2*2==a。

请思考,如何判断变量 a 是否为 5 的倍数?

2.3.3 逻辑运算

1. 逻辑运算符

C 语言提供了以下三种逻辑运算符：

(1) && 逻辑与(双目);

(2) || 逻辑或(双目);

(3) ! 逻辑非(单目)。

逻辑运算符的操作数都是逻辑值,遵循“非 0 即真”的原则,其运算规则如表 2-6 所示。

表 2-6 逻辑运算规则

a	b	!a	!b	a&&b	a||b
非 0	非 0	0	0	1	1
非 0	0	0	1	0	1
0	非 0	1	0	0	1
0	0	1	1	0	0

说明：

(1) && 规则,只有当两个操作数都为非 0 值时,结果为 1(即真),有一个操作数为 0 时,结果为 0(即假)。

(2) ||规则,参与操作的两个操作数只要有一个非 0,结果就为 1。两个操作数都为 0 时,结果为 0。

(3) !规则,0 即假;非 0 即真。

2. 逻辑运算符的优先级和结合性

逻辑运算符中,优先级最高的是!,其次是 &&,最后是||。

逻辑运算符 &&、||的优先级低于关系运算符。

例如：

```
int a=1,b=2,c=3,d=4,x=5,y=6;
```

表达式 a>b&&c>d,等价于(a>b) && (c>d),结果为 0。

表达式!b==c||d<a,等价于((!b)==c)||(d<a),结果为 0。

表达式 a+b>=c && x+y>d,等价于((a+b)>=c) && ((x+y)>d),结果为 1。

3. 逻辑运算中的“短路”

在逻辑表达式的求解过程中,必须注意以下规则:

表达式的结果一旦能确定,则运算立刻终止,这就是逻辑运算的“短路”特性。

例如:

```
int a = 1,b = 2,c = 3,d = 4,m = 1,n = 1;
```

表达式(m=a>b)&&(n=c>d)的值为0,m值为0,n值仍然为1。

分析:首先计算(m=a>b)的结果为0,可以确定整个表达式的结果是0,运算终止,而(n=c>d)没有被进一步计算。

由此可见,在一个逻辑表达式的求解中,并非所有的逻辑运算符都会被执行,只是在必须执行下一个逻辑运算符才能求出表达式的解时,才会执行该运算符。

逻辑表达式一般用于控制语句中的多个条件。

例如:

① n是小于m的偶数:n<m&&n%2==0。

② year是闰年(闰年能被4整除但不能被100整除,或能被400整除):

```
year  % 4 == 0&&year % 100!= 0||year % 400 == 0
```

③ a、b、c构成三角形:a+b>c&&b+c>a&&a+c>b。

2.3.4 自增自减运算

1. 自增自减运算符

++(自增)、--(自减)运算符是C语言的两种特殊的单目算术运算符,即只有一个操作数,而且操作数必须是整型变量。

++、--运算分别有前缀式(位于变量的前面)和后缀式(位于变量的后面)两种形式:

```
++x              /* 前缀式,相当于 x = x + 1,即 x 存储单元中的值加 1 后又存回 x 变量里 */
--x              /* 前缀式,相当于 x = x - 1 */
x++              /* 后缀式,相当于 x = x + 1 */
x--              /* 后缀式,相当于 x = x - 1 */
```

2. 自增自减运算规则

① 只能针对变量进行自增和自减。5++,(x+1)++,++x++都是错误的C表达式。

② 前缀式++x和后缀式x++对变量本身都是进行加1的操作,但在运算时的先后次序上是不同的,导致表达式的值会不同。

例如:若

```
int i = 3,y;
y = ++i ;                 /* 相当于执行++i;y = i;两条语句 */
```

执行后y的值是4,i的值是4。

```
y = i++;                  /* 相应于执行 y = i;i++;两条语句 */
```

执行后y的值是3,i的值是4。因此,前缀式++、--是先给变量的值自增或自减,再用变化了的值去参与运算。后缀式++、--,则是先用变量原来的值参与运算,遇到一个特殊的序列点才使变量的值发生自增或自减。

序列点一共有 5 个：

- &&
- ||
- 逗号
- ?:（条件运算符）
- 表达式结束

当++、--运算符遇到序列点时，将无条件使变量的值发生变化，然后再进行后续运算。

例如：

```
int a = 5,b,c;
b = (++a) - 2;              /* b值为4,a值为6 */
a = 5;                      /* a变量被重新赋值为5 */
c = (a++) - 2;              /* c值为3,a值为6 */
a = b = 0;
c = a++&&b++;               /* a值为1,b值为0,c值为0,注意&&的"短路" */
a = 1;
c = a-- ||a;                /* a值为0,c值为1 */
```

请思考：

```
int x = 0,y = 0,z = 0,k;
k = x++&&y++||z++;
```

执行后，x、y、z、k 的值分别是多少？

③ ++和--的优先级相同，其结合性是自右至左。

例如：

```
int i = 4,j = 5,k;
k = - i++;               /* 相当于执行k = - i;i++; */
```

所以 k 值为-4，i 值为 5。

```
k = i++ + j;             /* 自左向右结合,等价于(i++) + j */
```

所以 k 值为 9，i 值为 5。

请思考：

若 i=3，

计算表达式(i++)+(i++)+(i++)后，i 的值和表达式的值各为多少？

计算表达式(++i)+(++i)+(++i)后，i 的值和表达式的值各为多少？

2.3.5 赋值运算

1. 简单赋值运算符

=（赋值）运算用于改变变量的值。其作用就是把值存入变量对应的存储单元。一般形式为：

```
变量 = 表达式
```

即将=右边表达式的值赋给左边的操作数，左操作数必须是一个变量。

例如：

```
int a,b,c;
a = 6;
b = c = a;              /* 可以对变量进行连续赋值，即 a、b、c 具有相同的值 6 */
```

注意：

类似 a=a+7=c+b 是不合法的赋值，赋值运算符的左边不能是表达式，必须是一个变量。

2. 复合赋值运算符

复合赋值运算符共 10 个：

*=、/=、%=、+=、-=、<<=、>>=、&=、^=、|=

复合赋值运算符是一个运算符，但功能上是两个运算符功能的组合。

它们的作用是对赋值号右边表达式的值与左边的变量值进行相应的算术运算(+、-、*、/、%)或位运算(<<、>>、&、^、|)，之后再将运算结果赋给左边的变量。

复合赋值运算符的这种紧凑格式，有利于编译处理，能提高编译效率并产生质量较高的目标代码。

例如：

```
a += 5          /* 等价于 a = a + 5 */
x * = y + 7     /* 等价于 x = x * (y + 7),注意右边表达式是一个整体 */
r % = p         /* 等价于 r = r % p */
```

【例 2-1】 分析下列程序的运行结果。

```
main()
{   int a = 10,b = 10;
    printf(" % d\t",a += a -= a * a);
    printf(" % d\n",b += b -= b *= b);
}
运行结果：
-180 0
```

分析 a+=a-=a*a 的求值过程：

S1：先计算 a*a，结果为 100；

S2：计算 a-=100，等价于 a=a-100，结果为 a=-90；

S3：计算 a+=a，等价于 a=a+a，结果为-180。

分析 b+=b-=b*=b 的求值过程：

S1：计算 b*=b，结果为 b=100；

S2：计算 b-=b，结果为 b=0；

S3：计算 b+=b，结果为 b=0。

3. 赋值运算符的优先级和结合性

赋值运算符优先级只高于逗号运算符，而比其他运算符的优先级都低，具有右结合性。

例如：

```
int a,b,c;
a = b = c = 5;
c += a++ + b;        /* 等价于 c = c + ((a++) + b) */
```

执行完后,a 值为 6,b 值为 5,c 值为 15。

2.3.6 条件运算

1. 三目运算符

?:(条件)运算符是一个三目运算符。条件表达式的一般形式为:

```
操作数 1?操作数 2:操作数 3
```

条件运算符的规则:计算操作数 1,如果其值为真(非 0),则表达式的值为操作数 2;如果操作数 1 的值为假(0),则值取操作数 3。计算流程如图 2-6 所示。

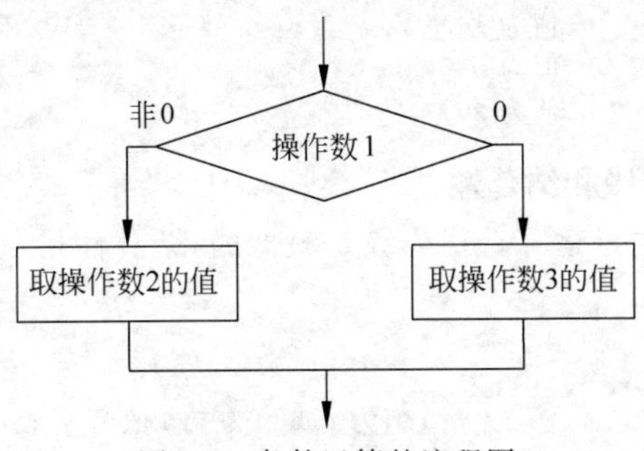

图 2-6 条件运算的流程图

例如:

```
int i = 4,j;
j = i < 0? i++:i-- ;          /* j值为 4,i 值为 3 */
```

2. 条件运算符的优先级和结合性

① 条件运算符的优先级低于算术、关系、逻辑运算符,高于赋值运算符。

例如:

```
char ch = 'k',c;
c = (ch >= 'a'&&ch <= 'z')?(ch - 'a' + 'A'):ch
```

分析求值过程:

S1:先计算 ch >= 'a'&&ch <= 'z',值为 1;

S2:取操作数 1:ch－'a'＋'A';

S3:计算结果为'K'赋给 c。

② 注意条件运算符与＋＋,－－运算符混合使用的情况。条件运算符是一个序列点。

例如:

```
int a = 5,b = 3;
-- a == b++? a++ : b++;       /* 则执行完后 a 值为 4,b 值 5,条件表达式的值为 4 */
```

③ 条件运算符可以嵌套,当发生嵌套时,结合性是自右向左。

例如:

表达式 y = x > 10?x/10:x > 0?x: - x,等价于 y = ((x > 10)?(x/10):((x > 0)?x: - x)),

当 x = 5 时,y 值为 5;当 x = 11 时,y 值为 1。

2.3.7 逗号运算

1. 逗号运算符

在C语言中逗号“,”也是一种运算符,其功能是把多个表达式连接起来组成一个表达式,称为逗号表达式。其一般形式为:

```
表达式1,表达式2,…,表达式n
```

其求值过程是,自左向右求各个表达式的值,以最后一个表达式n的值作为整个逗号表达式的值。

例如:

```
3 + 5,6 + 8;                /* 值为 14 */
a = 3 * 5,a * 4;            /* 值为 60 */
(a = 3 * 5,a * 4),a + 5;    /* 值为 20 */
```

2. 逗号运算符的优先级和结合性

在所有C运算符中,逗号运算符优先级是最低的,结合性是左结合。

例如:

```
int a,b,y;
y = a = 4,b = 5,a + b;          /* a值为4,b值为5,y值为4,表达式值为9 */
y = (a = 4,b = 5,a + b);        /* a值为4,b值为5,y值为9,表达式值为9 */
y = (a = 4,b = 5),a + b;        /* a值为4,b值为5,y值为5,表达式值为9 */
y = a = (4,b = 5),a + b;        /* a值为5,b值为5,y值为5,表达式值为10 */
```

有时在程序中使用逗号表达式,通常是要分别求逗号表达式内各子表达式的值,并不一定要求整个逗号表达式的值。

例如,逗号用作函数参数的分隔符:

```
int a = 3,b = 4,c = 5;
printf(" %d, %d, %d", a,b,c);           /* 输出a,b,c三个变量的值 */
printf(" %d, %d, %d",(a,b,c));          /* 错误,只输出c变量的值 */
printf(" %d, %d, %d",(a,b,c),b,c);      /* 正确,输出c,b,c三个变量的值 */
```

2.3.8 其他单目运算

1. 求字节运算符

sizeof是C语言中的一个关键字,是用于判断数据类型或变量长度的一个操作符。这里可以简单地当作一个单目运算符。其一般形式为:

```
sizeof(表达式)
```

或

```
sizeof 表达式;
```

或

```
sizeof(类型标识符)
```

结果是以字节为单位的整数，依赖于不同的编译系统。

例如：（以 VC++ 6.0 和 VS 编译器为例）

```
int x = 2,y,z;
y = sizeof(x);              /* 等价于 y = sizeof(int),y 的值为 4,与 x 的值无关 */
z = sizeof(double);         /* z 的值为 8 */
```

2. 强制类型转换运算符

（类型），称为强制类型转换运算符，是一个单目运算符，右结合性。其一般形式为：

```
(类型名)操作数
```

功能是将操作数的值强制转换为由"类型名"指定的类型。

需要注意的是，在对变量进行强类转换时，得到的是一个指定类型的中间值，原来变量的类型并未发生变化。

例如：

```
int a; float x,y;
(double)a              /* 表达式的值为 double 型,变量 a 是整型不变 */
(int)(x + y)           /* 将 x + y 的值转换成整型 */
(float)(5 % 3)         /* 将 5 % 3 的值转换成 float 型 */
```

而(float)5%3 则是有语法错误的表达式，因为%运算的操作数必须是整型数据。

2.3.9 混合运算中数据类型的转换

当不同的数据类型进行混合运算时，C 编译系统会自动进行数据转换，也可以在编程时强制进行转换。

1. 自动类型转换

当双目运算符的两个操作数类型不相同时，不同类型的数据要先转换，即先将低精度类型的操作数向高精度类型的操作数转换，然后再进行同类型运算。

这种转换是由编译系统自动完成的，称为自动类型转换。转换的规则如图 2-7 所示。

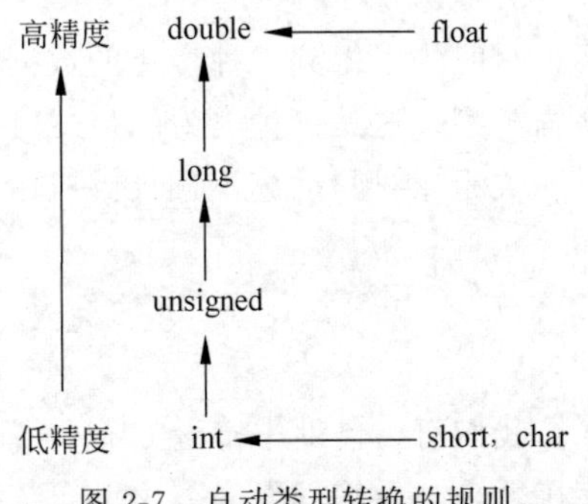

图 2-7　自动类型转换的规则

图 2-7 中横向向左的箭头表示必定的转换。如 char 和 short 类型必定先转换成 int 类型，float 类型必定先转换成 double 类型，以提高运算的精度（即使只有两个 float 型的数据进行运算，也都要先转换成 double，然后再进行运算）。

例如：

表达式'D'－3 的值为 int 型；

设"float x,y;"，则表达式 x＋y 的值是 double 型。

图 2-7 中纵向的箭头表示当运算对象为不同类型时的转换方向。

例如：

```
int a;char ch;
```

则表达式 a－ch＊2＋35L 计算到 a－ch＊2 时是 int 型，与 35L（长整型数 35）相加后的值是 long 类型。

只要运算对象中有实型数据，如表达式 150＋'b'＊2－12.45，它的计算结果就是一个 double 类型的值。

2. 赋值表达式中的类型转换

如果赋值运算符两侧的数据类型不相同，系统将自动进行类型转换，即把赋值号右边的类型换成左边的类型。

赋值转换是系统自动隐含进行的强制性转换，它不受算术转换规则的约束，转换的结果类型完全由赋值运算符左操作数的类型决定。

具体规定如下：

① 将实型数据（包括单、双精度）赋给整型变量时，舍弃实数的小数部分。

例如：

```
int i = 3.56;                /* i的值为 3 */
```

② 将整型数据赋给单、双精度变量时，数值不变，但以浮点数形式存储到变量中，即增加小数部分（小数部分的值为 0）。

例如：

```
float f = 23;                /* f 的值是 23.0 */
```

③ 字符型数据赋给整型变量时，由于字符只占 1 字节，而整型变量为 4 字节，因此将字符数据（8 位）放到整型变量低 8 位中。

④ 长整型数据给短整型数据赋值，将发生截取，损失精度。

总而言之，把类型字节数少的数据赋给类型字节数多的变量时数值不变，反之则可能丢失字节。

3. 强类转换

有时为了得到一种特定的数据类型，可以利用强制类型转换运算将一个表达式转换成所需类型。这是一种人为的显式转换方式。

关于（类型）运算，前面已讲过，不再赘述。

2.4 常用数学库函数

我们可以借助丰富的 C 运算符组合出各种复杂的运算，也可以使用 C 语言提供的标准库函数来减少编程强度。这里介绍一些常用的数学库函数。

在 C 程序里使用数学库函数，需事先用＃include 命令将头文件 math.h 包含到程序中进行编译，即＃include＜math.h＞。

```
(1) int abs(int n);                /* 求整数的绝对值 */
(2) double fabs(double x);         /* 求实数的绝对值 */
(3) double floor(double x);        /* 求不大于 x 的最大整数,即向下取整 */
(4) double ceil(double x);         /* 求不小于 x 的最小整数,即向上取整 */
(5) double sqrt(double x);         /* 求 x 的平方根 */
(6) double log10(double x);        /* 求 x 的常用对数 */
(7) double log(double x);          /* 求 x 的自然对数 */
```

```
(8) double exp(double x);                /* 求欧拉常数 e 的 x 次方 */
(9) double pow10(int p);                 /* 求 10 的 p 次方 */
(10) double pow(double x, double y);     /* 求 x 的 y 次方 */
(11) double sin(double x);               /*正弦函数 */
(12) double cos(double x);               /* 余弦函数 */
(13) double tan(double x);               /* 正切函数 */
(14) double asin(double x);              /* 反正弦函数 */
(15) double acos(double x);              /* 反余弦函数 */
(16) double atan(double x);              /* 反正切函数 */
```

下面介绍几个常用数学库函数用法。

1. 绝对值函数 abs()

相关函数：labs、fabs

函数原型：int abs (int j);

函数说明：abs(j)用来计算参数 j 的绝对值，然后将结果返回。

返回值：返回参数 j 的绝对值结果。

【例 2-2】 计算并输出－12 的绝对值。

```
#include <stdio.h>
#include <math.h>
main()
{
    int answer;
    answer = abs( -12);
    printf("|-12| = %d\n", answer);
}
运行结果:
|-12| = 12
```

2. 指数函数 exp()

相关函数：log、log10、pow

函数原型：double exp(double x);

函数说明：exp(x)用来计算以 e 为底的 x 次方值，即 e^x 值，然后将结果返回。

返回值：返回 e 的 x 次方计算结果。

【例 2-3】 计算欧拉常数的 10 次方(欧拉常数 e 是 2.718281828)。

```
#include <stdio.h>
#include <math.h>
main()
{
    double answer;
    answer = exp (10);
    printf("e^10 = %f\n", answer);
}
运行结果:
e^10 = 22026.465795
```

3. 计算平方根 sqrt()

相关函数：hypotq

函数原型：double sqrt(double x)；

函数说明：sqrt(x)用来计算参数 x 的平方根，然后将结果返回。参数 x 必须为正数。

返回值：返回参数 x 的平方根值。

【例 2-4】 计算 200 的平方根值。

```
#include <stdio.h>
#include <math.h>
main()
{
    double root;
    root = sqrt (200);
    printf("answer is %f\n",root);
}
运行结果：
answer is 14.142136
```

4. 正弦函数 sin()

相关函数：cos()，tan()

函数原型：double sin(double x)；

函数说明：sin(x)用来计算弧度数 x 的正弦值，弧度＝角度 * 180/π。

返回值：返回参数 x 的正弦值计算结果。

【例 2-5】 计算 PI 的 sin 值。

```
#include <stdio.h>
#include <math.h>
#define PI 3.14
main()
{
    double answer;
    answer = sin(PI);
    printf("sin(PI) = %5.2f\n",answer);
}
运行结果：
sin(PI) = 0.00
```

习题与思考

一、选择题

1. C 语言基本类型包括________。

   A. 整型、实型、逻辑型　　B. 整型、实型、字符型、逻辑型

   C. 整型、字符型、逻辑型　　D. 整型、实型、字符型

2. 下列四组选项中，均不是 C 语言关键字的选项是________。

A. define　　IF　　type

B. getc　　char　　printf

C. include　　case　　scanf

D. while　　go　　pow

3. C 语言的字符型数据在内存中的存储形式是________。

A. 原码　　B. 补码　　C. 反码　　D. ASCII 码

4. C 语言的整型数据在内存中的存储形式是________。

A. 原码　　B. 补码　　C. 反码　　D. ASCII 码

5. 已知字符'A'的 ASCII 码为十进制数 65,且 c2 为字符型,则执行语句 c2='A'+'6'-'3'后,c2 中的值为________。

A. 'D'　　B. 69　　C. 不确定的值　　D. 'C'

6. 以下叙述正确的是________。

A. C 程序每行只能写一条语句

B. 若 a 是实型变量,C 程序中允许赋值 a=10,因此 a 中存放的是整型数

C. %只能用于整数运算

D. 在 C 中,无论是整数还是实数,都能被准确无误地表示

7. 以下叙述错误的是________。

A. 逗号运算符的优先级最低

B. 在 C 中,MAX 和 max 是两个不同的变量

C. 若 a 和 b 类型相同,在计算 a=b 后,b 中的值将放入 a 中, b 中的值不变

D. 当从键盘输入数据时,对于整型变量只能输入整型数值,对于实型变量只能输入实型数值

8. 以下不是正确的字符常量是________。

A. "c"　　B. '\'　　C. '\101'　　D. 'K'

9. 下列四组选项中,均是合法转义字符的选项是________。

A. '\"'　　'\\'　　'\n'　　B. '\'　　'\017'　　'\"'

C. '\018'　　'\f'　　'xab'　　D. '\\0'　　'\101'　　'xlf'

10. 下列四组选项中,均是不合法的用户标识符的选项是________。

A. W　　P_0　　do

B. b-a　　goto　　int

C. float　　la0　　_A

D. -123　　abc　　TEMP

11. 设"int x,i,j,k;",则计算表达式 x=(i=4,j=16,k=32)后,x 的值为________。

A. 4　　B. 16　　C. 32　　D. 52

12. 设"char w; int x; float y; double z;",则表达式 w * x+z-y 值的数据类型为________。

A. float　　B. char　　C. int　　D. double

13. 设某 C 编译器中,一个 int 型数据在内存中占 2 字节,则 unsigned int 型数据的取值范围为________。

A. 0～255　　B. 0～32767
C. 0～65535　　D. 0～2147483647

14. 若“int x=12;”,则表达式“y=x>12 ? x+10 : x-12”的值是________。
A. 3　　B. 2　　C. 1　　D. 0

15. 以下不能判断“A是否为奇数”的C表达式是________。
A. A%2==1　　B. !(A%2==0)　　C. !(A%2)　　D. A%2

16. 设“int a=1,b=2,c=3,d=4,m=2,n=2;”,执行“(m=a>b)&&(n=c>d)”后n的值为________。
A. 1　　B. 2　　C. 3　　D. 4

17. 以下程序的运行结果是________。

```
main()
{     int a,b,d = 241;
      a = d/100 % 9;
      b = ( - 1)&&( - 1);
      printf(" % d, % d",a,b);
}
```

A. 6,1　　B. 2,1　　C. 6,0　　D. 2,0

18. 设“char ch;”,以下能正确判断“ch是否为大写字母”的C表达式是________。
A. 'A'<=ch<='Z'　　B. (ch>='A')&(ch<='Z')
C. (ch>='A')&&(ch<='Z')　　D. ('A'<= ch)AND('Z'>=ch)

19. 逻辑运算符两侧运算对象的数据类型________。
A. 只能是0和1　　B. 只能是0或非0正数
C. 只能是整型或字符型数据　　D. 可以是任何类型的数据

20. 有定义:

```
int i = 8, k, a, b;
unsigned long w = 5;
double x = 1, 42, y = 5.2;
```

则以下符合C语法的表达式是________。
A. a+=a-=(b=4)*(a=3)　　B. x%(-3)
C. a=a*3=2　　D. y=float(i)

21. 有定义“int k=7,x=12;”,值为3的表达式是________。
A. x%=(k%=5)　　B. x%=(k-k%5)
C. x%=k-k%5　　D. (x%=k)-(k%=5)

22. 设x和y均为int型变量,则以下语句:“x+=y,y=x-y; x-=y;”的功能是________。
A. 把x和y按从大到小排列　　B. 把x和y按从小到大排列
C. 无确定结果　　D. 交换x和y中的值

23. 以下程序的输出结果是________。

```
main()
{     int a = 12,b = 12;
      printf(" % d, % d\n", -- a,b++);
```

}

A. 10,10　　B. 12,12　　C. 11,12　　D. 11,13

24. 若“double x,y;”,则表达式“x=1,y=x+3/2”的值是________。

A. 1　　B. 2　　C. 2.0　　D. 2.5

25. sizeof(float)是一个________。

A. 双精度表达式　　B. 整型表达式

C. 函数表达式　　D. 不合法的C表达式

二、填空题

1. 设“int i=5,j=9; float x=2.3,y=45;”,表达式“i%(int)(x+y)*j/2/3+y”的值是________。

2. 设“char c='\010';”,则变量c中包含的字符个数为________个。

3. 设“int x=5,n=5;”,则计算表达式“x+=n++”后x值为________,n的值为________。

4. 设“int a;”,则计算下面表达式“A=25/3%3”后,a的值为________。

5. 设“int x,a;”,则计算表达式“x=(a=4,6*2)”后x值为________,计算表达式“x=a=4,6*2”后x值为________。

6. 设“int a;”,则表达式“(a=4*5,a*2),a+6”的值为________。

7. 设“int s=6;”,则表达式“s%2+(s+1)%2”的值为________。

8. 假设一个int型数据在内存中占4字节,则int型数据的取值范围为________。

9. 设“int m=5,y=2;”,则计算表达式“y+=y-=m*=y”后y值是________。

10. 设“int i=3; float f=456.789;”,则表达式“1.2+i+'A'+f”值的数据类型是________。

三、判断题

1. 字符型数据占1字节,则字符型数据没有“有符号”和“无符号”之分。(　　)

2. 八进制数据表示为0123是合法的。(　　)

3. 0xabcul是C语言合法的十六进制常量。(　　)

4. 给字符变量x赋初值:char x="y"; 是正确的。(　　)

5. 运算符“&&”和“||”优先级是相同的。(　　)

6. 逗号运算符比赋值运算符优先级高。(　　)

7. 设int x; 则变量x是无符号型整型数据。(　　)

8. 执行“int x=0,y; y=sin(x);”后,y的值为double类型。(　　)

第3章　顺序结构程序设计

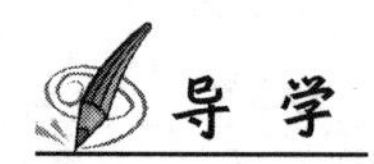
导 学

学习时长：1周

学习目标

知识目标：

- 理解标准库函数。
- 理解数据的输入和输出。
- 理解C语言的基本语句类型。
- 理解C程序的一般结构。

能力目标：

- 掌握运用输入输出库函数进行数据的输入和输出。
- 掌握C语言各类基本语句。
- 掌握顺序结构的程序设计流程。

本章内容概要

3.1　数据的输入与输出

- 数据输出函数：putchar()、printf()
- 数据输入函数：getchar()、scanf()

3.2　顺序结构的流程

- C语言的基本语句
- C程序的一般结构

3.3　顺序结构综合应用实例

3.1　数据的输入与输出

计算机理论和实践证明，任何一个计算机程序均可由顺序结构、分支结构和循环结构3种基本结构组成。对于顺序结构的程序，计算机将按照语句的顺序逐条执行，是最基本的操作方式。

计算机程序在运行时，往往会涉及数据的输入和输出。C语言是通过调用系统提供的标准库函数来完成输入/输出操作。C语言的输入/输出标准函数以及相关的说明通常都包含在一个名称为stdio.h的头文件中。因此，调用这些标准函数之前，必须使用预编译命令#include，把包含有关函数信息的头文件包含到用户源文件中。在文件开头应有以下预编译命令：

```
#include <stdio.h> 或 #include "stdio.h"
```

3.1.1 数据输出函数

1. 字符输出函数：putchar()

函数原型：int putchar(int)

功能：putchar()是字符输出函数，其功能是在显示器上输出单个字符。

函数调用形式：putchar(ch)；

使用说明：

① 对应头文件"stdio.h"。

② 其中 putchar 是函数名，后面圆括号中的 ch 是函数参数，可以是字符型或整型的常量、变量或表达式。

例如：以下各语句均是在屏幕上输出大写字母 A。

```
char x = 'A';
putchar('A');
putchar(65);
putchar(x);
```

③ putchar(ch)通常不需要使用其返回值。

【例 3-1】 利用 putchar 函数输出字符。

```
#include <stdio.h>
main()
{
    char c1,c2;
    c1 = 'a';
    c2 = 'B';
    putchar(c1);
    putchar(c2);
    putchar('\n');              /* 输出换行 */
    c1 -= 'a' - 'A';            /* 相当于 c1 = c1 - 'a' + 'A'; */
    c2 -= 'A' - 'a';            /* 相当于 c2 = c2 - 'A' + 'a'; */
    putchar(c1);
    putchar(c2);
    putchar('\n');
}
```

运行结果：

```
aB
Ab
```

2. 格式输出函数：printf()

函数原型：int printf(char * format [,argument,…])

功能：按格式控制所指定的格式，在标准输出设备上输出列表项。

函数调用形式：printf("格式控制字符串",输出表列)；

(1) 使用说明：

① printf是标准函数名，圆括号中函数参数包括格式控制字符和输出表列两部分。

第一部分是格式控制字符，是用双引号(英文)引起来的字符序列，用于指定输出格式。字符串可以包括"格式字符串"和"非格式字符串"两种字符。

- 格式字符串是以%开头的字符串，在%后面跟有格式字符，以说明输出表列对应变量的输出方式。
- 非格式字符串也就是普通的字符，输出时原样输出。

第二部分是输出表列，即要输出的变量，表达式等的列表，多个输出项之间必须用逗号分隔。

例如：

```
int i = 5;
double x = 1.5;
printf("i = %d  x = %f", i, x) ;                /* 输出结果为:i = 5  x = 1.500000 */
```

注意：格式控制符"i=%d x=%f"中的输出次序。

第一步："i="是普通字符原样输出。

第二步：遇到%d，到后面的输出表列取对应的第1个表达式i的值5，即5取代%d的位置。

第三步：" x="是普通字符原样输出，请注意x前面有两个英文空格，也需原样输出。

第四步：遇到%f，到后面的输出表列取对应的第2个表达式x的值1.5，输出为1.500000。

② 注意以下几点：

- 使用printf函数输出数据时，格式控制中的格式说明符与输出参数的个数和类型必须一一对应。有几个输出参数，就应该写几个格式说明符，并且类型、排列顺序不得有误，否则会产生错误的输出结果。
- 如果格式控制说明项数多于输出表列个数，则会输出错误数据。
- 如果输出表列个数多于格式控制说明数，则多出数不被输出。

例如：

```
int i = 23;
float y = 123.456, x = 22.222;
printf("%-4d,%g", i, y, x);
```

输出结果：

```
23  ,123.456
```

(2) 格式控制字符格式：

printf()中格式控制字符串的一般形式为：

```
%[flags][width][.prec][F|N|h|L]type
```

对应的含义：

```
%[标志][输出最小宽度][.精度][长度]类型字符
```

其中方括号[ ]中的项为可选项。各项的意义介绍如下。

① type 用于表示输出数据的类型,其格式符和意义如表 3-1 所示。

表 3-1　格式符及其意义

输出类型	表示输出类型的格式符	格式符意义
整型数据	d,i	以十进制形式输出带符号整数(正数不输出符号)
	o	以八进制形式输出无符号整数(不输出前缀 0)
	x,X	以十六进制形式输出无符号整数(不输出前缀 0x 或 0X)
	u	以十进制形式输出无符号整数
实型数据	f	以小数形式输出单、双精度实数
	e	以指数形式输出单、双精度实数
	g	以%f%e 中较短的输出宽度输出单、双精度实数
字符型数据	c	输出单个字符
	s	输出字符串

② flags 标志字符常用的有 3 种。

－：为左对齐,否则右对齐。

＋：正数输出＋,负数输出－。

空格：正数输出空格,负数输出－。

③ width 用于指定数据的最小输出宽度(称为域宽)。对于实型数据,m 指定的域宽包括整数位、小数点、小数位和符号位所占的总位数。如果输出数据位数小于域宽,不足部分用空格补齐；如果超出域宽,则按实际宽度输出(此时也可以省略)。

④ prec 为精度指示符。用小数点加十进制正整数构成,用来限制输出数的精度。

⑤ [F|N|h|L]为长度修饰符,

F：远程指针地址。

N：近程指针地址。

h：短整数据的值。

L：长整(双精度)数据的值。

例如：

设 int a＝12；float b＝1234.5678；分析不同格式的输出结果：

```
a 的格式说明:           a 的输出方式:
      %d               12
      %8d              ______12(_代表空格,前空 6 个空格)
      %o               14      (八进制)
      %x               c       (十六进制)
      %u               12      (无符号)
      %-8d             12______(后空 6 个空格,左靠齐)
b 的格式说明:           b 的输出方式:
      %f               1234.567749(小数位为 6 位,浮点数保存时有误差)
      %e               1.234568e+003 (指数形式)
      %8.2f            1234.57 (小数两位,长 8 位)
      %10.2e            1.23e+003(前有 1 空格)
      %-10.2e          1.23e+003 (后有 1 空格)
```

(3) 注意以下几点：

① %d 按整型数据的实际长度输出,%md,m 为指定的输出字段的宽度。如果数据的位数小于 m,则左端补以空格,若大于 m,则按实际位数输出。

② 八进制和十六进制形式输出整型，由于将内存单元中各位的值按八进制形式输出，因此输出的数据不带符号，即将符号也一起作为八进制数的一部分输出。

例如：

```
int x = 123;
printf("x = %d,x = %o",x,x);
```

输出结果：

```
x = 123,x = 173
```

③ %f 输出浮点数时不指定字段宽度，由系统自动指定，使整数部分全部如数输出，并输出 6 位小数。注意并非全部数字都是有效数字。单精度实数一般的有效数字为 7 位。

④ %e 输出指数时不指定输出数据所占的宽度和数字部分的小数位数。由系统自动指定给出 6 位小数，指数部分占 5 位(如 e+002)，其中“e”占一位，指数符号占一位，指数占 3 位。数值按标准化指数形式输出(即小数前必须有而且只有一位非零数字)。

例如：

```
printf("%e",123.456);
```

输出：1.234560e+002。%e 格式输出的实数共占 13 列宽度。

⑤ g 格式符用来输出实数，系统根据数值的大小，自动选 f 格式或 e 格式(选择输出时占宽度较小的一种)，且不输出无意义的 0。

例如：

```
若 f = 123.456,则
printf("%f %e %g",f,f,f);
```

输出的结果如下：

```
123.456001 1.234560e+002 123.456
```

⑥ %s 格式符用来输出字符串。%ms 输出的字符串占 m 列，如字符串本身长度大于 m，则突破 m 的限制，将字符串全部输出，如串小于 m，则左补空格。%-ms 如果串长小于 m，则在 m 列范围内，字符串向左靠，右补空格。%m.ns 输出占 m 列，但只取字符串中左端 n 个字符，这 n 个字符输出在 m 列的右侧，左补空格。%-m.n 其中 m，n 含义同上，n 个字符输出在 m 列范围的左侧，右补空格。如果 n>m，则 m 自动取 n 值，即保证 n 个字符的正常输出。

例如：

```
printf("%3s,%7.2s,%.4s%,%-5.3s,","china", "china", "china", "china");
```

输出结果：

```
china,      ch,chin,chi  ,
```

⑦ 格式说明符的%和后面的描述符之间不能有空格。除%X、%E、%G 外类型描述符必须是小写字母。

⑧ 长整型数无论是按十进制、八进制还是十六进制形式输出，都一定要使用小写字母“l”进行修饰，否则会出现输出错误。

⑨ printf 函数的参数可以是常量、变量或表达式。

【例 3-2】 分析以下程序运行结果。

```
#include<stdio.h>
main()
{
    int i=8;
    printf("%d\t%d\n", i, ++i);
}
```

因为 printf 函数对输出表中各量求值的顺序是自右至左进行的,因此先对最后一项“++i”求值,然后 i 自增 1 后为 9,取值结果为 9。

再对“i”项求值,此时 i 为 9。

但是必须注意,求值顺序虽是自右至左,但是输出顺序还是从左至右,因此程序的输出结果是:

```
9  9
```

请注意,输出表中如果有多个表达式时,不同 C 语言编译器的运行结果可能不同。

3.1.2 数据输入函数

1. 键盘输入函数:getchar()

函数的原型为:int getchar(void) /* stdio.h */

函数功能:getchar 函数的功能是从键盘上接收一个字符。该函数通过返回值带回接收字符的 ASCII 码。void 表示没有参数。

(1) getchar 函数调用的基本形式有以下几种。

① 作为独立的函数调用语句使用,例如:

```
getchar();
```

其作用是等待用户从键盘输入一个字符,之后继续执行程序。这种情况相当于程序暂停,之后按任意键继续执行程序。

② 作为表达式在赋值语句中使用,例如:

```
c=getchar();
```

其作用是等待用户从键盘输入一个字符,将其赋给 char 型(或 int 型)变量 c,之后继续执行程序。

③ 作为表达式出现在其他语句中,例如:

```
printf("%c\n",getchar());
```

其作用是等待用户输入一个字符,之后输出该字符。

(2) getchar 函数使用说明。

① getchar 是一个无参数的函数调用,函数名后面的圆括号不能省略。

② getchar 函数需要交互输入,接收到输入的字符之后才继续执行程序。getchar 函数

只能接收单个字符,输入数字也按字符处理。输入多于一个字符时,只接收第一个字符。特别注意的是,空格、回车和Tab键都将作为字符接收。

③ getchar和putchar函数一样,都是标准函数,包含在C语言标准I/O函数库中,使用时必须在程序开始使用#include < stdio.h >预处理命令,否则编译出错。

【例3-3】 从键盘输入任一数字字符'0'-'9',将其转换为对应的数字。

```
#include < stdio.h >
main()
{
    char ch;
    ch = getchar();
    printf("字符 %c,数字 %d\n",ch,ch - '0');
}
运行结果:
输入:6↙
输出:字符 6,数字 6
```

2. 格式输入函数:scanf()

函数原型:int scanf(char * format [,argument,…])　　/* stdio.h */

函数功能:按格式控制指定的格式,从标准输入设备(即键盘)交互输入数据,并依次存放到对应的地址参数指定的变量中(即将输入的值赋给变量)。函数可以实现整型、实型和字符型等数据的赋值。

函数的一般形式为:

```
scanf("格式控制字符串",地址表列);
```

(1) 使用说明。

① scanf()函数的参数包括格式控制字符串和输入地址表列两部分。

- 格式控制字符包含格式说明符和普通字符,用于指定输入数据的类型和输入形式。
- 地址表列是由若干地址组成的表列。可以是变量的地址或字符串的首地址。

② "&"是取地址运算符。表示取一个变量的地址。

例如:

```
scanf("%d%d%d",&a,&b,&c);
```

&a,&b,&c分别表示取变量a、b、c的地址。

③ scanf("%d%d%d",&a,&b,&c);语句执行时,表示从键盘接收三个整型数据,分别放到变量a、b、c的地址中。即通过键盘给变量a、b、c进行了赋值。使用时必须避免重复赋值。

例如:

```
a = b = c = 5;                    /* 给 a、b、c 赋值 */
scanf("%d%d%d",&a,&b,&c);   /* 从键盘再次给 a、b、c 赋值 */
```

请注意区分用scanf函数赋值和在程序中直接赋值的意义。

④ 用scanf()函数接收数据时请注意格式控制字符包含的格式说明符和普通字符都是

用于输入的，不会显示在屏幕上。执行 scanf 语句时屏幕会有一个闪烁的光标等待用户输入数据，这时：

- 如果格式控制字符包含普通字符，输入数据时必须将普通字符原样给出。

例如：

```
scanf("a = %d,b = %d",&a,&b);
```

给 a、b 赋值为 3,4 时的格式必须为："a=3,b=4 <回车>"。再次强调，格式控制字符中的","是普通字符。

- 如果格式控制字符不包含普通字符，输入多个数据时 C 语言系统提供了三种默认的分隔符：空格、Tab、Enter(<回车>)。

例如：

```
scanf(" %d%d%d",&a,&b,&c);
```

如果 a、b、c 的值分别为 7,8,9，这时必须输入 7 8 9 <回车>，或者把空格用 Tab、Enter 取代。

(2) 格式控制字符。

格式控制字符串构成的内容与 printf 函数类似，由%和格式字符组成。中间可以插入附加的字符。

```
%[ * ][width][F|N][h|L]type
```

其中有方括号的项为任选项。各项的意义如下：

① type 表示输入数据的类型，其格式字符的意义如表 3-2 所示。

表 3-2　scanf 函数中使用的格式说明符

输入类型	格式说明符	说　明
整型数据	d(%ld)	输入十进制整型数(长整型数)
	u(%lu)	输入无符号的十进制整型数(无符号长整型数)
	o(%lo)	输入八进制整型数(八进制长整型数)
	x(%lx)	输入十六进制整数(十六进制长整型数)
实型数据	f(%lf)	输入小数形式的单精度实型数(双精度实型数)
	e(%le)	输入指数形式的单精度实型数(双精度实型数)
字符型数据	%c	输入单个字符
	%s	输入字符串，将字符串送到一个字符数组

② [*]输入赋值抑制字符，输入数据但不赋值。

③ [width] 用十进制整数指定输入的宽度，系统自动按它截取所需数据。

④ [F|N][h|L]与 printf()函数相同。

【例 3-4】 scanf 函数的使用示例。

```
#include <stdio.h>
main()
{
    int i;
    float x;
    char name[50];
```

```
    scanf("i= %2d, x= %f, %*dname= %2s", &i, &x, name);
}
运行结果:
输入:56789 0123 45a72↙
输出:i=56, x=789.000000, name=45
```

(3) 注意以下几点:

① %f 和%e 是输入 float 型数据的格式说明符,如果输入 double 型数据(无论是以小数形式还是以指数形式输入),都必须用小写字母"l"进行附加说明,否则不能正确输入。

② %d、%u、%o 和%x 分别可以输入十进制、八进制、和十六进制基本整型数。如果要输入 long 型数据,还应在相应格式说明符中加入小写字母"l"进行修饰说明。

③ scanf()的格式控制字符串中的字符不是用于输出的,都是要求输入的。如语句 scanf("x=%d",&x);输入时必须加"x="。

④ 参数的第二部分一定是地址列表,不能是表达式,请记得在变量前加上 &。

⑤ 执行 scanf()输入数据时,在两个数据之间允许以一个或多个空格间隔,也可以用回车键、Tab 键分隔。

⑥ 输入实数时不允许规定精度,如%10.4f 是不合法的。

⑦ %后面有 * 号时,该数据会被禁止使用。

⑧ 如果输入时类型不匹配则停止处理,函数返回 0。

3.2 顺序结构的流程

在计算机系统中,按语句编写的自然顺序逐条执行即为顺序结构。顺序结构是由若干语句串接而成的,程序的流程从上至下依次执行每一条语句。顺序结构的程序通常不能完成复杂的工作,其流程一般是先输入一些数据,然后对数据进行某种处理或运算,最后输出结果,如图 3-1 所示。

3.2.1 C 语言的基本语句

C 程序是由若干条语句组成的,通常一条语句命令计算机完成一个基本动作。C 语句主要由说明语句、表达式语句、函数调用语句、复合语句、控制语句和空语句组成。

在汉语和英语文章中,分别使用"。"和"."表示一句话的结束。与此类似,在 C 语言中,使用分号";"表示一个语句的结束,即两个";"之间就是一条语句内容,在书写上可以一条语句占一行,也可以一行并列写多条语句。

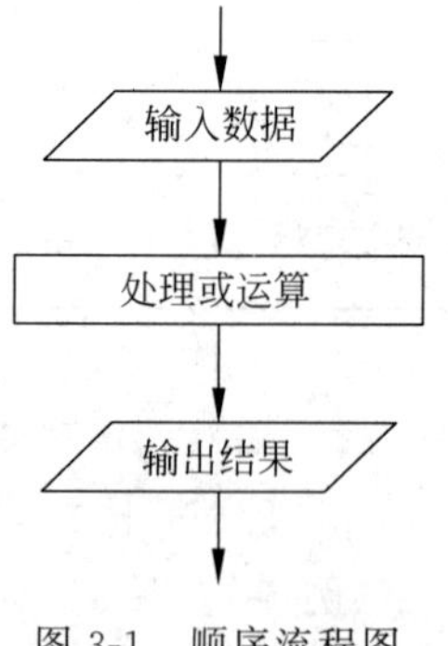

图 3-1 顺序流程图

1. 说明语句

变量的说明和函数的说明后面加分号结束,统称说明语句。

例如:

```
int a,b,c;                /*变量说明语句*/
int x[8], *xy;            /*数组变量和指针说明语句*/
```

```
int num(int a,int b);        /* 函数声明语句 */
```

2. 表达式语句

表达式语句由表达式末尾加上分号“;”组成。任何一个表达式都可以加上分号而成为表达式语句。

一般形式为：

```
表达式;
```

执行表达式语句就是计算表达式的值。

例如：

```
y = a + b * x;              /* 表达式赋值语句 */
y* = 325 + a;               /* 表达式复合赋值语句 */
a = 4,b = 7,c = 2;          /* 逗号表达式语句 */
i++;                        /* 算术表达式语句 */
```

3. 函数调用语句

一般形式：

```
函数名(实际参数表);
```

函数在C语言中就是指一段具有特定功能的程序。这段程序通常需要完成规定的功能，在任务执行完毕以后可以返回执行结果，即函数的返回值。

在C语言中，函数分两种，标准库函数和用户自定义函数。

- 标准库函数是C语言自带的，需要时可以直接调用。
- 用户自定义函数是C语言原来没有，用户根据自己的需要编写的。

不管是标准库函数还是用户自定义函数，使用时都需要调用函数。

函数调用语句有两种形式：

① 如果需要函数的返回值。这时通常需要用一个变量记录下函数的返回值。

例如：

```
a = getchar(); /* 从键盘接收一个字符赋给变量 a */
```

② 不需要函数的返回值。这时可以直接调用。

例如：

```
printf("C Program"); /* 调用输出函数 printf,输出字符串"C Program" */
```

因此，在使用函数时必须首先明确是需要用到函数的返回值，还是只需要函数的特定功能，来决定函数的调用方法。

4. 复合语句

把若干连续的语句用花括号括起来组成的一个语句称复合语句。在程序中应把复合语句看成单条语句，而不是多条语句。

一般形式为：

```
{
说明部分;                /* 可以没有 */
可执行语句;
}
```

例如：

```
#include<stdio.h>
main()
{
    int a=5;
    {
        int b=3;
        b++;
    }
    a++;
}
```

注意：

① 复合语句是一条语句，如上面程序中 main 函数中只有 3 条语句。

② 复合语句内的各条语句都必须以分号(;)结尾，注意：在括号(})外不能加分号。

③ 复合语句内又可以定义变量，该变量只在复合语句中有效。

5. 控制语句

控制语句用于控制和改变程序的流向，以实现程序的各种结构方式。

它们由特定的语句定义符组成。C 语言有 9 种控制语句，可分成以下 3 类：

① 条件判断语句：

```
if 语句,switch 语句
```

② 循环执行语句：

```
do while 语句,while 语句,for 语句
```

③ 转向语句：

```
break 语句,goto 语句,continue 语句,return 语句
```

控制语句将用专章分别讲解。

6. 空语句

只有分号(;)组成的语句称为空语句。空语句是什么也不执行的语句，在程序中可用来作空循环体；另外，为了程序的结构清楚，可读性好，以及扩充新功能方便也常用空语句来表示。

例如：用于延时的空循环，空语句作循环体。

```
for(i=1;i<=500;i++);
```

3.2.2 C 程序的一般结构

C 语言程序一般由三部分组成：预处理命令部分、主函数部分及自定义函数部分。以下是简化的程序格式，不包含自定义函数：

```
#include<头文件>
main()
{
    说明部分;
    语句序列;
}
```

include 是编译预处理命令，由编译程序处理，对源程序进行翻译前的一些操作。使用时以＃号开头，它的完整用法参见 7.4 节；自定义函数的有关内容见第 7 章。

3.3 顺序结构综合应用实例

【例 3-5】 从键盘输入 2 个变量的值，交换后输出。

分析：

S1：定义 2 个变量 a，b。

S2：从键盘给 2 个变量赋值。

S3：交换其值。

S4：输出变量 a，b。

```
#include <stdio.h>
void main()
{
    int a,b, c;
    printf("\nInput a,b:");
    scanf("%d,%d",&a,&b);
    c = a;
    a = b;
    b = c;
    printf("After exchange: a = %d, b = %d\n",a,b);
}
运行结果:
输入:Input a,b:32,57↙
输出:After exchange: a = 57, b = 32
```

交换 a，b 变量的值有多种方法。

方法一：如上面的程序，设置中间变量，进行交换。c＝a；a＝b；b＝c；这时注意赋值的先后次序不能更改。

方法二：不借助第三个变量实现交换。a＝a＋b；b＝a－b；a＝a－b；请仔细体会这种思路。

【例 3-6】 输入长和宽，计算长方形的面积。

分析：

S1：定义变量 length 和 wide、area，用于存放长方形的长、宽和面积。

S2：输入长方形的长 length 和宽 wide。

S3：计算“area＝length * wide”。

S4：输出其面积 area。

```
#include <stdio.h>
main()
{
    float length,wide,area;
    printf("input length and wide :");
```

```
        scanf(" %f, %f",&length,&wide);
        area = length * wide;
        printf("area = %6.2f\n",area);
    }
运行结果:
输入:3.2,4.0↙
输出:area = 12.80
```

【例3-7】 输入三角形的三条边,求三角形的面积。

分析:

S1:定义三个变量代表三角形的三边。

S2:给变量赋值。注意输入的三边必须是任意两边之和大于第三边,满足构成三角形的条件。

S3:计算三角形面积的计算公式如下:

$area=\sqrt{s(s-a)(s-b)(s-c)}$ 其中 $s=(a+b+c)/2$

S4:输出面积。

```
#include < stdio.h>
#include < math.h>
main()
{
    float a,b,c,s,area;
    printf("input three numbers:");
    scanf(" %f, %f, %f",&a,&b,&c);
    s = 0.5 * (a + b + c);
    area = sqrt(s * (s - a) * (s - b) * (s - c)); /* sqrt 函数是平方根函数,需要用到 math.h */
    printf("a = %.2f,b = %.2f,c = %.2f\n",a,b,c);
    printf("area = %.2f\n",area);
}
运行结果:
输入:3,4,5↙
输出:a = 3.00, b = 4.00,c = 5.00
area = 6.00
```

【例3-8】 从键盘输入一个小写字母,输出其相应的大写字母。

分析:

S1:定义变量 ch。

S2:给变量 ch 赋值。

S3:转换大小写。

S4:输出 ch。

```
#include < stdio.h>
main()
{
    char ch;
    printf("input a character:");
    ch = getchar();
    ch = ch - 'a' + 'A';
```

```
    putchar(ch);
    printf("\n");
}
运行结果:
输入:input a character:a↙
输出:A
```

大小写转换算法有多种，一种如程序中，另一种是大小写字符中间相差 32，即大写字母＋32＝小写字母。

【例 3-9】 编写一个程序，输入一个 3 位正整数，要求逆序输出对应的数，如输入 123，则输出 321。

分析：

S1：从键盘接收一个 3 位整数。

S2：分别取其个、十、百位分别放到 3 个变量中。

S3：重新组合成新数。

S4：输出该数。

```
#include <stdio.h>
main()
{
    int n,i,j,k,m;
    printf("输入一个 3 位正整数:");
    scanf("%3d",&n);                /*n为原3位数*/
    i=n/100;                        /*百位数*/
    j=n/10%10;                      /*十位数*/
    k=n%10;                         /*个位数*/
    m=100*k+10*j+i;                 /*重新组合*/
    printf("%d= =>%d\n\n",n,m);
}
```

【例 3-10】 输入一个 3 位整数，依次将其符号位、个位、十位、百位转换为数字字符输出。

分析：

S1：定义 4 个字符型变量 c1、c2、c3、c4，定义 1 个整型变量 x。

S2：用键盘输入一个 3 位数的整数，赋值给变量 x。

S3：用条件运算符对 x 的符号位进行取值，赋值给 c4。

S4：对 x 取绝对值。

S5：用表达式 x%10＋'0'，分别取出个位，十位和百位的数值，并转换为字符型数据。

S6：依次输出各位的字符型数据。

```
#include <stdio.h>
#include <math.h>
main()
{
    char c1,c2,c3,c4;
    int x;
    printf("please input a number:");
```

```
    scanf("%d",&x);                          /* 输入一个3位整数x */
    c4 = (x>= 0 ? '+': '-');                 /* c4为x的符号位 */
    x = abs(x);                              /* abs()取整数的绝对值,头文件math.h */
    c1 = x % 10 + '0';                       /* c3取个位,并转换为字符 */
    c2 = x/10 % 10 + '0';                    /* c2取十位,并转换为字符 */
    c3 = x/100 % 10 + '0';                   /* c1取百位,并转换为字符 */
    printf("%c\n%c\n%c\n%c\n",c4,c3,c2,c1);  /* 输出 */
}
```

习题与思考

一、选择题

1. 能正确表示 a 和 b 同时为正或同时为负的逻辑表达式是________。

   A. (a>=0 || b>=0) && (a<0 || b<0)

   B. (a>=0 && b>=0) && (a<0 && b<0)

   C. (a+b>0 && a+b<=0)

   D. a * b>0

2. 以下条件表达式中能完全等价于条件表达式 x 的是________。

   A. (x==0)　　B. (x!=0)　　C. (x==1)　　D. (x!=1)

3. 设 ch 是 char 型变量,值为'A',则表达式“ch=(ch>='A' && ch<='Z')? ch+32: ch”的值是________。

   A. Z　　B. a　　C. z　　D. A

4. 设 a, b 和 c 都是 int 型变量,且 a=3,b=4,c=5,则下面的表达式中,值为 0 的表达式是________。

   A. 'a'&&'b'　　B. a<=b

   C. a||b+c&&b-c　　D. !((a<b)&&!c||1)

5. 设 a=5,b=6,c=5,d=8,m=2,n=2,执行 (m=a>b)&&(n=c>d) 后 n 的值为________。

   A. 1　　B. 2　　C. 3　　D. 0

6. 设 x、y、z、t 均为 int 型变量,则执行以下语句后,t 的值为________。

```
x = y = z = 1;
t = ++x || ++y && ++z;
```

   A. 不定值　　B. 4　　C. 1　　D. 0

7. 已知 int x=10,y=20,z=30,则执行

```
if (x > y)
z = x;x = y;y = z;
```

语句后,x、y、z 的值是________。

   A. x=10,y=20,z=30　　B. x=20,y=30,z=30

   C. x=20,y=30,z=10　　D. x=20,y=30,z=20

8. 设 a 为整型变量,不能正确表达数学关系 10<a<15 的 C 语言表达式是________。

A. 10<a<15　　　　　　　　　　B. a==11||a==12||a==13||a==14

C. a>10&&a<15　　　　　　　　　D. !(a<=10)&&!(a>=15)

9. 语句："printf("%d",(a=2) && (b=-2));"的输出结果是________。

A. 无输出　　　　B. 结果不确定　　　C. -1　　　　　D. 1

10. 执行下列程序片段时的输出结果是________。

```
int x = 13,y = 5;
printf(" % d",x % = (y/ = 2));
```

A. 3　　　　　　B. 2　　　　　　C. 1　　　　　　D. 0

11. 下列程序的输出结果是________。

```
main ( )
{
    int x = 023;
    printf(" % d", -- x);
}
```

A. 17　　　　　B. 18　　　　　C. 23　　　　　D. 24

12. 已有如下定义和输入语句,若要求 a1,a2,c1,c2 的值分别为 10, 20, 'A'和'B',当从第一列开始输入数据时,正确的输入方式是________。

```
int a1,a2; char c1,c2;
scanf(" % d % d",&a1,&a2);
scanf(" % c % c",&c1,&c2);
```

A. 1020AB↙　　　B. 10 20↙　　　C. 10 20 AB↙　　　D. 10 20AB↙
　　　　　　　　　AB↙

13. 执行下列程序片段时的输出结果是________。

```
int x = 5,y;
y = 2 + (x += x++,x + 8,++x);
printf(" % d",y);
```

A. 13　　　　　B. 14　　　　　C. 15　　　　　D. 16

14. 有输入语句: scanf("a=%d,b=%d,c=%d",&a,&b,&c); 为使变量 a 的值为 1,b 的值为 3,c 的值为 2,则正确的数据输入方式是________。

A. 132↙　　　　　　　　　　B. 1,3,2↙

C. a=1 b=3 c=2↙　　　　　　D. a=1,b=3,c=2↙

二、填空题

1. 在一个 C 程序中依次执行完所有语句是 C 语言的________结构程序设计思想。

2. C 语言中语句可以分为________、________、________、________和________等 5 种类型。

3. C 控制语句有________种。

4. 一个表达式要构成一个 C 语句,必须在表达式尾端加________符号。

5. 复合语句是用一对________界定的语句块。

6. printf 函数和 scanf 函数的格式说明都是使用________字符开始。

7. scanf 处理输入数据时,遇到下列三种情况时该数据认为结束: (1)________,

(2)________,(3)________。

8. 设“int i,j; float x;”为将−10赋给i,12赋给j,410.34赋给x,对应scanf函数调用语句为

```
scanf("i = %d,j = %d, %f",&i,&j,&x);
```

则数据输入形式是________________________。

9. C语言本身不提供输入输出语句,其输入输出操作是由系统提供的________来实现的。

10. 一般地,调用标准字符或格式输入输出库函数时,文件开头应有以下预编译命令:________。

三、读程序写结果

1.
```
char c1 = 'a',c2 = 'c';
printf(" %d, %c",c2 - c1,c2 - 'a' + 'C');
```

2.
```
#include <stdio.h>
main()
{
    char ch1,ch2;
    ch1 = 'A' + '5' - '3' ;
    ch2 = 'A' + '6' - '3';
    printf(" %d, %c",ch1,ch2);
}
```

3.
```
#include <stdio.h>
main()
{
    int x;float y;
    scanf(" %3d%f",&x,&y);
    printf("x = %d,y = %f",x,y);
}
```
当执行时输入数据:1234 <空格> 678 <回车>

4.
```
#include <stdio.h>
main ( )
{
    int a = 12345;
    float b = - 198.345, c = 6.5;
    printf("a = %4d,b = % - 10.2e,c = %6.2f\n",a,b,c);
}
```

5.
```
#include <stdio.h>
main ( )
{
    int x = - 2345;
    float y = - 12.3;
    printf(" %6d,\t%6.2f\n",x,y);
}
```

四、编程题

1. 编写一个程序,从键盘接收3个整数,作为三角形的三边,求出三角形的面积。定义变量a, b, c为三条边长,则面积公式为:p=(a+b+c)/2;面积=sqrt(p(p−a)(p−b)(p−c))。

2. 编写一个程序,输入华氏温度,输出相应的摄氏温度。转换公式是:

c=(f−32)/1.8,c 表示摄氏温度,f 表示华氏温度

3. 输入秒数,将它转换,用小时、分钟、秒来表示。例如,输入 7278 秒,则输出 2 小时 1 分 18 秒。

4. 输入人民币数值,分别输出对换后的美元(USD,汇率 0.1574)、英镑(GBP,汇率 0.102)、日元(JPY,汇率 18.97)、韩元(KRW,汇率 186.56)和港元(HKD,汇率 1.22)。

第4章 分支结构程序设计

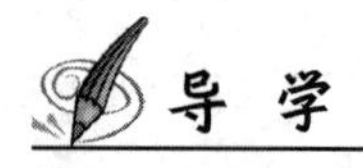

学习时长：2周

学习目标

知识目标：

➢ 理解if语句的三种形式的执行过程，else与if配对的规则。

➢ 理解switch语句的执行过程，break语句的配套使用规则。

能力目标：

➢ 掌握if语句的使用方法。

➢ 掌握switch语句的使用方法。

➢ 掌握用分支结构求解问题的方法。

本章内容概要

4.1 if结构语句(本章重点)
- 单分支结构
- 双分支结构
- 多分支结构
- if语句的嵌套

4.2 多路分支——switch结构语句

4.3 分支结构综合应用实例(本章重点、难点)

顺序结构的程序只能以顺序的方式处理数据，按照语句的书写顺序单一方向执行，并且每条语句必须执行到。但在很多情况下需要根据条件来选择要执行的语句，这就是分支结构，也称为选择结构或判断结构。C语言提供两种控制语句来实现分支结构：if语句和switch语句。

4.1 if结构语句

1. 引例

【例4-1】 从键盘输入两个整型数，输出其中较大的数。

分析：

S1：定义两个变量a,b。

S2：从键盘接收值。

S3：如果 a 大于 b，则输出 a，否则输出 b。

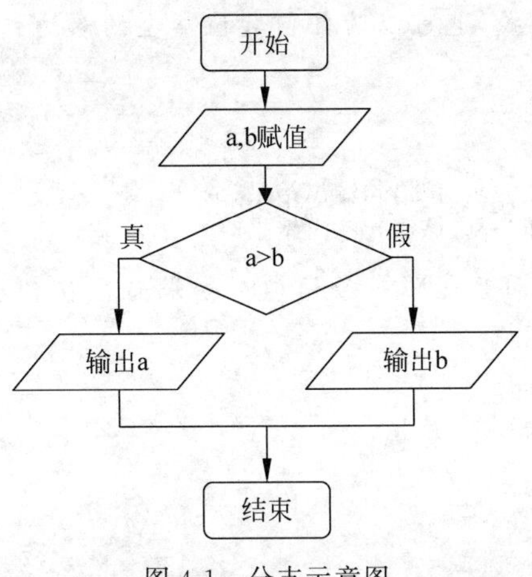

图 4-1　分支示意图

其算法流程图如图 4-1 所示。

本例第 3 步需要判断两个整型数的大小，根据判断的结果，决定相关数据的输出，这时就可以用分支结构来实现。

2. if 语句的三种形式

if 结构语句在执行时先对给定的条件进行判断，再根据判断的结果去执行相对应的操作任务语句。C 语言中的 if 语句有三种形式。

- 简单分支；
- 双分支；
- 多重分支。

对条件的判断只有真与假两种结果。在 C 语言中，若条件成立则为 1，条件不成立则为 0。

4.1.1　单分支结构

if 单分支结构一般形式：

```
if(表达式) 语句;
```

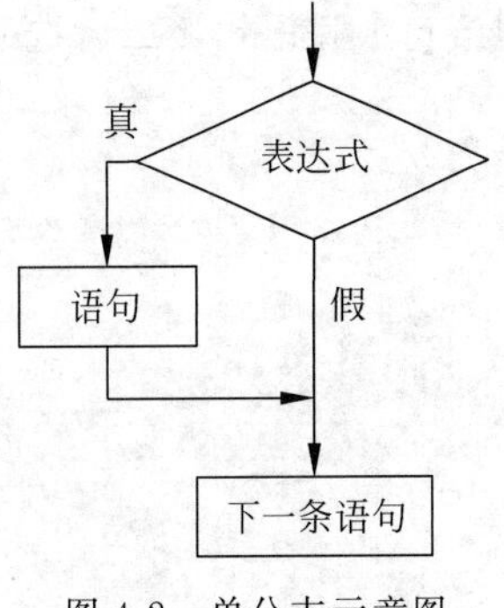

图 4-2　单分支示意图

其中，表达式一般为逻辑表达式或关系表达式，且表达式要用圆括号括起来。由于 C 语言的语法中并没有进行限制，所以理论上可以允许任何数据类型的表达式。

if 单分支结构的功能是：先判断表达式的逻辑值，若该逻辑值为“真”(非 0 值)，则执行语句；若逻辑值为假(0)，什么也不执行。执行过程的流程图如图 4-2 所示。

【例 4-2】 用单分支实现的源程序代码如下：

```
#include <stdio.h>
main()
{
    int a , b , max;                /* max 为 a、b 中的最大值 */
    scanf("%d%d",&a,&b);            /* 从键盘给 a、b 赋值 */
    max = a;                        /* 设最大值为 a */
    if(max < b)max = b;             /* 若 max 小于 b,最大值为 b */
    printf("MAX = %d\n",max);
}
运行结果:
输入:56 45↙
输出:MAX = 56
```

在本例程序中，输入两个数 a，b。把 a 先赋值给变量 max，再用 if 语句判断 max 和 b 的大小，如果 max 小于 b，则把 b 赋值给 max。因此 max 中总是大数，最后输出 max 的值。

注意：

(1) if语句中的(表达式)一般为逻辑或关系表达式，也可以为任何数值类型的表达式，非0为真，0为假。

例如：

```
if(3) printf("ok");              //表达式的值非0即为真，该语句输出结果:ok
if('a')printf("%c",'a');         //表达式的值非0即为真，该语句输出结果:a
```

(2) if后面的语句直到第一个分号结束，即if后面只能跟一条语句。如果必须包含多条语句，要使用{}变成一条复合语句。

4.1.2 双分支结构

一般形式：

```
if (表达式)
    语句1;
else
    语句2;
```

执行语句时，若表达式的值为非0值，执行结构中的语句1，否则执行结构中的语句2。即语句1和语句2二者选一，如图4-3所示。

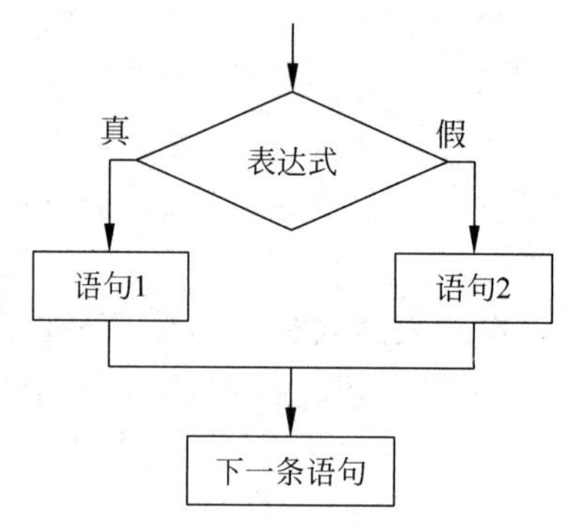

图4-3 双分支示意图

【例4-3】 用双分支实现的源程序代码如下：

```
#include<stdio.h>
main( )
{
int a,b,max;                     /*max为a、b中的最大值*/
scanf("%d%d",&a,&b);             /*从键盘给a、b赋值*/
if(a>b)max=a;                    /*若a大于b,最大值为a*/
else max=b;                      /*若a小于b,最大值为b*/
printf("MAX=%d\n",max);
}
```

使用说明：

(1) if和else构成一个完整结构，else子句表示当条件不满足时应当执行的操作任务，它是if结构语句中的一个部分，必须与if配对，不能单独作为一条语句来使用。

(2) if 和 else 后各自只包含一条操作语句(语句 1 和语句 2)作为结构的内嵌语句,若要执行多条操作语句,可以用{ }将多个语句括起来形成一条复合语句来实现。

(3) if 和 else 是结构控制关键字,后面不能加“;”,而语句 1 和语句 2 后面的分号是 C 语句的组成部分,不能省略。如果语句 1 或语句 2 是复合语句,则在“}”外面不必再加“;”。

(4) if 和 if_else 语句的条件表达式如果是一个简单变量,可以进行简化。

例如:

```
if (x!= 0) 等价于 if(x)
if(x == 0) 等价于 if(!x)
```

(5) 双分支 if_else 语句有时可用条件运算符表达式来实现,两者语义是相同的。但不是所有的 if_else 语句都可以写成条件运算符表达式。相反,条件运算符表达式都可以用 if_else 语句实现。

例 4-3 也可以用条件运算符表达式来实现:max=a>b? a:b;

【例 4-4】 从键盘上输入一个字母,如果是小写字母,请转换成大写字母输出,否则直接输出。

分析:

“ch 是否为小写字母”对应的表达式 ch>='a' && ch<='z',“小写字母转换为大写字母”对应的表达式 ch=ch-32。

```
#include < stdio.h >
main()
{
    char ch;
    scanf(" %c",&ch);                          /* 从键盘输入一个字母 */
    if ( ch >= 'a' && ch <= 'z' )
    { ch = ch - 32 ; printf(" %c\n",ch); }   /* 若是小写字母,则转换成大写字母并输出 */
    else
        printf(" %c\n",ch) ;                   /* 若是大写字母,则原样输出 */
}
运行结果:
输入:y↙
输出:Y
```

4.1.3 多分支结构

if 多分支结构的一般形式:

```
if (表达式 1) 语句 1;
else if (表达式 2) 语句 2;
else if (表达式 3) 语句 3;
…
else if (表达式 n) 语句 n;
else 语句 n + 1;
```

多分支用于多种条件的判断,根据不同的结果执行相应的操作任务。

执行次序是,先判断表达式 1 的值,若为真(非 0)则执行语句 1,执行完后跳过其后的其他语句并跳出if,执行if后面的语句；若为假(0)则判断表达式2,这样一直判断下去,若所有的表达式均为假(0)则执行最后一条else后的语句n+1,即多分支只能执行某一条语句。流程如图4-4所示。

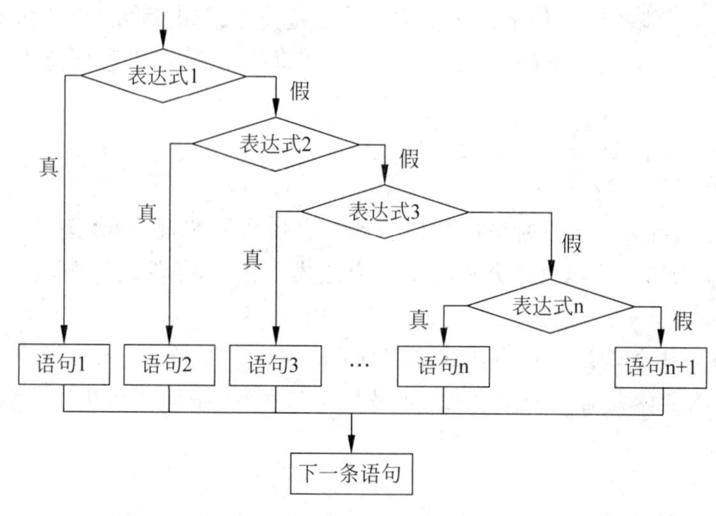

图4-4　多分支示意图

【例4-5】 根据学生的成绩判定相对应的等级。

成绩与等级的对应条件：

⩾90	A
⩾80	B
⩾70	C
⩾60	D
<60	E

分析：

S1：定义double变量m代表学生成绩；char型变量n代表学生等级。

S2：从键盘上输入成绩。

S3：判断m,若值大于或等于90,n赋予等级标志字符'A',否则判断m值大于或等于80,若成立,n赋予等级标志字符'B',……,否则n赋予等级标志字符'E'。

S4：输出成绩和等级评定结果。

```
#include <stdio.h>
main( )
{
    double m;
    char n;
    scanf("%lf", &m ) ;                    /* 接收学生成绩 */
        if ( m>= 90 )
        n = 'A';
            else if ( m>= 80 )
            n = 'B';
                else if ( m>= 70 )
                n = 'C';
```

```
                else if ( m>=60 )
                n='D';
                    else
        n='E';
    printf ( " %f---- %c\n " , m , n);
}
运行结果:
输入:86.5↙
输出:86.500000----B
输入:52↙
输出:52.000000----E
```

4.1.4 if语句的嵌套

在if语句中又包含一条或多条if语句称为if语句的嵌套。一般形式如下:

```
if()
  if()  语句1;  ──┐
  else  语句2;  ──┘ 内嵌if
else
  if()  语句3;  ──┐
  else  语句4;  ──┘ 内嵌if
```

在嵌套内的if语句可能又是if-else型的,这将会出现多个if和多个else重叠的情况。if、if_else和语句的任一分支子句都可以嵌入if和if_else语句构成嵌套。这时要特别注意if和else的配对问题。

else子句总是和if子句成对使用,且C语言编译规定,一条else子句总是与它上面最近且没有与其他else子句配对的if子句相配对,构成完整的if_else结构语句。如果忽略了else与if配对,就会发生逻辑错误。如果读者采用较好的编程习惯,即缩进形式,那么if与else的配对也许就更明了。例如:

```
if(表达式1)
if(表达式2)
语句1;
else
语句2;
```

其中的else究竟与哪一个if配对呢?

根据前述的else总是与它前面最近的未配对的if配对的原则。应理解为跟第二个if配对,第一个if总体上是一个单分支结构。其缩进形式写成如下形式:

```
if(表达式1)
    if(表达式2)
        语句1;
    else                          /*此处else,只能跟第二个if匹配*/
        语句2;
```

【例4-6】 某广告模特公司面试要求男生身高至少175cm,女生身高至少165cm,输入一个学生的性别和身高,输出该学生能否通过。

分析:

根据两个变量 sex(性别)和 tall(身高)分类,如果 sex 为'F',当 tall 大于或等于 165 时,输出“Pass”,否则输出“Not Pass”; 若 sex 不为'F',当 tall 大于或等于 175 时,输出“Pass”,否则输出“Not Pass”。

S1: 输入 sex 和 tall。

S2: 根据 sex 分支。

S3: 在 sex 为'F'的分支中判断 tall 是否大于或等于 165。

S4: 在 sex 不为'F'的分支中判断 tall 是否大于或等于 175。

```
#include <stdio.h>
main()
{
    int tall;
    char sex;
    printf("input sex and tall:");
    scanf("%c%d",&sex,&tall);
    if(sex=='f'||sex=='F')
        {
        if(tall>=165) printf("Pass\n");
        else printf("Not Pass\n");
        }
    else
    {
        if(tall>=175) printf("Pass\n");
        else printf("Not Pass\n");
    }
}
运行结果:
输入:F 162↙
输出:Not Pass
```

4.2 多路分支——switch 结构语句

if 语句适用于处理从两者间选择其一,但要实现多种可能时,就要用嵌套的 if 语句。而分支较多时,嵌套的 if 语句层次可能太多,结构复杂,可读性就会降低。因此,C 语言提供了多路分支 switch 语句,又叫开关语句,它是专门处理多路分支的语句,使程序变得简洁,可读性好。

switch 结构的一般形式:

```
switch (表达式)
{
    case 常量 1: 语句 1;
    case 常量 2: 语句 2;
    …
    case 常量 n: 语句 n;
    default: 语句 n+1;
}
```

执行次序是：switch 后面的表达式不是一个条件表达式，表达式应该有一个确定的值；case 后面表达式的值必须是一个常量，执行语句时，首先计算表达式的值，然后，其结果值依次与每一个 case 后面的常量匹配，如果匹配成功，则执行该常量后的语句序列。当遇到 break 时，则立即结束 switch 语句的执行，否则，顺序执行到花括号的最后一条语句。如果没有常量的值与表达式的值匹配，则执行 default 后面的语句序列。

注意：

(1) 语句中的表达式可以是整型或字符型，表达式的值，称为开关值。

(2) 语句结构中各个 case 后常量表达式的值必须互不相同；否则执行时将出现矛盾。

(3) 各 case 子模块后的可执行语句可以是一条语句，也可以是多条语句，多条语句可以不用{}括起来。

(4) 当表达式的值与某一个常量相等时，就执行后面的语句；若无 break 语句，执行该语句后，流程控制转移到下一个分支，执行这一个分支的语句，然后继续往下一个分支转移并执行对应语句，一直到最后一条语句执行完。break 语句是一个非结构化语句，其作用在于终止 case 分支的执行，进而结束整个 switch 结构语句。break 语句不能单独作为 C 的简单语句，一般应用在分支结构语句和循环结构语句中。但在最后一个分支后可以不使用 break 语句。

(5) 各个 case 子模块和 default 子模块之间没有书写次序的严格要求，一般习惯将 default 模块放到 switch 结构程序各个 case 子模块的最后编写。

(6) switch 语句跟 if 一样也可以进行嵌套。

在例 4-5 中，将考试分数转换成考试等级的多分支问题也可以用 switch 语句表述。

先来看看以下程序代码：

```
switch ( (int)m/10 )                    /* m 为考试分数 */
{
        case 10 : n = 'A';
        case 9 : n = 'A';
        case 8 : n = 'B';
        case 7 : n = 'C';
        case 6 : n = 'D';
        default : n = 'E';
}
```

如果 m 的值为 85，则输出 BCDE。

如果 m 的值为 61，则输出 DE。

语句后加或不加"break;"可以使多分支变得非常灵活。如果多个分支需要共用一条执行语句，可在最后一个分支的常量后放置要执行的语句。

【例 4-7】 根据学生成绩判定相对应的等级，用 switch 结构实现。完整的源代码如下：

```
#include < stdio.h >
main( )
{
    double m;
    char n;
    int grade;
    scanf( "%lf", &m );                    /* 接收学生成绩 */
```

```
    grade = (int)m/10;                    /* 舍入取整,确定成绩属于哪个档次 */
    switch ( grade)
        {
            case 10 :
            case 9 : n = 'A'; break;      /* break 语句跳出 switch */
            case 8 : n = 'B'; break;
            case 7 : n = 'C'; break;
            case 6 : n = 'D'; break;
            default : n = 'E';
        }
printf ( "%f---- %c \n" , m , n );
}
```

由于 case 后必须为常量表达式,不可有如下形式:

```
switch(m)
{
    case m>= 90 &&m<= 100: n = 'A';break; /*  编译错  */
    ...
}
```

程序中定义了变量 grade,即用舍入取整法将百分制成绩分段。“case 10:”和“case 9:”共用同一条语句“n='A';”。

4.3 分支结构综合应用实例

【例 4-8】 分多种情况,求 $ax^2+bx+c=0$ 的实数解。

分析:

根据系数的不同,有如下四种情况:

① $a=0$,不是二次方程。

② $b^2-4ac=0$,有两个相等的实根。

③ $b^2-4ac>0$,有两个不等的实根。

④ $b^2-4ac<0$,没有实数解。

```
#include <stdio.h>
#include <math.h>
main ( )
{
    float a,b,c,x1,x2,disc;
    printf("\ninput a b c:");
    scanf("%f%f%f",&a,&b,&c);
    if(fabs(a)< 1e-6)                         /* a 等于 0 */
        printf("The equation is not a quadratic\n");
    else
    {
        disc = b * b - 4 * a * c;             /* 求判别式 */
        if(disc < 0)                          /* 判别式小于 0 */
            printf("The equation has not a real root! \n");
        else if(fabs(disc)< 1e-6)             /* 判别式等于 0 */
```

```
            printf("The equation has two real roots: %8.4f\n", - b/(2 * a));
        else                                        /* 判别式大于 0 */
        {
            x1 = ( - b + sqrt(disc))/(2 * a);
            x2 = ( - b - sqrt(disc))/(2 * a);
            printf("The equation has distinct real roots: %8.4f, %8.4f\n",x1,x2);
        }
    }
}
```

注意：

程序中先计算判别式 disc 即(b^2-4ac)的值，以减少以后的重复计算。要判断 disc 是否为 0 时，由于 disc 是实数，而实数在计算和存储时会有一些微小的误差，因此不能直接进行如下判断：if(disc==0)…，因为可能会出现本来是 0 的值，由于上述误差被判别为不等于 0 而导致结果错误，所以判别 disc 的绝对值是否小于一个很小的数(例如 1e−6)，如果小于此数，就认为 disc=0。

【例 4-9】 输入一个年份，判断该年是否为闰年。

分析：

年份 year 为闰年的条件如下：

① 能够被 4 整除，但不能被 100 整除的年份。

② 能够被 400 整除的年份。

只要满足任意一个就可以确定它是闰年。

例如：

1996 年、2000 年是闰年

1998 年、1900 年不是闰年

故设定标识变量 leap，只要符合其中一个条件的就是闰年，令 leap =1；否则令 leap=0。这种处理两种状态值的方法，对优化算法和提高程序可读性非常有效。

```
#include<stdio.h>
main( )
{   int year, leap ;                         /* leap 为闰年标识变量 */
    scanf("%d", &year);
    if (year % 4 == 0 && year % 100!= 0) )
        leap = 1;                            |      if(year % 4 = = 0&&year % 100!= 0)
    else if (year % 400 == 0)                } 可简化成 || year % 400 = = 0
            leap = 1;                        |  ===>        leap = 1;
        else leap = 0;                       )          else leap = 0;
    if (leap == 1)
        printf("%d is a leap year. \n", year);
    else
        printf("%d is not a leap year. \n", year);
}
运行结果：
输入:2020↙
输出:2020 is a leap year.
```

【例 4-10】 编程实现一个简单的算术计算器。

输入形式：第一个数 算术运算符 第二个数

输出形式：第一个数 算术运算符 第二个数＝运算结果

分析：

可以用 switch(算术运算符)来实现该计算器功能。如果运算符是"＋"、"－"和"＊"可以直接进行运算得出结果，但对于"/"和"％"运算符则需对第二个数进行判断是否为 0 值。

```
#include <stdio.h>
main( )
{
int a,b;
char op;
printf("input a op b:");
    scanf("%d%c%d",&a,&op,&b ) ;
switch ( op )
    {
        case'+': printf("%d%c%d= %d\n",a,op,b,a+b); break;
        case'-': printf("%d%c%d= %d\n",a,op,b,a-b); break;
        case'*': printf("%d%c%d= %d\n",a,op,b,a*b); break;
        case'/': if(b!=0) printf("%d%c%d= %d\n",a,op,b,a/b);
                else printf("b=0:error!");
                break;
        case'%': if(b!=0) printf("%d%c%d= %d\n",a,op,b,a%b);
                else printf("b=0:error!");
                break;
        default : printf("data error!");
    }
}
运行结果:
输入:input a op b:2*6↙
输出:2*6=12
```

习题与思考

一、选择题

1. C 语言对嵌套 if 语句的规定是：else 总是与________。

A. 其之前最近的 if 配对　　B. 第一个 if 配对

C. 缩进位置相同的 if 配对　　D. 其之前最近的且尚未配对的 if 配对

2. 设"int a=1,b=2,c=3,d=4,m=2,n=2;"，执行(m=a>b) && (n=c>d)后 n 的值为________。

A. 1　　B. 2　　C. 3　　D. 4

3. 对下述程序，________是正确的叙述。

```
main ( )
{ int x,y;
  scanf("%d,%d",&x,&y);
```

```
  if (x > y)
        x = y;y = x;
  else
        x++;y++;
  printf(" % d, % d",x,y);
}
```

A. 有语法错误,不能通过编译　　B. 若输入 3 和 4,则输出 4 和 5

C. 若输入 4 和 3,则输出 3 和 4　　D. 若输入 4 和 3,则输出 4 和 5

4. 若 w=1,x=2,y=3,z=4,则条件表达式 w<x ? w : y<z ? y : z 的值是________。

A. 4　　B. 3　　C. 2　　D. 1

5. 下述表达式中,________可以正确表示 x≤0 或 x≥1 的关系。

A. (x>=1) || (x<=0)　　B. x>=1 | x<=0

C. x>=1 && x<=0　　D. (x>=1) && (x<=0)

6. 以下程序的输出结果是________。

```
main ( )
{ int x = 1,y = 0,a = 0,b = 0;
  switch(x) {
    case 1:switch (y) {
        case 0 : a++; break ;
        case 1 : b++; break ;
        }
    case 2:a++; b++; break;
    case 3:a++; b++;
}
  printf("a = % d,b = % d",a,b);
}
```

A. a=1,b=0　　B. a=2,b=1　　C. a=1,b=1　　D. a=2,b=2

7. 当 a=1,b=3,c=5,d=4 时,执行完下面一段程序后 x 的值是________。

```
if (a < b)
if (c < d) x = 1;
else
    if (a < c)
        if (b < d) x = 2;
        else x = 3;
    else x = 6;
else x = 7;
```

A. 1　　B. 2　　C. 3　　D. 4

8. 在下面的条件语句中(其中 S1 和 S2 表示 C 语言语句),只有________在功能上与其他三条语句不等价。

A. if (a) S1; else S2;　　B. if (a==0) S2; else S1;

C. if (a!=0) S1; else S2;　　D. if (a==0) S1; else S2;

9. 若“int i=10;”执行下列程序后,变量 i 的正确结果是________。

```
switch (i) {
    case 9: i += 1;
    case 10: i += 1;
```

```
    case 11: i += 1;
    default : i += 1;
}
```

A. 10　　B. 11　　C. 12　　D. 13

10. 执行以下程序段后的输出是________。

```
int i = -1;
if(i = 0)printf(" **** \n");
else printf(" % % % %\n");
```

A. ****　　B. 出错　　C. %%%%\n　　D. %%

11. 关于 if 后面一对圆括号中的表达式,叙述正确的是________。

A. 只能用关系表达式　　B. 只能用逻辑表达式

C. 只能用关系表达式或逻辑表达式　　D. 可以使用任意合法的表达式

12. 对 switch 后括号内的表达式,描述正确的是________。

A. 只能是数字

B. 可以是浮点数

C. 可以是整型数据或字符型数据

D. 以上叙述都不对

13. 若变量 a、b、k 已正确定义,则与语句“if(a>b)k=0; else k=1;”等价的语句是________。

A. k=(a>b)? 0: 1;　　B. k=a>b;

C. k=a<b;　　D. a<=b? 0: 1;

14. 与“y=(x>0? x: x<0? -x: 0);”功能相同的 if 语句是________。

A. if(x>0) y=x; else if(x<0) y=-x; else y=0;

B. if(x) if(x>0) y=x; else if(x<0) y=-x; else y=0;

C. y=0; if(x>=0) if(x>0)y=x; else y=-x;

D. y=-x; if(x) if(x>0) y=x; else if(x==0) y=0; else y=-x;

二、读程序写结果

1. 以下程序的运行结果是________。

```
#include <stdio.h>
main()
{
    int m = 5;
        if(m++> 5)
            printf(" %d",m);
        else printf(" %d",m-- );
        }
```

2. 以下程序在输入 2 之后的执行结果是________。

```
#include <stdio.h>
main()
{
int c;
c = getchar();
```

```
switch(c - '2')
{ case 0:
    case 1: putchar(c + 4);
    case 2: putchar(c + 4);break;
    case 3: putchar(c + 3);
case 4: putchar(c + 2);break;
}
}
```

3. 下列程序段的输出结果是________。

```
#include < stdio.h >
main()
{
    int a,b,c,x;
    a = b = c = 0; x = 35;
        if(!a)
            x -- ;
        else if(b);
        if(c)
            x = 3;
        else x = 4;
    printf(" % d",x);
}
```

4. 若变量已定义,写出以下语句段在不同输入时的输出结果。

```
switch(x)
{ case 0: switch (y =  = 2)
      { case 1: printf(" * "); break;
       case 2: printf(" % "); break;
          }
  case 1: switch (z)
      { case 1: printf(" $ ");
       case 2: printf(" * "); break;
       default : printf(" # ");
      }
}
```

输入：x＝0; y＝2; z＝3;运行结果为________。

输入：x＝1; y＝2; z＝1;运行结果为________。

输入：x＝0; y＝1; z＝0;运行结果为________。

三、编程题

1. 编程实现：依次从键盘输入两个一位的正整数,如果同是奇数,依次输出两个数的平方值；如果同是偶数,依次输出两个数的立方值；否则,依次输出原数。

2. 编程实现：输入 1 个不多于三位的正整数。

① 求出它是几位数。

② 分别打印出每一位数字。

③ 按逆序打印出该数,例如原数是 321,输出 123。

3. 有一分段函数：

$$y=\begin{cases}x & (x<1)\\ 2x-1 & (1\leqslant x<10)\\ 3x-11 & (x\geqslant 10)\end{cases}$$

请编写一程序,从键盘任意输入 x 的值,输出 y 值。

4. 根据用户从键盘输入的三角形三边长度,计算该三角形的面积。若用户输入的三条边不能构成三角形,则直接输出信息"不能构成三角形!"。

提示:

(1) 构成三角形的三条边应满足条件:任意两条边的和均大于第三边;

(2) 已知三角形的三条边长,计算三角形面积的公式为 $s=\sqrt{p(p-a)(p-b)(p-c)}$,其中 $p=\frac{a+b+c}{2}$。

第5章 循环结构程序设计

学习时长：2周

学习目标

知识目标：

➢ 理解循环的概念。

➢ 理解循环条件的变化，死循环的处理与防止。

➢ 理解 for、while、do-while 三种循环语句的相同和不同之处。

能力目标：

➢ 熟练使用 for、while、do-while 实现循环程序设计。

➢ 掌握各种循环的嵌套。

➢ 掌握 break 和 continue 语句在循环结构中的应用。

本章内容概要

5.1 循环的概念

5.2 while 语句(本章重点)

5.3 do-while 语句(本章重点)

5.4 for 语句(本章重点)

5.5 break 语句和 continue 语句

5.6 循环的嵌套(本章难点)

5.7 循环结构综合应用实例

5.1 循环的概念

在日常生活中，有很多工作需要重复劳作，比如超市的收银、数学中的迭代运算等。这些重复的工作如果能由计算机来处理，那就可以大大减轻人们的工作量。C语言提供了这样的语句——循环语句，能对重复的工作进行控制。

循环结构语句根据给定条件反复执行某些操作，当给定条件不成立时，循环就会停止。给定的条件称为循环条件，反复执行的操作称为循环体。C语言提供了 while 语句、do-while 语句和 for 语句对循环进行控制。

例如：

求 1+2+3+…+100 的和。

算法分析：

如果直接计算，表达式要表述为1+2+3+…+100，实在是太长了。

这时可以这样设想，定义一个变量i，从1开始，每循环一次增加1，直到100为止。每循环一次就把i的值累加到一个变量s中。

即每次循环重复执行语句："s=s+i;"。

5.2 while 语句

while也称作当型循环，即当条件为真就重复执行语句，当条件为假则不执行。

一般结构形式：

```
while (表达式)
语句
```

这里的语句称为循环体，它可以是一条单独的语句，也可以是复合语句。

while语句执行流程，如图5-1所示。

(1) 先计算表达式的值。

(2) 如果表达式的值为真(非0)，则执行循环体语句。

(3) 重新计算表达式的值。

(4) 如果表达式的值为假(0)值，则退出循环结构，执行循环体外的后续语句。

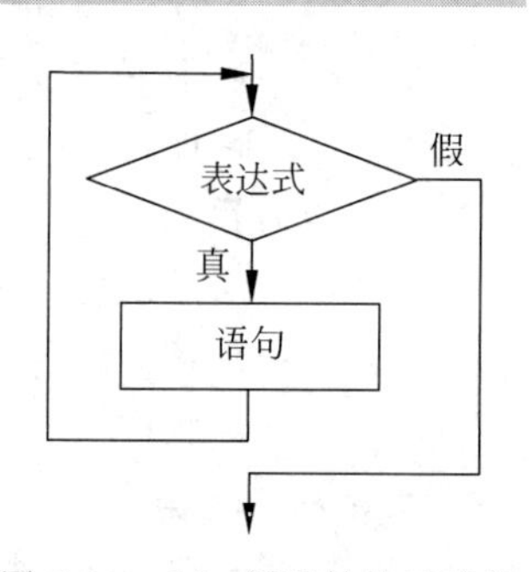

图5-1 while循环结构示意图

while循环的特点是：每执行完一次循环体后，要判断表达式的真假，为真时继续执行循环体，为假时结束while语句。即当表达式为真时，反复执行循环体。

使用说明：

(1) while语句的特点是先计算表达式的值，然后根据表达式的值决定是否执行循环体中的语句。如果表达式的值一开始就为0，则语句一次也不会被执行。

(2) 循环重复执行的语句只是一条简单语句，即到第一个分号结束。如果必须包含多条语句要使用{}把多条语句变成复合语句。

(3) 如果循环永远重复执行，则循环为死循环，编程时应该避免死循环。因此，在循环体内应有使循环趋于结束的语句，即包含改变条件判断表达式值的语句，使表达式的值最终为假而退出循环。

(4) 单独一个分号也为一条有效的语句，即空语句，表示什么也不执行。空语句作为循环体时，一般用作延时。

【例5-1】 用while语句求1+2+3+…+100的和。

分析：

这是一个多个数求和的问题，可以用循环语句来解决。

```
#include<stdio.h>
main( )
{
    int i=1,s=0;            /*初始化循环变量i和累计器s, i的初值为1,s的初值为0*/
    while(i<=100)           /*i终值为100,条件判断,控制循环*/
    {                       /*多条语句用{}*/
        s+=i;               /*每次把i累加到s中,实现累加*/
        i++;                /*i的值每次增加1*/
    }
    printf("SUM=%d\n", s);
}
运行结果:
SUM=5050
```

在该例的循环体中,循环变量i每次加1,使条件表达式的值趋于为假。

【例 5-2】 统计从键盘输入一行字符的个数。

```
#include<stdio.h>
main()
{
    int n=0;
    printf("请输入一行字符:\n");
    while(getchar()!='\n') n++;
    printf("字符个数为:%d\n",n);

}
运行结果:
请输入一行字符:
123ert↙
字符个数为:6
```

本例中的循环条件为getchar()!='\n',其意义是,只要从键盘上输入的字符不是回车符就继续循环。循环体用来对输入字符个数计数,n表示输入字符的个数。

【例 5-3】 从键盘输入一批学生的成绩,计算平均分。

分析:

这是一个累加求和的问题,先累加求出学生的成绩总和,再除以学生人数,得到平均分。本题的难点在于确定循环条件,由于题目中没有给出学生的数量,所以事先无法确定循环次数,自己要设计循环条件。可用一个特殊的数据作为正常输入数据的结束标志,这里选用一个负数作为结束标志。循环条件是输入的数据grade>=0。

```
#include<stdio.h>
main()
{
    int num;double grade,total;
    /*num记录人数,grade存放输入的成绩,total保存成绩的和*/
    num=0;total=0;
    printf("请输入学生分数:");
    scanf("%lf",&grade);
    while(grade>=0)
```

```
    {
        total = total + grade;                         /* 累加成绩 */
        num++;                                         /* 计数 */
        scanf(" % lf",&grade);                         /* 读入一个新数据,为下次循环做准备 */
    }
    if(num!= 0)
        printf("平均分是 % .2f\n",total/num);
    else
        printf("平均分是 0\n");
}
运行结果:
请输入学生分数: 56 57 58  -2↙
平均分是 57.00
```

本例中－2 作为输入的结束标志,运行时,前面 3 个正数都被累加到 total 中,直到输入－2 为止。

while 语句先判断数据是否满足循环条件,如果该数不是负数才能进入循环,在进入循环之前,先输入了第一个数据,如果该数大于或等于零,就进入循环并累加成绩,然后再输入新的数据,继续循环。

5.3　do-while 语句

do-while 也称作“直到型循环”,即先执行循环体中的语句,再通过判断表达式的值来决定是否继续循环,循环条件的测试是在循环的尾部进行的。

一般结构形式:

```
do{
    语句
}while (表达式);
```

do-while 语句执行流程,如图 5-2 所示。

(1) 首先执行语句。

(2) 再计算表达式。

(3) 如果表达式的值为真(非 0),则继续下一次循环。

(4) 如果表达式的值为假(0),则退出循环结构,执行循环体外的后续语句。

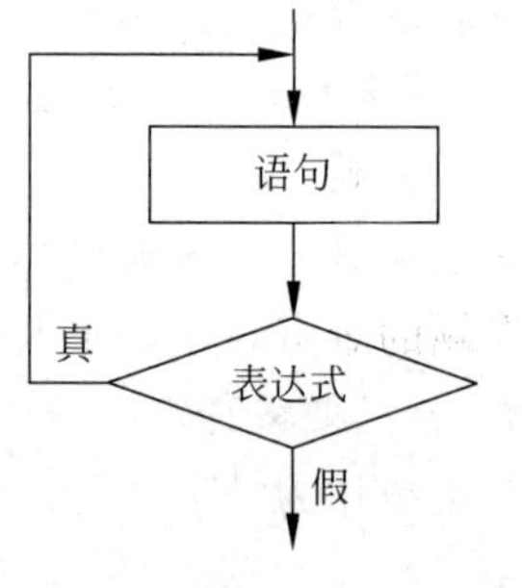

图 5-2　do-while 循环结构示意图

do-while 结构语句具有循环体语句至少会执行一次的特点,如果表达式的值一开始就为假(0),也会执行一次语句。

而 while 循环,如果表达式的值一开始就为假(0),则语句一次也会被不执行。

【例 5-4】 用 do-while 语句求 1＋2＋3＋…＋100 的和。

```
#include < stdio.h >
main( )
{
```

```
    int i = 1,s = 0;                /* 初始化循环变量 i 和累计器 s, i 的初值为 1,s 的初值为 0 */
    do{                             /* 多条语句用{}括起来 */
        s += i;                     /* 每次把 i 累加到 s 中 */
        i++;                        /* i 每次增加 1 */
    } while(i <= 100);              /* i 终值为 100 */
    printf("SUM: % d\n",s);
}
```

说明：

(1) 在 if 语句和 while 语句中，表达式后面都不加分号，而在 do-while 语句的表达式后面则带有分号。

(2) while 和 do-while 都能实现循环控制，while 结构程序通常都可以转换成 do-while 结构。当循环语句至少要执行一次时，while 和 do-while 语句可以互相替换。

(3) while 循环与 do-while 循环相比，当第一次循环条件为真时，二者是完全一样的。但当第一次循环条件不为真时，while 循环语句一次都不执行，do-while 循环语句要执行一次。

分析以下程序中变量 i 的作用。

例如：

```
i = 1;
while (i <= 100)
putchar('*');
i++;
```

这个循环永远不会结束，因为循环控制变量 i 没有在循环体内被改变，语句 i++；不属于循环体。我们可以使用{}将语句 i++；包含进循环体，改进程序如下：

```
i = 1;
while (i <= 100)
{
    putchar('*');
    i++;
}
```

【例 5-5】 从键盘读入一个整数，统计该数的位数。例如，输入 12345，输出 5；输入 −99，输出 2；输入 0，输出 1。

分析：

一个整数由多位数字组成，统计过程需要按位去数，因此是一个循环过程，循环次数由整数的位数决定。思路为将输入的整数不断地整除 10，直到该数最后变成了 0，整除的次数就是该数的位数。例如，123 整除 10 商为 12，12 再整除 10 商为 1，1 再整除 10 商为 0 并结束循环。循环次数为 3，故该数的位数为 3。

```
#include <stdio.h>
main()
{
    int count,number;                       /* count 记录整数 number 的位数 */
    count = 0;
    printf("请输入一个整数:");
```

```
    scanf("%d",&number);
    do
    {
        number = number/10;             /* 整除后减少末位数,组成一个新数 */
        count++;                        /* 位数加1 */
    }while(number!= 0);                 /* 判断循环条件 */
    printf("该数的位数为%d\n",count);
}
运行结果:
请输入一个整数:5436↙
该数的位数为4
```

5.4 for语句

for循环是C语言最有特点、使用效率最高、最为灵活方便的循环语句。

for语句通常用于循环次数已经确定的情况,但也可用于循环次数不确定而只给出循环结束条件的情况。

一般结构形式:

```
for(表达式1;表达式2;表达式3)
    语句
```

如图5-3所示,for循环执行流程如下。

(1) 先计算表达式1,用于循环开始前设置变量初值。

(2) 接着计算表达式2,表达式2是个逻辑值,如果为真(非0),则执行步骤3,如果为假(0),则循环结束,执行for的下一条语句。

(3) 执行循环体语句。

(4) 计算表达式3。

(5) 返回步骤2。

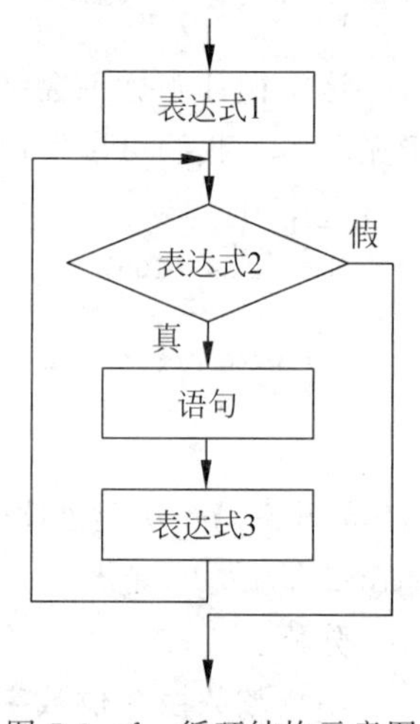

图5-3 for循环结构示意图

表达式1通常给循环控制变量赋初值,一般是赋值表达式,也允许在for语句外给循环控制变量赋初值,此时可省略表达式1。表达式2通常是循环条件,一般为关系表达式或逻辑表达式。表达式3通常用来修改循环控制变量的值(增量或减量运算),一般是赋值语句,它使得在有限次循环后,可以正常结束循环。

所有用while语句实现的循环都可以用for语句实现,因此以上for语句等价于

```
表达式1;
while (表达式2)
{
    语句
    表达式3;
}
```

【例5-6】 用for语句求1+2+3+…+100的和。

```
#include< stdio.h>
main( )
{
    int i,s;                    /* i 为循环变量 */
    for(i = 1,s = 0;i <= 100;i++)
        s += i;                 /* 每次把 i 累加到 s 中 */
    printf("SUM: %d\n",s);
}
运行结果:
SUM:5050
```

该程序中 for 循环的执行步骤：

(1) i=1，s=0；

(2) i<=100；

(3) s+=i；

(4) i++；

(5) 返回步骤 2,重新判断条件。

这里的循环语句也是到第一个分号结束。如果有多个语句一定要用{}。

使用说明：

(1) 在整个 for 循环过程中,表达式 1 只计算一次,表达式 2 和表达式 3 则可能计算多次。循环体可多次执行,也可能一次都不执行。

(2) for 语句形式非常灵活,有多种变形,各表达式是可以省略的,但分号间隔符不能省略。

① 如先给循环控制变量赋过值,则可以省略表达式 1。

例如：for(; i<100; i++)语句。

应该注意,尽管省略了表达式 1,但表示表达式 1 的分号却不能省略。

② 如果想在循环体里改变循环控制变量的值,则可以省略表达式 3。

例如：for(i=0; i<100;)语句。

③ 如果表达式 1 和表达式 3 都省略,语句格式完全等同于 while 语句。

例如：for(; i<100;)语句等效于 while(i<100)语句。

④ 如果三个表达式全部省略,就会形成死循环,必须在循环体里使用 break 语句来终止循环。

(3) 在 for 语句的表达式中使用逗号表达式。

for 语句中的表达式 1 和表达式 3 可以是逗号表达式,即每个表达式都可由多个表达式组成。例如：for(sum=0,i=1; i<=100; i++,sum+=i)。

注意这个语句末尾的分号表示循环体为空语句,不可省略。

从以上分析可知 C 语言的 for 语句形式变化多样,但这些变化往往会使 for 语句显得杂乱,可读性降低,建议编程时尽量用 for 语句的基本形式。

【例 5-7】 求算式 77777−7777−777−77−7,利用从键盘输入数符 m 和最大位数值 n 来计算该算式的结果。

分析：

77777、7777、777、77和7由同一个数符7组成，位数有从5位变化到1位的规律。我们定义变量m表示数符，变量n表示最大位数的值。可以用一个循环求出由数符m组成的最大位数的数，再利用一个循环逐次减去n−i位的数，就可以实现该算式的计算。

```
#include <stdio.h>
main()
{    long a, s;
     int i, m, n;
     scanf ( "%d, %d", &m, &n );
     a = 0;
     for(i = 1; i <= n; i++)              /* 第一次循环构造出算式中最大位数的那个数 */
         a = a * 10 + m;
     s = a;
     for(i = 1; i < n; i++)               /* 第二次循环实现算式计算 */
         { a/= 10;
         s -= a; }
     printf( "s = %ld", s ) ;
}
运行结果:
输入:7,5↙
输出:s = 69139
```

【例5-8】 求算式1/100+2/99+…+1。

分析：

该算式里的计算项是分数形式，分子从1变化到50，分母从100变化到50，每次都变化1，所以我们可以在循环计算中一次实现分子和分母的改变，从而简化程序设计。该算法仍然采用累加求和的算法。

```
#include <stdio.h>
main( )
{
    double i , j ;
    double s = 0.0;
    for( i = 1, j = 100; i <= j; i++, j-- )
        s  =  s  +  i/j;
printf (" \n s = %f", s);
}
运行结果:
s = 19.505390
```

请思考，如果将i,j改为int类型能否正确计算出结果。

【例5-9】 从键盘输入一个正整数，计算n!。

分析：

由于n!=1×2×n是个连乘的重复过程，每次循环完成一次乘法，共循环n次。设置变量fact为累乘器，i为乘数，兼做循环控制变量。fact用于保存乘积，初值应置为1，不能置为0，否则其值就恒为0。

```
#include <stdio.h>
main()
{
    int i,n,fact;
    printf("请输入 n:");
    scanf("%d",&n);
    fact=1;                        /*fact 是累乘器,存放是阶乘值,初值为 1*/
    for(i=1;i<=n;i++)              /*i 为乘数,兼作循环控制变量,循环执行 n 次,计算 n!*/
        fact=fact*i;
    printf("%d!=%d",n,fact);
}
运行结果:
输入:请输入 n:8↙
输出:8!=40320
```

既然循环结构有三种不同的语句,那么三种循环结构有什么区别呢?确定要使用循环时,应该使用哪个呢?首先,while 和 do-while 语句的表达式只有一个,for 语句有三个;其次,while 和 for 先判断循环条件后执行循环体,do-while 语句先执行循环体后判断循环条件。所以,while 语句多用于循环次数不定的情况;do-while 语句多用于至少要运行一次的情况;for 语句多用于要赋初值或循环次数固定的情况,其中尤以 for 语句最灵活方便。

5.5 break 语句和 continue 语句

前面介绍的循环只能在循环条件不成立的情况下才能退出循环。可是有时人们希望从循环中直接退出来或重新下一次循环,这时就要用到以下这类跳转语句。这类语句是非结构化的语句,基本功能都是改变程序的执行结构,使程序从其所在的位置转向另一处,但结果是有差异的。

1. break 语句

break 语句的作用是使流程转向所在结构之后去执行,简单说就是跳出当前所在的结构。在 switch 分支结构中,我们使用 break 语句可以使流程跳出 switch 分支结构。同样,在循环结构中,使用 break 语句可以使流程跳出当前的循环层结构,转向执行该循环结构后面的语句。注意 break 只能跳出它所在的一层循环。

【例 5-10】 判断输入的某个数 m 是否为素数。若是素数,输出"YES",若不是,输出"NO"。

分析:

素数是指只能被 1 和它本身整除的数,如 5,7,11,17 等。分别用 2,3,…,m−1 尝试能否整除整数 m。如果 m 能被其中某个数整除,则 m 就不是素数。设除数为 j,从 2 循环到 m−1。

```
#include <stdio.h>
#include <math.h>
main( )
{
```

```
    int j,m;
    printf("Enter an integer number: ");
    scanf("%d",&m);
    for (j=2; j<=m-1; j++)
        if (m%j==0) break;
    printf("%d  ",m);
    if (j>=m)
        printf("YES\n");
    else
        printf("NO\n");
}
```

运行结果：

输入：Enter an integer number: 10↙

输出：10 NO

根据素数的定义，在for循环中，只要有一个j能满足m%j==0，即m能被j整除，则m肯定不是素数，不必再检查m能否被其他数整除，可提前结束循环；但是，如果发现某个j满足m%j!=0，不能得出任何结论，必须继续循环检测。

在本例中，j的取值区间为[2,m−1]，其实算法可以进一步优化，减少循环次数，数学上能证明，该区间可以优化成[2，$\sqrt{m}$]。故该程序可以优化如下：

```
#include <stdio.h>
#include <math.h>
main( )
{
    int j,m,k;
    printf("Enter an integer number: ");
    scanf("%d",&m);
    k=sqrt(m);
    for (j=2; j<=k; j++)
        if (m%j= =0) break;
    printf("%d  ",m);
    if (j>k) printf("YES\n");
    else printf("NO\n");
}
```

2. continue语句

continue语句也被称为继续语句。continue语句作用为提前结束本次循环体语句，即跳过循环体中continue语句下方尚未执行的其他循环体语句，继续进行下一次循环的条件判断，并不终止整个循环。

说明：

(1) continue语句只用于while、do-while和for等循环语句中，常与if语句一起使用，起到加速循环的作用。

(2) continue语句与break语句的区别是：continue语句只结束本次循环，而不是终止整个循环的执行；而break语句则是结束整个循环过程，不再判断循环条件是否成立。

【例5-11】 把100～200能被5整除的数，以5个数为一行的形式输出，最后的输出结果中一共有多少个这样的数？

```
#include<stdio.h>
main( )
{
    int n,j=0;
    for(n=100;n<=200;n++)
    {
        if(n%5!=0) continue;
        printf("%6d",n);
      j++;                          /*j用来统计能被5整除的数的个数*/
      if (j%5==0) printf("\n"); /*每输出5个数换行*/
    }
    printf("\n j=%d\n", j);
}
运行结果:
    100     105     110     115     120
    125     130     135     140     145
    150     155     160     165     170
    175     180     185     190     195
    200
j=21
```

本程序中,当该数不能被5整除时,就提前结束本次循环,继续进行下个数的判断;如果该数能被5整除,就输出,并且通过判断计数器j的值,每隔5个数输出换行符进行换行。

5.6 循环的嵌套

在循环体语句中如果又包含有另一个完整的循环结构语句的形式,称为循环的嵌套。嵌套在循环体内的循环语句称为内循环,外面的循环语句称为外循环。如果内循环体中又有嵌套的循环语句,称为多层循环嵌套。

while、do-while、for 3种循环语句都可以进行自身嵌套或者互相嵌套。循环嵌套的过程中,要求内循环必须被包含在外层循环的循环体中,不允许出现内外层循环体交叉的情况。

例如,执行语句段:

```
for(i=0;i<6;i++)
{
    printf("%3d\n",i);
    for(j=0;j<6;j++)
        printf("%3d",j);
    putchar('\n');
}
```

输出结果:

```
0
0  1  2  3  4  5
1
0  1  2  3  4  5
2
```

```
0  1  2  3  4  5
3
0  1  2  3  4  5
4
0  1  2  3  4  5
5
0  1  2  3  4  5
```

从程序执行结果看到：外层循环 i 循环控制循环次数并输出次数值，内层循环 j 循环则实现按格式输出 0～5 的数字序列。

【例 5-12】 输出如下九九加法表。

```
1+1=2  1+2=3  1+3=4  1+4=5  1+5=6  1+6=7  1+7=8  1+8=9  1+9=10
2+1=3  2+2=4  2+3=5  2+4=6  2+5=7  2+6=8  2+7=9  2+8=10 2+9=11
3+1=4  3+2=5  3+3=6  3+4=7  3+5=8  3+6=9  3+7=10 3+8=11 3+9=12
4+1=5  4+2=6  4+3=7  4+4=8  4+5=9  4+6=10 4+7=11 4+8=12 4+9=13
5+1=6  5+2=7  5+3=8  5+4=9  5+5=10 5+6=11 5+7=12 5+8=13 5+9=14
6+1=7  6+2=8  6+3=9  6+4=10 6+5=11 6+6=12 6+7=13 6+8=14 6+9=15
7+1=8  7+2=9  7+3=10 7+4=11 7+5=12 7+6=13 7+7=14 7+8=15 7+9=16
8+1=9  8+2=10 8+3=11 8+4=12 8+5=13 8+6=14 8+7=15 8+8=16 8+9=17
9+1=10 9+2=11 9+3=12 9+4=13 9+5=14 9+6=15 9+7=16 9+8=17 9+9=18
```

分析：

加法是由两个数进行的运算，设第一个数为 x，第二个数为 y。

x 取值范围为 1～9，当 x 每循环一次，y 都要从 1～9 循环。

```
#include <stdio.h>
main()
{
    int x,y;
    for(x=1;x<10;x++)                           /*x从1～9*/
    {
        for(y=1;y<10;y++)                       /*对每一个x,y都要从1～9*/
            printf("%2d+%2d=%2d",x,y,x+y);      /*输出格式控制*/
        printf("\n");                           /*第x行输出完成,换行*/
    }
}
```

思考，如何输出三角式样的九九加法表(去掉冗余表达式)?

在循环嵌套过程中，还可以进行并列嵌套，即在一个循环体中包含多个独立的循环语句。

【例 5-13】 编程输出如下的图形。

```
   *
  ***
 *****
*******
```

分析：一共 4 行，第 i 行先输出的空格数为 4－i，再输出的'*'数为 i×2－1。

```
#include <stdio.h>
main( )
{
    int i,j,k;
    for(i = 1;i <= 4;i++)                   /* 外循环 i 从 1～4,共 4 行 */
    {
        for(j = 1;j <= 4 - i;j++)           /* j 控制前导空格的数量 */
            putchar(' ');
        for(k = 1;k <= i * 2 - 1;k++)       /* k 控制星号的输出数量 */
            putchar('*');
        printf("\n");                       /* 一行结束,换行 */
    }
}
```

程序中 j 层循环和 k 层循环形成并列嵌套,共同完成一行'*'字符的输出。

5.7 循环结构综合应用实例

【例 5-14】 求 Fibonacci 数列 1,1,2,3,5,8,13,…前 20 项。

说明:

Fibonacci 数列第 1、2 项为 1,从第 3 项开始为前两项之和。即 f(n)=f(n−1)+f(n−2),f(1)=1,f(2)=1,按每行 5 个的形式输出前 20 项。

分析:

设变量 f1、f2 和 f3,并为 f1 和 f2 赋初值 1,令 f3=f1+f2 得到第 3 项;

产生了新数据后,两个变量需要更新。将 f1←f2, f2←f3,再求 f3=f1+f2 得到第 4 项;

以此类推,求第 5 项、第 6 项……

用变量 f1、f2、f3 作为数列相邻的三项,初值 f1=1,f2=1。

循环变量 n 从 3 到 20,表示当前是第几项。

题目要求输出 20 项,循环次数确定,可采用 for 语句。

```
#include <stdio.h>
main( )
{
    int f1 = 1, f2 = 1, f3, n;
    printf("\n%8d%8d",f1,f2);
    for( n = 3;n <= 20;n++)
    {
        f3 = f1 + f2;
        printf("%8d",f3);
        if(n%5 = = 0) printf("\n");
        f1 = f2;
        f2 = f3;

    }
}
运行结果:
1       1       2       3       5
8       13      21      34      55
```

```
89      144     233     377     610
987     1597    2584    4181    6765
```


思考：如何求 10000 之内的最大的 f(n)？

【例 5-15】 求 100～200 的质数，每行输出 4 个。质数即只能被 1 和它本身整除的数，1 不是质数，2 是质数。

分析：

设变量 n 从 100～200 进行循环，每循环一次判断其是否质数，是则输出，不是则＋1，判断下一个数。

质数算法，用 n 分别除以 2 到 n－1，若有一个除尽则不是质数，若全部不能除尽则是质数。

```
#include <stdio.h>
main( )
{
    int n, j,i = 0;                      /* i 记录当前的质数的个数,用于控制输出格式 */
    for( n = 100;n <= 200;n++)           /* n 表示 100 到 200 某个数 */
    {
        for( j = 2;j < n;j++)            /* j 从 2 到 n - 1 */
            if(n % j == 0) break;        /* 除尽,终止 */
        if( j >= n)                      /* n 是质数 */
        {
            printf(" %8d",n);            /* 未除尽,是质数,输出该数 */
            i++;                         /* 累加已经输出的质数的个数 */
            if(i % 4 =  = 0) printf("\n"); /* 如果 i 是 4 的倍数,换行 */
        }
    }
}
运行结果:
101  103  107  109
113  127  131  137
139  149  151  157
163  167  173  179
181  191  193  197
199
```

【例 5-16】 输入一个正整数，将其逆序输出。例如，输入 12345，输出 54321。

分析：

为了实现逆序输出一个整数，需要把该数按逆序逐位拆开，然后逆序相加，输出。在循环中每次分离一位，分离方法是对 10 求余数。

设 x＝12345，从低位开始分离，12345％10＝5，为了能继续使用求余运算分离下一位，需改变 x 的值，x 为 12345/10＝1234。

过程为：

1234％10＝4，1234/10＝123；

123％10＝3，123/10＝12；

12％10＝2，12/10＝1；

1%10=1，1/10=0；

x 最后为 0,循环结束。

重复操作归纳为：

x%10,分离一位

x=x/10,为下次分离做准备

直到 x==0,循环结束。

```
#include <stdio.h>
main( )
{
    int x;
    int s;
    s = 0;
    printf("请输入正整数 x:");
    scanf("%d",&x);
    while(x!= 0)
    {
        s = s * 10 + x % 10;        /* 将已逆序的整数左移一位,再加上新分离出的一位整数 */
        x = x/10;                   /* 为下次分离做准备 */
    }
    printf("逆序数为:%d\n",s);
}
运行结果:
输入:请输入正整数 x:12345↙
输出:逆序数为:54321
```

【例 5-17】 求两个正整数的最大公约数和最小公倍数。

分析：

求最大公约数的算法可以采用"辗转相除法"。对两个正整数 a 和 b：当 a=b 时,其最大公约数和最小公倍数就是 a；当 a≠b 时,若设大数为 a,则按照以下步骤求解。

① 用 a 除以 b 得到余数为 r,若 r=0,则 b(小数)即为两个正整数的最大公约数。

② 若 r≠0,则令 a=b,b=r,再转去执行(1)。

a 与 b 的最小公倍数=(a×b)/(a 与 b 的最大公约数)

"辗转相除"过程是一个重复过程,循环继续的条件是余数 r 不为 0。因此,可以用 while 循环控制,条件为 r!=0。

```
#include <stdio.h>
main( )
{
    int a,b,r,sa,sb;
    printf("输入两个整数:\n");
    scanf("%d%d",&a,&b);
    sa = a;sb = b;                          /* 保存原数 */
    if(a < b)                               /* 交换两个正整数,使 a > b */
    {
        r = a;
        a = b;
```

```
        b = r;
    }
    r = a % b;
    while(r!= 0)                          /* 辗转相除法求最大公约数 */
    {
        a = b;
        b = r;
        r = a% b;
    }
    printf("最大公约数为: % d\n",b);
    printf("最小公倍数为: % d\n",sa * sb/b);
}
```

运行结果:
输入两个整数:
5 25↙
最大公约数为:5
最小公倍数为:25

习题与思考

一、选择题

1. 有程序段:

```
int k = 2;
while (k = 0) {printf(" % d",k);k -- ;}
```

则下面描述中正确的是________。

A. while 循环执行 10 次　　B. 循环是无限循环
C. 循环体语句一次也不执行　　D. 循环体语句执行一次

2. 以下程序段的循环次数是________。

```
for (i = 2; i == 0; ) printf(" % d" , i -- );
```

A. 无限次　　B. 0 次　　C. 1 次　　D. 2 次

3. 下述程序段的运行结果是________。

```
int a = 1,b = 2, c = 3, t;
while (a < b < c) {t = a; a = b; b = t; c -- ;}
printf(" % d, % d, % d",a,b,c);
```

A. 1,2,0　　B. 2,1,0　　C. 1,2,1　　D. 2,1,1

4. 下述语句执行后,变量 k 的值是________。

```
int k = 1;
while (k++< 10);
```

A. 10　　B. 11
C. 9　　D. 无限循环,值不定

5. 下面 for 循环语句________。

```
int i,k;
```

```
for (i = 0, k = -1; k = 1; i++, k++)
    printf(" *** ");
```

A. 判断循环结束的条件非法　　B. 是无限循环

C. 只循环一次　　D. 一次也不循环

6. 语句“while (! E);”括号中的表达式! E 等价于________。

A. E==0　　B. E!=1　　C. E!=0　　D. E==1

7. 执行语句“for (i=1; i++<4;);”后变量 i 的值是________。

A. 3　　B. 4　　C. 5　　D. 不定

8. 以下程序段________。

```
x = -1;
do
    { x = x * x; }
while (!x);
```

A. 是死循环　　B. 循环执行 2 次　　C. 循环执行 1 次　　D. 有语法错误

9. 以下不是死循环的语句是________。

A. for (y=9,x=1; x>++y; x=i++) i=x;

B. for (;;x++=i);

C. while (1) { x++;}

D. for (i=10;;i--) sum+=i;

10. 对 for(表达式 1;;表达式 3)可理解为________。

A. for (表达式 1;0;表达式 3)

B. for (表达式 1;1;表达式 3)

C. for (表达式 1;表达式 1;表达式 3)

D. for (表达式 1;表达式 3;表达式 3)

11. 下面程序段中，________。

```
for(t = 1;t <= 100;t++)
{
    scanf(" %d",&x);
    if(x < 0)continue;
    printf(" %3d",t);
}
```

A. 当 x<0 时整个循环结束　　B. x>=0 时什么也不输出

C. printf 函数永远也不执行　　D. 最多允许输出 100 个非负整数

12. 以下 for 循环的执行次数是________。

```
for(x = 0,y = 0; (y = 123) && (x < 4) ; x++);
```

A. 无限循环　　B. 循环次数不定　　C. 4 次　　D. 3 次

13. 有以下程序：

```
main()
{
    int number = 0;
    while(number++<= 1) printf(" * %d",number);
```

```
    printf(" ** % d\n",number);
}
```

程序运行后的输出结果是________。

A. *1*2　　B. *1*2**3　　C. *1*2*3　　D. 0*1*2

14. 有以下程序段：

```
int a = 6;
do
{
    a = a - 2 ; printf (" % d",a);
}while( -- a);
```

则上面程序段________。

A. 输出的是 4　　B. 输出的是 5　　C. 输出的是 41　　D. 是死循环

二、读程序写结果

1. 下列程序段的输出是________。

```
# include "stdio.h"
main( )
{  int k;
   for(k = 1; k < 5; k++)
   {  if(k % 2) printf(" * ");
      else continue;
   printf("#");
   }
}
```

2. 程序执行结果为________。

```
# include < stdio.h >
main()
{
    int x = 9;
    for(;x > 0;)
  { if(x % 3 == 0)
    {  printf(" % d", -- x);
       continue;
    }
    x -- ;
  }
}
```

3. 程序运行后的输出结果是________。

```
# include < stdio.h >
main()
{   int  i;
    for(i = 1;i <= 3;i++)
        switch(i % 3)
        {  case 0:  printf(" * ");break;
           default:  printf(" # ");
           case 1:  printf("&");
        }
}
```

三、编程题

1. 找出 100～200 的不能被 3 整除的数。

2. 已知四位数 a2b3 能被 23 整除,编程求出此数。

3. 求 100 以内最小的自然数 n,使 1＊1＋2＊2＋3＊3＋…＋n＊n＞5500。

4. 求 1/1!＋1/2!＋…＋1/m!(结果保留 10 位小数)。

5. 求 1000 以内的完数。完数就是其真因子的和等于其本身的数。

6. 请编写程序,打印如下图案。

```
*****
 *****
  *****
   *****
    *****
```

7. 已知小鸡 0.5 元钱一只,公鸡 2 元钱一只,母鸡 3 元钱一只,现要求 100 元钱正好买 100 只鸡,请给出所有的组合。

8. 猴子吃桃问题。猴子第 1 天摘下若干桃子,当即吃了一半,又多吃了 1 个。第 2 天早上又将剩下的桃子吃掉一半,又多吃了 1 个。以后每天早上都吃了前一天剩下的一半零 1 个。到第 10 天早上再想吃时,就只剩 1 个桃子了。求第 1 天共摘了多少个桃子。

9. 请编写程序,从键盘输入 3 名学生的 5 门成绩,分别找出每名学生的最高成绩。

第6章　数　组

学习时长：3周

学习目标

知识目标：

- 理解数组的概念与原理。
- 理解一维数组的结构与组成部分。
- 理解二维数组的结构与组成部分。
- 理解字符数组与字符串的区别。

能力目标：

- 掌握数组的定义、元素的引用方法。
- 掌握字符数组的定义与使用处理过程。
- 掌握字符串的存储、输入和输出。

本章内容概要

本章主要介绍数组的概念，以及数组的定义和使用，然后介绍如何应用字符数组、字符串整体处理解决常见问题。

6.1　一维数组
- 一维数组的定义
- 数组元素的引用
- 一维数组的存储结构与初始化
- 一维数组应用举例

6.2　二维数组
- 二维数组的定义及引用
- 二维数组的存储结构与初始化

6.3　字符数组与字符串
- 字符数组的定义与初始化
- 字符数组的处理
- 字符串的概念及处理
- 字符串的输入输出库函数
- 字符串处理函数
- 字符数组综合应用实例

在实际应用中,经常会遇到一些复杂的数据。

例如,存储全年级200名同学的入学成绩并计算其平均值;统计全班32名同学每门课程不及格的人数等。

对于以上问题,如果使用我们前面学过的基本数据类型,需要定义一系列单个变量存储数据,使用和处理起来非常麻烦。但是如果对这一组数据进行分析,我们就会发现这些数据有一个共同特点:即具有相同的数据类型,并且彼此之间有固定的联系。

为此,C语言提供了一种新的数据类型:数组类型。数组的引入,使我们能较方便地解决很多上述类似的问题。

数组是指一组相同类型的数据的有序集合。每个数组用一个数组名来标识,集合中的每一个数称为数组的一个元素,数组元素由其所在的下标来区分,数组各个元素在内存中按顺序连续存放。

数组属于构造类型数据,所谓构造类型,即指由若干基本类型数据按一定的规则所构成的复杂数据类型。

6.1 一维数组

6.1.1 一维数组的定义

一维数组指的是只有一个下标的数组。数组在使用之前,必须对其定义。

一维数组定义的形式如下:

```
存储类别  数据类型  数组名[元素个数];
```

说明:

(1) 存储类别:说明数组的存储属性,即数组的作用域与生存期,可以是静态型(static)、自动型(auto)及外部型(extern)。如果省略,则默认表示为auto类别。存储类别将在第7章详细说明。

(2) 数据类型:数组元素的类型,可以是字符型、整型、实型、结构体类型等。

(3) 数组名:数组的名字,其命名规则与标识符的命名规则相同。

(4) [元素个数]:即数组长度,是一个整型常量表达式,可以是符号常量。

例如:

```
int a[200];
```

定义了一个长度为200的整型数组,即一次定义了200个int型的数组元素,每个数组成员就是一个变量,这些数组元素共用一个数组名a,它们以下标相区别。

下面是合法的数组定义:

```
① char str[20];              /* 定义一个有20个元素的字符型数组str */
② float score[8];            /* 定义一个有8个元素的浮点型数组score */
③ #define N 5
   long data[N];             /* 定义一个有5个元素的长整型数组data */
   short z[4 * N];           /* 定义了一个有20个元素的短整型数组z */
```

其中③的数组长度使用的是符号常量。

下面的定义是非法的：

```
① int array(10);                /* 数组长度必须使用[]括起来 */
② int n; float score[n];        /* 数组长度不能使用变量 */
③ char str[];                   /* 数组长度不确定 */
④ char str[10.6];               /* 数组长度不能是浮点常量 */
```

6.1.2 数组元素的引用

定义了数组以后，就可使用它了。数组的使用不能利用数组名来整体引用一个数组，只能单个使用数组元素，而数组名表示的是该数组在内存中的首地址。

数组元素用数组名加方括号中的下标表示，即

```
数组名[下标]
```

其中的“下标”，指数组元素在数组中的顺序号，必须是整型表达式。注意C语言的下标是从0开始的，即下标的取值范围：0～元素个数－1。

例如：

```
int a[5];
```

说明数组a有5个元素，分别为a[0]、a[1]、a[2]、a[3]、a[4]，注意没有a[5]这个数组元素。

数组一旦定义了以后，就被分配内存空间，每个元素都可作为一个变量来使用，可以对它们进行赋值，在各种表达式中使用。

例如：

```
a[0] = 5;
a[3] = a[1] + 4;
a['D' - 'B'] = 3;              /* 相当于a[2] = 3,因为'D' - 'B' = 2 */
scanf("%d",&a[4]);
```

数组成员的应用离不开循环结构，用数组下标作为循环控制变量，从而可以对数组所有元素逐个进行处理。

【例6-1】 从键盘顺序输入10个整数，再反序输出。

```
#include <stdio.h>
main( )
{
    int n,a[10];
    for(n = 0;n < 10;n++) scanf("%d",&a[n]);
    printf("\n");
    for(n = 9;n >= 0;n--) printf("%4d",a[n]);
}
运行结果:
输入:1 2 3 4 5 6 7 8 9 10↙
输出:10 9 8 7 6 5 4 3 2 1
```

通过这个例子，我们不难看出用数组借助循环语句对于处理相同类型的多个数据所表

现出来的优势。

在对数组进行引用时应注意以下两点：

(1) 注意区分数组的定义和数组元素的引用，两者都要用到“数组名[整型表达式]”。定义数组时，方括号内是常量表达式，代表数组长度，它可以包括整型常量和符号常量，但不包括变量。也就是说数组长度在定义时必须确定，在程序运行过程中是不能改变的。而表示数组元素时，方括号内是表达式，代表下标，可以是变量，下标的合理取值范围是 0～数组长度－1。

(2) 注意在编程时不要让下标越界，因为 C 语言语法不作下标越界的检查，一旦发生下标越界，就会把数据写到其他变量所占的存储单元中，甚至写入程序代码段，有可能造成不可预料的结果。

6.1.3 一维数组的存储结构与初始化

1. 一维数组的存储结构

数组定义以后，系统在内存中分配一片连续的存储单元，数组元素按数组下标从小到大连续存放在这片连续的存储单元中。其所占内存单元的大小与数组元素的类型和数组长度有关。计算数组所占内存单元字节数的公式如下：

数组占内存单元的字节数＝数组长度×sizeof(数组元素类型)

例如，定义数组 a 如下：

```
int a[20];
```

则数组 a 所占内存单元的字节数为：20×sizeof(int)＝20×4＝80(B)。

数组每个元素字节数相同，因此，根据数组元素序号可以求得数组各元素在内存的地址，计算数组某个元素在内存中的地址公式如下：

数组元素地址＝数组首地址＋元素下标 * sizeof(数组类型)

例如：

```
int a[5];
```

设 a 的首地址为 1000，则 a[3]的地址为：1000＋3 * sizeof(int)＝1012。数组 a 存储结构如图 6-1 所示。

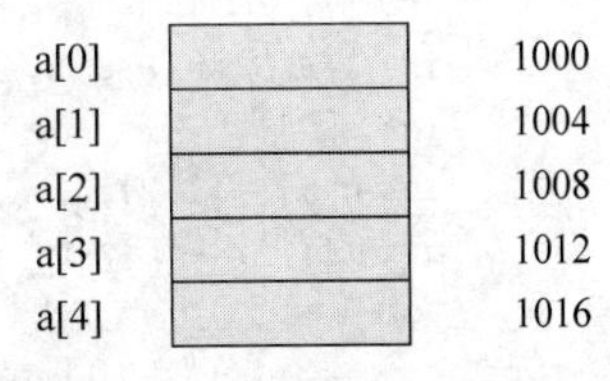

图 6-1 一维数组存储结构

2. 一维数组的初始化

数组的初始化就是指在定义数组的同时，对数组各元素指定值，C 语言规定，可以在声明数组的同时整体给数组元素赋初值。

初始化数组形式如下：

```
存储类别 数据类型 数组名[元素个数]={初值列表};
```

对数组初始化的几种方法：

(1) 在定义数组时，对全部数组元素赋初值。

例如：

```
int a[5]={8,8,2,4,12};
```

则 a[0]=8,a[1]=8，a[2]=2,a[3]=4,a[4]=12。

(2) 在定义数组时,如果对部分数组元素赋予初值,系统会自动对数值型数组其余元素赋初值为 0；对字符数组其余元素赋初值为空字符'\0'(空字符'\0'的 ASCII 码为 0)。

例如：

```
int a[5] = {1,2};
```

等价于：

```
int a[5] = {1,2,0,0,0};
```

(3) 对全部数组元素赋初值时,可省略数组长度,系统可根据初值个数自动确定数组长度。例如：

```
static int a[ ] = {0,1,2,3,4};
```

等价于：

```
static int a[5] = {0,1,2,3,4};
```

以上 3 种初始化方式,对各种存储类型的数组都适用。

注意：

(1) 如果不对一个静态(static)或外部(extern)数组初始化,则系统自动对数值型数组赋初值为 0,对字符数组赋初值为空字符'\0'。

(2) 如果不对自动(auto)数组初始化,则其初始值为系统分配给数组各元素的内存单元中的原始值,这些值对编程者来说是一些不可预知的数,因此在使用自动数组时要注意这点。

初始化是在编译阶段完成的,如果数组没有被初始化,那么赋值语句或输入语句也可给数组指定初值,赋值或输入是在运行时完成。

【例 6-2】 数组初始化与未初始化比较。

```
#include<stdio.h>
main( )
{
    int i,a[5] = {8,8,2,4,260};                /* auto类型数组全部元素初始化 */
    int b[5];                                  /* auto类型数组没有初始化 */
    int c[5] = {1,2};                          /* auto类型数组部分元素初始化 */
    printf("\n Array a:");
    for(i = 0;i < 5;i++)
        printf(" %10d",a[i]);
    printf("\n Array b:");
    for(i = 0;i < 5;i++)
        printf(" %10d",b[i]);
    printf("\n Array c: ");
    for(i = 0;i < 5;i++)
        printf(" %10d",c[i]);
}
输出结果:
Array a:8       8     2     4       260
Array b:-12     328   75    -681    3901
Array c:1       2     0     0       0
```

上例中定义的数组均为 auto 类型的数组，从输出结果可以发现，在程序中对数组 a 进行了初始化，因此在输出数组 a 时就有了确定的值；数组 b 在定义时没有进行初始化，虽然输出数组 b 的各元素时也有值，但这些值是不确定的，它们是数组 b 所分配的内存单元的初始值，当程序在不同的时间或机器上运行时，由于分配给数组 b 的内存单元不同，可能得到不同结果。数组 c 只对前两个元素进行了初始化，因此，在输出数组 c 时，c[0]，c[1]两个元素有初始值 1 和 2，c[2]，c[3]元素取默认值 0。

【例 6-3】 输入 5 个整数，找出最大数和最小数所在位置，并把二者对调，然后输出。

分析：

S1：定义一个一维数组 a 存放被比较的数。并定义变量 max 存放最大值，变量 min 存放最小值，变量 k 存放最大值下标，变量 j 存放最小值下标。

S2：先假设第一个元素 a[0]为最大值和最小值，然后 a[1]～a[4]的各个元素依次与 a[0]比较。若 a[i]＞max，则"max＝a[i]；k＝i;"，否则判断若 a[i]＜min，则"min＝a[i]；j＝i;"。

S3：当所有的数都比较完之后，将最大值与最小值进行交换：a[j]＝max；a[k]＝min；输出 a 数组。

```
#include <stdio.h>
main( )
{
    int a[5],max,min,i,j,k;
    for(i = 0; i < 5; i++)
        scanf("%d",&a[i]);
    min = a[0]; max = a[0];
    j = k = 0;
    for(i = 1; i < 5; i++)
        if(a[i]< min) { min = a[i]; j = i; }
        else if(a[i]> max) { max = a[i]; k = i ; }
    a[j] = max; a[k] = min;
    for(i = 0; i < 5; i++)
        printf("%5d",a[i]);
    printf("\n");
}
运行结果:
输入:12  24  6  4  18↙
输出: 12  4  6  24  18
```

6.1.4 一维数组应用举例

【例 6-4】 从键盘上输入若干学生(不超过 60 人)的成绩，输出低于平均分的人数及成绩。输入成绩为负时结束。

分析：

S1：定义一个有 60 个元素的一维数组 xscj，先将成绩输入到数组中，并计算平均成绩。

S2：将数组中的成绩值一个个与平均值比较，输出低于平均分的成绩。并统计低于平均分的人数。

S3：输出结果。

```
#include <stdio.h>
main( )
{
    float xscj[60],ave,sum = 0,x;
    int i,n = 0,count;
    printf("Input the score: ");
    scanf(" %f",&x);
    while (x>= 0&&n<60)              /* 当成绩不足 60 个,输入成绩为负数时结束循环 */
    {   sum += x; xscj[n++] = x;     /* 输入的成绩保存在数组 xscj 中 */
        scanf(" %f",&x);
    }
    ave = sum/n;
    printf("average =  %f\n",ave);  /* 输出平均分 */
    for(count = 0,i = 0;i<n;i++)
      if (xscj[i]< ave)
      {
        printf(" %f\n",xscj[i]);     /* 输出低于平均分的成绩 */
        count++;                     /* 统计低于平均分成绩的人数 */
        if(count %5 == 0) printf("\n");   /* 每行输出成绩达 5 个时换行 */
      }
    printf("count = %d \n",count);  /* 输出低于平均分的人数 */
}
```

运行结果：

输入：Input the score: 87 90 67 82 74 -1↙

输出：

```
    average =  80.00
    67.00
    74.00
    count = 2
```

【例 6-5】 求 Fibonacci 数列的前 10 项，即 1,1,2,3,5,8,…,55，并且按每行显示 5 项的格式输出到屏幕上。

分析：

S1：定义数组 f[10]存放 Fibonacci 数列。

S2：数组各项的组成规律为：

```
f[0] = f[1] = 1
f[i] = f[i-1] + f[i-2] (i = 2, 3, …,n-1)
```

即数组的前 2 项为 1，从第 3 项开始，每一项为前 2 项之和。通过循环结构即可求解。

```
#include <stdio.h>
main()
{
    int i,fib[10];
    fib[0] = 1;
    fib[1] = 1;
    for(i = 2;i <= 9;i++)
        fib[i] = fib[i-1] + fib[i-2];
```

```
    printf("Fibonacci Numbers are:");
    for(i = 0;i < 10;i++)
    {
        if(i % 5 == 0) printf("\n");
        printf(" % 7d",fib[i]);
    }
    printf("\n");
}
```

运行结果：

```
Fibonacci Numbers are:
      1      1      2      3      5
      8     13     21     34     55
```

【例 6-6】 从键盘上输入 6 个整数，将其按由小到大的顺序排序并输出。

分析：

数组排序是将数组的元素按照从大到小，或从小到大的顺序重排，排序的算法有选择法、冒泡法等。

(1) 选择法排序

基本思想：设有 N 个元素要排序，第一趟：将第一个数依次和后面的数比较，如果后面的某数小于第一个数，则两个数交换，比较结束后，第一个数则是最小的数。第二趟：将第二个数依次和后面的数比较，如果后面的某数小于第二个数，则两个数交换，比较结束后，第二个数则是次小的数……。经过 N－1 趟比较，则实现将数组各元素按升序排序。

以 6 个数：3,7,5,6,8,0 为例，排序过程如下。

第一趟排序情况如下：

		3 7 5 6 8 0
第一次	3 和 7 比较，不交换	3 7 5 6 8 0
第二次	3 和 5 比较，不交换	3 7 5 6 8 0
第三次	3 和 6 比较，不交换	3 7 5 6 8 0
第四次	3 和 8 比较，不交换	3 7 5 6 8 0
第五次	3 和 0 比较，交换	0 7 5 6 8 3

在第一趟排序中，第一个数 3 分别与后面的 7,5,6,8,0 比较，比较了 5 次，把其中的最小数 0 排在最前。

第二趟排序情况如下：

		0 7 5 6 8 3
第一次	7 和 5 比较，交换	0 5 7 6 8 3
第二次	5 和 6 比较，不交换	0 5 7 6 8 3
第三次	5 和 8 比较，不交换	0 5 7 6 8 3
第四次	5 和 3 比较，交换	0 3 7 6 8 5

在第二趟排序中，最小数 0 不用参加比较，其余的 5 个数比较了 4 次，把其中的最小数 3 排在 0 的后面，排出0,3,7,6,8,5。

以此类推：

第三趟比较 3 次，排出0,3,5,7,8,6。

第四趟比较2次，排出0,3,5,6,8,7。

第五趟比较1次，排出0,3,5,6,7,8，得到最终排序结果：0 3 5 6 7 8。

程序如下：

```
#include <stdio.h>
#define N 6
main()
{   int i,j,t,a[N];
    for(i=0;i<N;i++) scanf("%d",&a[i]);
    for(i=0;i<N;i++)                    /* 控制排序的趟数 */
        for(j=i+1;j<N;j++)              /* 找出每趟最小的数 */
            if(a[i]>a[j]) { t=a[i]; a[i]=a[j]; a[j]=t; }
            for(i=0;i<6;i++)
                printf("%6d",a[i]);     /* 输出排序后的数据 */
            printf("\n");
    }
```

例6-6中，使用两重循环来实现排序。外层循环控制排序趟数，若数组有N个元素，则共进行N－1趟，每一趟选出本趟最小的数排到a[i]位置。内层循环在每趟中通过比较，找出每趟最小的数，每趟的比较次数为N－i－1次。内循环控制变量j的初值与外循环的次数有关，即j＝i＋1。其实，以上算法可以优化，即每趟比较后只要记住最小元素的下标，在内循环结束后做一次交换即可，这样可以提高程序执行的效率。

修改后的程序如下：

```
#include <stdio.h>
#define N 6
main()
{   int i,j,t,a[N],k;                   /* k存放每趟最小元素的下标 */
    for(i=0;i<N;i++) scanf("%d",&a[i]);
    for(i=0;i<N;i++)
    {   k=i;                            /* 假设本趟排序中第一个元素为最小 */
        for(j=i+1;j<N;j++)
            if(a[k]>a[j]) k=j;          /* 把最小元素的下标存放在k中 */
        if(k!=i) { t=a[i];a[i]=a[k];a[k]=t; }
    }
    for(i=0;i<N;i++) printf("%6d",a[i]);
    printf("\n");
}
```

以上例子是升序排序，如果稍做修改，就可以实现降序排序。

(2) 冒泡法排序

基本思想：设有N个元素要排序，通过相邻元素两两比较的方法，经过N趟，即可以实现排序。

以6个数：3,7,5,6,8,0为例，排序过程如下。

第一趟排序情况如下：

3 7 5 6 8 0

第一次　3 和 7 比较,不交换　　3 7 5 6 8 0

第二次　7 和 5 比较,交换　　3 5 7 6 8 0

第三次　7 和 6 比较,交换　　3 5 6 7 8 0

第四次　7 和 8 比较,不交换　　3 5 6 7 8 0

第五次　8 和 0 比较,交换　　3 5 6 7 0 8

在第一趟排序中,6 个数比较了 5 次,把 6 个数中的最大数 8 排在最后。

第二趟排序情况如下：

3 5 6 7 0 8

第一次　3 和 5 比较,不交换　　3 5 6 7 0 8

第二次　5 和 6 比较,不交换　　3 5 6 7 0 8

第三次　6 和 7 比较,不交换　　3 5 6 7 0 8

第四次　7 和 0 比较,交换　　3 5 6 0 7 8

在第二趟排序中,最大数 8 不用参加比较,其余的 5 个数比较了 4 次,把其中的最大数 7 排在最后,排出 7 8。

以此类推：

第三趟比较 3 次,排出 6 7 8。

第四趟比较 2 次,排出 5 6 7 8。

第五趟比较 1 次,排出 3 5 6 7 8。

最后还剩下 1 个数 0,不需再比较,得到排序结果：0 3 5 6 7 8。

程序如下：

```
#include <stdio.h>
#define N 6
main( )
{ int a[N];
    int i,j,t;
    for(i = 0; i < N; i++)
        scanf(" % d",&a[i]);
    for(j = 1; j <= N - 1; j++)                     /* 控制比较的趟数 */
        for(i = 0; i < N - j; i++)                  /* 两两比较的次数 */
            if(a[i]> a[i + 1])
                { t = a[i];a[i] = a[i + 1];a[i + 1] = t; }
    printf("The sorted numbers:\n");
    for(i = 0; i < N; i++)
    printf(" % 6d",a[i]);
    printf("\n");
}
```

【例 6-7】 有已排序数列：[-9 0 6 11 23 56 80 100 110 115],查找数 80 在数组中的位置,若不存在,输出相应信息。

分析：

查找是指在一批数据中查找某数是否存在。通常采用的方法是在排好序的一批数中进行查找,这里介绍折半查找法。折半查找法的基本思想是,选定这批数据居中间位置的一个数与所查数比较，看是否为所找之数，若不是，利用数据的有序性，可以决定所找的数是在选定数之前还是在之后，从而可以很快将查找范围缩小一半。以同样的方法在选定的区域中进行查找，每次都会将查找范围缩小一半，较快便能找到目的数。

查找过程如下：

第一步，设 low、mid 和 high 三个变量，分别指向数列中的起始元素位置、中间元素位置与最后一个元素位置，其初始值为 low=0，high=9，mid=4，如图 6-2(a)所示。判断 mid 指示的数是否为所求，显然，mid 指示的数是 23，不是要找的 80，须继续进行查找。

第二步，定新的查找区间。因为 80 大于 23，所以查找范围可以缩小为 23 后面的数。

新的查找区间为[56 80 100 110 115]，low、mid、high 分别指向新区间的开始、中间与最后一个数，如图 6-2(b)所示。实际上 high 不变，将 low(low=mid+1)指向 56，mid(mid=(low+high)/2)指向 100，还不是要找的 80，仍须继续查找。

第三步，上一步中，所找数 80 比 mid 指示的 100 小，可知新的查找区间为[56 80]，low 不变，mid 与 high 的值做相应修改。如图 6-2(c)所示，mid 指示的数为 56，还要继续查找。

第四步，根据上一步的结果，80 大于 mid 指示的数 56，可确定新的查找区间为[80]，此时，low 与 high 都指向 80，mid 也指向 80，即找到了 80，如图 6-2(d)所示。到此为止，查找过程完成。

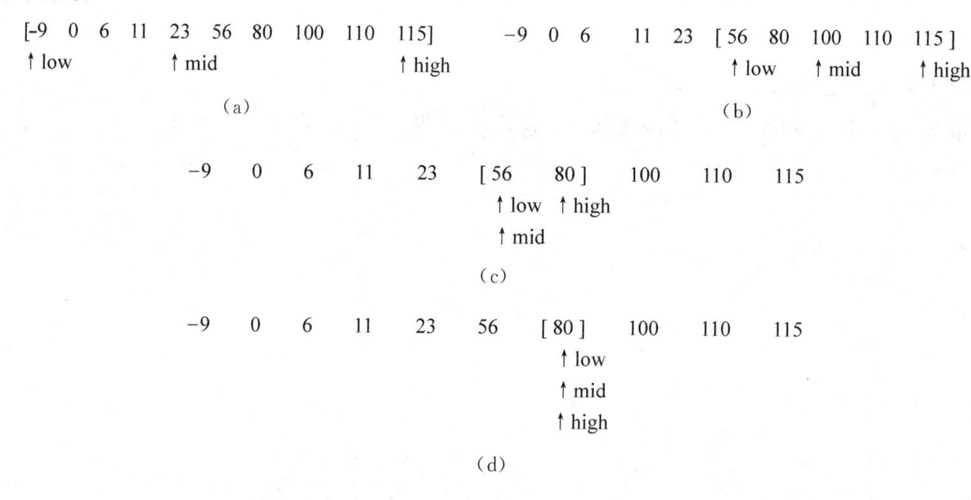

图 6-2　查找区间变化示意图

若在查找过程中出现 low>high 的情况，则说明序列中没有该数，也结束查找过程。

```
#include <stdio.h>
#define M 10
main( )
{
    static int a[M] = { -9, 0,6 ,11, 23 ,56, 80,100,110,115};
    int n,low,mid,high,found;
    low = 0;
    high = M - 1;
    found = 0;
    printf("Input a number to be searched:");
    scanf(" % d",&n);
```

```
    while(low <= high)
    {  mid = (low + high)/2;
       if(n == a[mid]) {found = 1;break;}        /* 找到,循环终止 */
       else if (n > a[mid]) low = mid + 1;
           else high = mid - 1;
    }
    if(found == 1) printf("The index of %d is %d\n",n,mid);
    else printf("There is not %d\n",n);
}
运行结果:
输入:80↙
输出:The index of 80 is 6
```

例 6-7 中,使用了 low、mid 和 high 三个变量,其初始值分别指示数组中的起始元素位置(下标)、中间元素位置与最后一个元素位置,即 low=0,high=9,mid=4。若 n 等于元素 a[mid],则所找数为 mid 指示的数,如不相等,由于所查数列是有序的,则根据 n<a[mid]或 n>a[mid]可确定所找数在 mid 指示数的左边,还是右边。若 n<a[mid],则下一步在左边找,只需将 high=mid−1 即可;若 n>a[mid],则下一步在右边找,只需将 low=mid+1 即可。

6.2 二维数组

6.2.1 二维数组的定义及引用

数组的维数是指数组的下标个数,一维数组元素只有一个下标,而二维数组元素有两个下标。二维数组可以看成一组一维数组的有序集合,也就是一个一维数组,如果它的每一个元素又是类型、大小相同的一维数组时,便构成二维数组。二维数组主要用于表示二维表和矩阵。

二维数组的定义形式与一维数组类似,定义的形式如下:

```
存储类别  类型标识符  数组名[常量表达式 1][常量表达式 2];
```

二维数组从形式上看类似于数学中的矩阵,数组元素按行、列矩阵形式排列。[常量表达式 1]表示数组(矩阵)的行数,[常量表达式 2]表示数组(矩阵)的列数。对二维数组,其数组元素的表示形式为:

数组名[下标 1][下标 2]

例如有定义:

```
static int a[3][4];
```

以上定义了一个静态的整型二维数组 a,可存放 12 个整型数据。其元素排列顺序如下:

```
a[0][0] a[0][1] a[0][2] a[0][3]
a[1][0] a[1][1] a[1][2] a[1][3]
a[2][0] a[2][1] a[2][2] a[2][3]
```

二维数组的使用与一维数组的使用类似,不能利用数组名来整体引用一个数组,只能单个地使用数组元素,每个元素都可作为一个整型变量来使用。

例如，对于以上定义，以下操作都是合法的。

```
printf("%d",a[0][0]);
scanf("%d",&a[1][1]);
a[1][0] += a[0][0] + 3 * a[0][1];
```

而引用 a[3][3]是非法的，因为其行标超过了定义范围。

【例 6-8】 二维数组输入输出。

```
#include <stdio.h>
main( )
{int i,j,k,a[2][3];
    printf("\n Input array a:");
    for(j = 0;j < 2;j++)
        for(k = 0;k < 3;k++)
            scanf("%d", &a[j][k]);              /* 输入数据到二维数组中 */
    printf("\n Output array a:\n");
        for (j = 0;j < 2;j++)                   /* 循环两次,输出两行 */
            { for (k = 0;k < 3;k++)             /* 循环三次,输出每行的三个元素 */
                printf("%4d",a[j][k]);
        printf("\n");                           /* 输出一行后换行,再输出下一行 */
        }
}
运行结果:
输入:Input array a: 1 2 3 4 5 6↙
输出:
Output array a:
      1  2  3
      4  5  6
```

对二维数组的输入输出多使用二层循环结构来实现。外层循环处理各行，循环控制变量 j 作为数组元素的第一维下标(行下标)；内层循环处理一行的各列元素，循环控制变量 k 作为元素的第二维下标(列下标)。

6.2.2 二维数组的存储结构与初始化

1. 二维数组的存储结构

系统为数组在内存中分配一片连续的内存空间，将二维数组元素按行的顺序存储在所分配的内存区域，即先存放第 0 行的元素，再存放第 1 行的元素……其中每一行的元素再按照列的顺序存放。

设有定义：int a[2][3]；

数组 a 与 b 的各元素的存储顺序如图 6-3 所示。

按照这种存储规律，可以计算出二维数组中任意一个元素的地址。计算方法如下：

如果定义二维数组为 m 行 n 列，则元素 a[i][j]的地址为：a+(i×n+j)×元素字节数。

例如：

```
static int a[3][4];
```

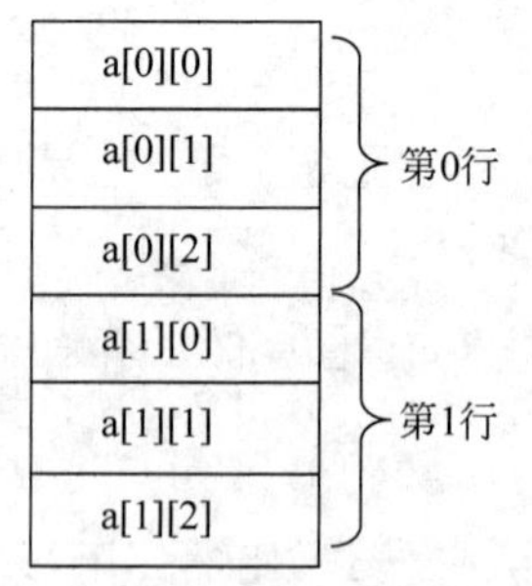

图 6-3 二维数组的存储结构

该数组在内存中的首地址为1000，则元素 a[1][2]的地址为：

$$1000+(1\times4+2)\times \text{sizeof(int)}=1024。$$

2. 二维数组的初始化

二维数组在定义数组的同时，也可以对数组各元素指定初值，其初始化是按行进行的。

二维数组初始化格式有以下几种。

(1) 分行给二维数组赋初值，每个花括号内的数据对应一行元素。

例如：

```
int a[2][3] = {{1,2,3},{2,3,4}};
```

(2) 将所有初值写在一个花括号内，顺序给各元素赋值。

例如：

```
int a[2][3] = {1,2,3,2,3,4};
```

(3) 只对部分元素赋值，没有赋初值的元素对于数值数组由系统赋0值，对于字符数组赋空字符。

例如：

```
int a[2][3] = {{1,2},{4}};
```

被自动确定为：

```
int a[2][3] = {{1,2,0},{4,0,0}};
```

(4) 给全部元素赋初值或分行初始化时，可不指定第一维大小，但必须指定第二维的大小，其大小系统可根据初值数目与列数(第二维)自动确定。

例如：

```
int a[ ][3] = {1,2,3,4,5,6,7};
```

被自动确定为：

```
int a[3][3] = {1,2,3,4,5,6,7,0,0};
```

再例如：

```
int a[ ][3] = {{0},{0,5}};
```

从所赋初值的类型判断为2行，所以被自动确定为：

```
int a[2][3] = {{0,0,0},{0,0,5}};
```

【例 6-9】 用如下的3×3矩阵初始化数组 a[3][3]，求矩阵的转置矩阵。

$$\begin{matrix}1 & 2 & 3\\4 & 5 & 6\\7 & 8 & 9\end{matrix} \Rightarrow \begin{matrix}1 & 4 & 7\\2 & 5 & 8\\3 & 6 & 9\end{matrix}$$

转置矩阵是将原矩阵元素按行列互换形成的矩阵。实现转置矩阵的方法有两种，其一是将原矩阵元素按行列互换形成，其二是沿主对角线对称位置将元素互换形成。

方法一对应的程序如下：

```
#include <stdio.h>
#define M 3
```

```
#define N 3
main( )
{    int j,k;
     int a[M][N] = {1,2,3,4,5,6,7,8,9},b[M][N];
     for(j = 0;j < M;j++)
         for(k = 0;k < N;k++) b[j][k] = a[k][j];
     for(j = 0;j < M;j++)
     {    for(k = 0;k < N;k++)
              printf(" %5d",b[j][k]);
          printf("\n");
     }
}
```

例6-9中定义了两个数组a、b,将数组a中各行的元素转置送到数组b的各列中,最后数组b即为a经转置后形成矩阵。若不借助第二个数组b,可以用如下程序实现:

方法二:

```
#include < stdio.h >
#define M 3
#define N 3
main( )
{
     int i,k,t;
     int a[M][N] = {{1,2,3},{4,5,6},{7,8,9}};
     for(i = 0;i < M;i++)
         for(k = 0;k < i;k++)
             {t = a[k][i];a[k][i] = a[i][k];a[i][k] = t;}                /* 转置处理 */
     for(i = 0;i < M;i++)
     {
         for(k = 0;k < N;k++) printf(" %5d",a[i][k]);
         printf("\n");
     }
}
```

【例6-10】 从键盘输入一个4×4整数矩阵,以主对角线(\)为对称轴,将右上角元素中较大元素代替左下角对应元素,并将右上角元素(含对角线元素)输出。

分析:

S1:建立一个4×4整数矩阵。

S2:将右上角元素与左下角对应元素比较,将右上角元素中较大元素代替左下角对应元素。

S3:输出上三角形(含对角线元素),即列下标j≥i的元素,下三角形输出空格。

```
#include< stdio.h >
main( )
{ int i,j;
  int d[4][4] =  {{1,2,3,4},{5,6,7,8},{4,3,2,1},{1,2,3,4}};
      for(i = 0;i < 4;i++)
          for(j = 0;j < i;j++)
```

```
            if(d[i][j]> d[j][i]) d[j][i] = d[i][j];
    for(i = 0;i < 4;i++)
    { printf("\n");
      for(j = 0;j < 4;j++)
           if(j > = i) printf(" % 6d",d[i][j]);
           else printf(" % 6c",' ');
      }
}
```

运行结果：

```
1  5  4  4
   6  7  8
      2  3
         4
```

6.3 字符数组与字符串

6.3.1 字符数组的定义与初始化

字符数组就是其元素类型为字符型的数组，字符数组中可以存放单个字符，也可以存放字符串。字符数组的定义与初始化与前面介绍的数值数组的操作方法相同。

字符数组定义的形式如下：

```
char 数组名[元素个数];
```

例如：

定义一个有 30 个元素的数组表示为：

```
char s[30];
```

字符数组初始化的方法有以下几种。

① 在定义数组时，对全部数组元素赋初值。

例如：

```
char s[7] = {'p','r','o','g','r','a','m'};
```

存储结构如图 6-4(a)所示。

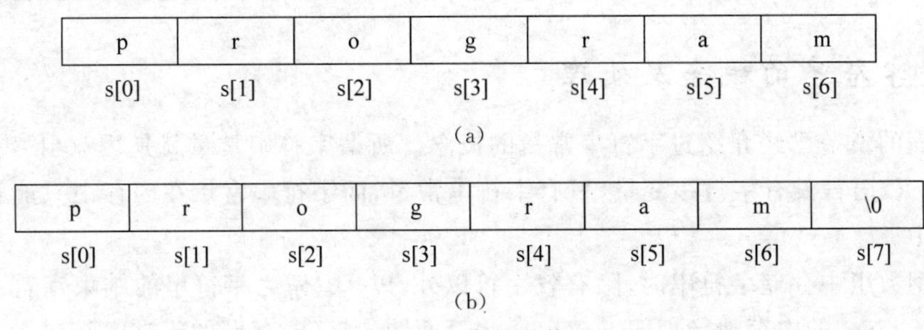

图 6-4 存储结构

② 对全部数组元素赋初值时，也可省略数组长度，系统自动确定数组长度为初值个数。

例如：

```
char s[ ] = {'p','r','o','g','r','a','m'};
```

定义时系统自动确定数组 s 的长度为 7。

③ 如果对部分数组元素赋予初值,系统自动对剩余元素赋值'\0'。

例如:

```
char s[8] = {'p','r','o','g','r','a','m'};
```

存储结构如图 6-4(b)所示。

但是,char s[6]={'p','r','o','g','r','a','m'};是错误的,因为要存放的字符个数大于定义的长度。

6.3.2 字符数组的处理

字符数组处理时必须逐个元素进行。

例如:

```
s[0] = 'p'; s[1] = 'r';scanf("%c", s[2]);
```

根据数组的特点,通常借助循环结构进行。

【例 6-11】 字符数组的输入与输出。

```
#include <stdio.h>
main( )
{   int i;
char s1[15] = {'H','o','w',' ','a','r','e',' ','y','o','u','?'};
char s2[15];
for(i = 0; i < 15; i++)
    scanf("%c",&s2[i]);
for(i = 0; i < 15; i++)
    printf("%c",s1[i]);
for(i = 0; i < 15; i++)
    putchar(s2[i]);
}
运行结果:
输入:Fine,thanks.
输出:How are you? Fine,thanks.
```

6.3.3 字符串的概念及处理

在前面的章节已经介绍过字符串常量的概念。所谓字符串常量就是用双引号括起来的一组字符。C语言没有字符串变量,只有字符串常量,而字符串常量在内存中只能存放在字符型数组中。

字符型数组中存储字符串时,除有效字符以外,以'\0'作为字符串的结束字符。例如字符串常量"China"的内存映像如图 6-5(a)所示。而图 6-5 (b)存储的不是字符串。

对字符串数组初始化的几种方法如下。

(1) 将字符串 China 保存在 ch 中,可以通过以下方式进行。

例如:

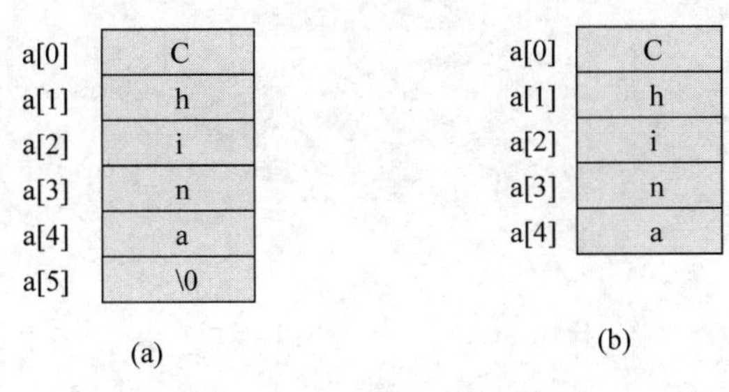

图 6-5 字符串的存储结构

```
char ch[6] = {'C','h','i','n','a','\0'};
```

(2) 也可直接把字符串常量写在花括号中来初始化字符数组。

例如：

```
char ch[6] = {"China"};
```

系统将双引号括起来的字符依次赋给字符数组的各个元素，并自动在末尾补上字符串结束标志字符'\0'。

(3) 数组的长度可以大于字符串的实际长度。

例如：

```
char ch[10] = {"China"};
```

系统将只对数组的前 6 个元素，即 ch[0]='C', ch[1]='h', ch[2]='i', ch[3]='n', ch[4]='a', ch[6]='\0',其他元素的值不确定。但这并不会影响随后对字符串"China"的处理。

(4) 一个二维数组可以存放多个字符串，二维数组存放字符串的个数取决于它的行数，每一行可以存放一个字符串。

例如：

```
char ch[3][10] = {"c","pascal","basic"};或 char ch[][10] = {"c","pascal","basic"};
```

系统将自动把 3 个字符串存放在数组 ch 的 3 行。

再例如：

```
char ch[3][10] = {"China","Britain"};
```

系统将自动把两个字符串存放在数组 ch 的前两行。

注意：

① 字符串结束标志'\0'仅用于判断字符串是否结束，输出字符串时不会输出。

② 在初始化一个一维字符数组时，可以省略花括号。如：char ch[6]="China";。

③ 不能直接将字符串赋值给字符数组。

例如：

“ch="China";”是错误的，因为 ch 表示数组 ch 在内存中的首地址。如果要将字符串常量赋值给一个字符型数组变量，需要用到 C 语言的标准库函数 strcpy。

6.3.4 字符串的输入输出库函数

对于字符串，除了以上介绍的输入、输出方法以外，C 语言还提供了一些标准库函数。

1. 字符串的输入

(1) 使用 scanf()函数输入字符串。

例如：

```
char st[15];
scanf("%s",st);
```

表示使用 scanf()函数输入字符串到 st 数组中。但是，

```
scanf("%s",&st);
```

是错误的，因为 st 就代表了该字符数组的首地址。

在使用 scanf()输入时，回车或空格作为结束标志，即用 scanf()输入的字符串中不能含有空格。执行语句“scanf("%s",st);”若按如下方法输入：

```
How do you do?↙
```

则 st 接收的内容为 How\0，也就是说使用格式字符串"%s"时如果输入空格，系统会认为空格是字符串结束标志'\0'。第一个空格后的字符没有输入到 st 中。

(2) 使用函数 gets()输入字符串。

函数原型：`char *gets(char *str);`　　/*头文件 string.h*/

调用形式：gets(str)；str 是一个字符数组或指针。

函数功能：从键盘读入一个字符串到 str 中，并自动在末尾加字符串结束标志符'\0'。

输入字符串时以回车结束输入，这种方式可以读入含空格符的字符串，例如：

```
char s[14];
gets(s);
```

若输入的字符串为：How do you do? ↙

则 s 的内容为：How do you do? \0

2. 字符串的输出方法

(1) 用 printf 函数。

用 printf 输出字符串时，要用格式符"%s"，表示输出一个字符串，输出时从数组的第一个字符开始逐个字符输出，直到遇到第一个'\0'为止。前面曾经介绍过格式符"%c"，使用"%c"格式时，只能输出数组的一个元素。

例如：

```
char st[15] = "I am a boy!";
printf("st = %s, %c, %c",st,st[3],st[7]);
```

输出结果：

```
st = I am a boy!,m,b
```

(2) 用 puts 函数输出字符串。

函数原型：`int puts(char * str);`　　/*头文件 string.h*/

调用形式：puts(str);

函数功能：将字符数组 str 中包含的字符串或 str 所指示的字符串输出，同时将'\0'转换成换行符。

例如：

```
char ch[] = "Student";
puts(ch); puts("Hello");
```

输出结果：

```
Student
Hello
```

将字符数组中包含的字符串输出，然后再输出一个换行符。因此，用 puts()输出一行，不必另加换行符'\n'。

函数 puts 每次只能输出一个字符串，而 printf 可以输出几个。

例如：

```
printf("%s %s",str1,str2);
```

【例 6-12】 字符串输入输出示例。

```
#include<stdio.h>
main()
{
    char s[20],s1[20];
    scanf("%s",s);
    printf("%s\n",s);
    scanf("%s%s",s,s1);
    printf("s=%s,s1=%s",s,s1);
    puts("\n");
    gets(s);
    puts(s);
}
运行结果：
Good Morning!↙
Good
Good Morning!↙
s= Good,s1= Morning!
Good Morning!↙
Good Morning!
```

6.3.5 字符串处理函数

前面介绍的库函数 gets()、puts()等是用于输入和输出的库函数，C 语言还提供了一些其他的常用字符串处理库函数，熟练掌握这些函数的使用，对我们用 C 语言程序解决实际问题非常有用，本小节介绍几个最常用的字符串处理函数。以下函数原型中涉及的 *（指针）将在第 8 章介绍，在此，我们只要掌握其调用格式，其函数原型说明在 string.h 中。

1. 字符串拷贝函数：strcpy()

函数原型：char strcpy(char * str1,char * str2);　　/* 头文件 string.h */

调用形式：strcpy(str1, str2);

功能：将源字符串 str2 拷贝到目标字符数组 str1 中。

说明：str1 的长度应不小于 str2 的长度，str1 必须写成数组名形式。str2 可以是字符串常量或字符数组名形式。

例如：

```
char s1[10],s2[8] = "student",s3[6];
strcpy(s1,s2); strcpy(s3,"okey");
```

将 s2 中的"student"赋给 s1(连同结束标志'\0'), s2 的值不变,"okey"赋给 s3。

注意：不能直接使用赋值语句来实现拷贝或赋值,必须用 strcpy()函数。

例如：

```
s1 = s2; s1 = "student";
```

都是不允许的,这个问题在前面提到,在此强调一下。

【例 6-13】 复制字符串。

```
#include <stdio.h>
#include <string.h>
main()
{
    char str1[10] = "program",str2[6] = "C++";
    puts(str1);
    puts(str2);
    strcpy(str1,str2);
    printf("str1:");
    puts(str1)
    printf("str2:")
    puts(str2)
}
运行结果:
program
C++
str1: C++
str2: C++
```

2. 字符串连接函数 strcat()

函数原型：char strcat(char * str1,char * str2);　　　　/* 头文件 string.h */

调用形式：strcat(str1,str2);

功能：将 str2 连同'\0'连接到 str1 的最后一个字符(非'\0'字符)后面。结果放在 str1 中。

例如：

```
char s1[14] = {"I am a  "};
char s2[5] = "boy.";
strcat(s1,s2);
```

连接前,s1：

I		a	m		a		\0				

s2：

b	o	y	.	\0

连接后,s1：

I		a	m		a		b	o	y	.	\0

【例 6-14】 连接字符串。

```
#include <stdio.h>
#include <string.h>
main( )
{
    char str1[20] = "I am a ",str2[10] = "student.";
    strcat(str1,str2);
    puts(str1);
}
运行结果:
I am a student.
```

3. 字符串比较函数 strcmp()

函数原型: int strcmp(char * str1, char * str2);　　　　/* 头文件 string.h */

调用形式: strcmp(str1, str2);

功能: 若 str1=str2,则函数返回值为 0; 若 str1>str2,则函数返回值为正整数; 若 str1<str2,则函数值返回为负整数。

比较规则:

两个字符串自左至右逐个字符比较,直到出现不同字符或遇到'\0'为止。

如字符全部相同,则两个字符串相等; 若出现不同字符,则遇到的第一对不同字符的 ASCII 大者为大。str1,str2 可以是字符串常量或字符数组名形式。

比较两字符串是否相等一般用以下形式:

```
if (strcmp(str1,str2) == 0){ … };
```

而

```
if(str1 == str2){ … };
```

是错误的。

4. 字符长度函数 strlen()

函数原型: unsigned int strlen(char * str);　　　　/* 头文件 string.h */

调用形式: strlen(字符串);

功能: 求字符串的实际长度,即所含字符个数(不包括'\0')。

说明: str1 可以是字符串常量或字符数组名形式。

例如:

```
char str[10] = "student";
int length,strl;
length = strlen(str);                /* 即 length = 7 */
strl = strlen("very good");          /* 即 strl = 9 */
```

【例 6-15】 从键盘上输入两个字符串,若不相等,将短的字符串连接到长的字符串的末尾并输出。

```
#include <stdio.h>
#include <string.h>
```

```
main( )
{
char s1[80],s2[80];
    gets(s1);gets(s2);
    if(strcmp(s1,s2)!= 0)
        if(strlen(s1)> strlen(s2))
            { strcat(s1,s2);puts(s1);}
        else
                { strcat(s2,s1);puts(s2);}
}
运行结果:
输入: JiangHan ↙
      University↙
输出:JiangHan University
```

6.3.6 字符数组综合应用实例

【例 6-16】 已有 a、b 两个整型数组，均为 7 个 1 位数，将 a 组中的元素与 b 组中的元素对应相加，形成一个新的数，写入整型数组 c 中。例如，a 数组为{1,2,3,4,5,6,7}，b 数组为{8,6,4,2,0,−2,−4}，则 c 数组结果为{9,8,7,6,5,4,3}。

分析：

这个问题需要对 a,b 数组的每个元素相加，所以可以通过循环结构解决。

S1：定义 a,b,c 数组并对 a,b 数组分别输入数。

S2：通过循环结构对 a,b 数组的每个元素逐个相加。

S3：输出 c 数组。

```
#include<stdio.h>
main()
{int a[7],b[7],c[7],i;
    for(i=0;i<7;i++)
        scanf("%d",&a[i]);
    for(i=0;i<7;i++)
        scanf("%d",&b[i]);
    for(i=0;i<7;i++)
        c[i]=a[i]+b[i];
    for(i=0;i<7;i++)
        printf("%d ",c[i]);
    printf("\n");
}
运行结果:
输入:1 2 3 4 5 6 7↙
     8 6 4 2 0 -2 -4↙
输出:9 8 7 6 5 4 3
```

【例 6-17】 从键盘输入一个正整数，判断其是否为回文数。所谓回文数是顺读与反读都相同的数。如 23432，347818743 都是回文数。

分析：

因为需要对正整数的每一位进行判别，所以可以通过把正整数转换为字符存放在数组中解决。

S1：输入正整数。

S2：定义一个字符型数组，把正整数转换为字符存储在字符型数组中。

S3：对数组左右两边的数依次比较，判断是否为回文。

```
#include<stdio.h>
#include<string.h>
main( )
{
    int i,j;
    long m,n;
    int d[15];
    puts("请输入正整数:");
    scanf("%ld",&m);
    n=m;
    for(i=0;m!=0;i++)                /* 把整型数m转换为字符串 */
        {  d[i]=m%10;
           m/=10;}
    i--;                             /* 数组下标移回最后一个数字字符 */
    for(j=0;j<i/2;j++)               /* 判断是不是回文 */
        if(d[i-j]!=d[j])
            {printf("%d不是回文数。\n",n);break;}
    if(j==i/2)
    printf("%d是回文数。\n",n);
}
运行结果:
输入:请输入正整数:
   1234321↙
输出:1234321是回文数。
```

【例 6-18】 从键盘输入一个字符串，分别统计其中每个数字、空格、字母及其他字符出现的次数。

分析：

S1：定义字符型数组 s[80]，用 gets()函数读字符串。

S2：借助循环结构，判断每一个字符是否是数字、空格、大小写字母或其他字符。

S3：此题要求分别统计每个数字出现的次数，而不是统计数字出现的总次数。所以定义数组 dig[10]存放 10 个数字出现的次数。扫描到 0，dig[s[i]－'0']++；扫描到 1，dig[s[i]－'1']++；扫描到 2，dig[s[i]－'2']++；以此类推。

```
#include<stdio.h>
#include<string.h>
main( )
{   char s[80]; int i,sp=0,oth=0,lett=0; int dig[10]={0};
    gets(s);
    for(i=0; s[i]!='\0'; i++)
        if(s[i]>='0'&&s[i]<='9') dig[s[i]- '0']++;
        else if(s[i]==' ') sp++;
        else if(s[i]>='A'&&s[i]<='Z'||s[i]>='a'&&s[i]<='z') lett++;
        else oth++;
    for(i=0;i<10;i++)
```

```
        printf(" %d: %d个 ",i,dig[i]);
    printf("\nspace: %d letter: %d other: %d\n",sp,lett,oth);
}
运行结果:
输入:Olympic Games 1896~2008↙
输出:0:2个 1:1个 2:1个 3:0个 4:0个 5:0个 6:1个 7:0个 8:2个 9:1个
space:2 letter:12 other:1
```

【例 6-19】 输入一个以'*'字符结束的字符串(如"gdsh********")以及整数 n,如果'*'的长度大于 n,则删除多余的'*',否则什么也不做,最后输出结果。

分析:

S1:输入字符串存入字符数组 s 中。

S2:统计字符串的总长度 m。

S3:扫描'*'以前的字符长度。

S4:删除尾部长度大于 n 的'*'。

```
#include<stdio.h>
#include<string.h>
main( )
{ int m,n,i;
    char str[30];
    scanf("%s",str);scanf("%d",&n);
    puts(str);
    m=strlen(str);                          /* 统计字符串的总长度 m */
    for(i=m-1;str[i]=='*';i--);             /* 扫描'*'以前的字符长度 */
    if(m-i-1>n)
    str[i+n+1]='\0';                        /* 删除尾部长度大于 n 的'*' */
    puts(str);
}
运行结果:
输入:fggk********↙
   3
输出:fggk***
```

【例 6-20】 输入某月份的整数值 1~12,输出该月份的英文名称。

分析:

定义一个 13 行 15 列的数组,一行存放一个字符串,将提示信息以及 12 个英文月份以字符串的形式存放,每个英文月份的行标与月份号相同。

```
#include<stdio.h>
main( )
{
    char month[ ][15]={"输入错误,月份号为1~12。", "January","February","March","April",
"May","June","July","August", "September", "October","November","December"};
    int m;
    printf("\n请输入月份号:");
    scanf("%d",&m);
    printf("%d: %s\n",m,(m<1||m>12)?month[0]:month[m]);
}
```

运行结果:
输入:请输入月份号:10↙
输出:10: October

习题与思考

一、选择题

1. 在C语言中,引用数组元素时,数组下标的数据类型以下描述最准确的是________。

A. 整型常量　　B. 整型表达式

C. 整型常量和整型表达式　　D. 任何类型的表达式

2. 若有说明: int a[10]; 则对数组元素的正确引用是________。

A. a[10]　　B. a[3.5]　　C. a(5)　　D. a[10－10]

3. 设有数组定义: char array[ ]＝"China"; 则数组 array 所占的空间为________。

A. 5B　　B. 6B　　C. 7B　　D. 8B

4. 若二维数组 a 有 m 列,则在 a[i][j]前的元素个数为________。

A. j＊m＋i　　B. i＊m＋j　　C. i＊m＋j－1　　D. i＊m＋j＋1

5. 若有说明: int a[][2]＝{1,2,3,4,5,6,7}; 则 a 数组第一维的大小是________。

A. 2　　B. 3　　C. 4　　D. 无确定值

6. 能正确对一维数组 a 中所有元素进行初始化的是________。

A. int a[5]＝{ }　　B. int a[5.5]＝{0}

C. int a[5]＝0,0,0,0,0　　D. int a[5]＝{0}

7. 有说明 int k＝3,a[10]; 则下列可以正确引用数组元素的表达式是________。

A. a[k]　　B. a[10]　　C. a[l.5]　　D. a[3＊8]

8. 有定义 int d[ ][3]＝{1,2,3,4,5,6};
执行语句 printf("%c",d[l][0]＋'A'); 结果是________。

A. A　　B. B　　C. E　　D. F

9. 有定义 char c＝'A',ch[20]＝{'A','B','C','\0','D','\0'};
若执行 printf("%s",ch); 结果为________。

A. 'ABC'　　B. ABC　　C. ABCD　　D. ABC\0D

10. 若有定义: int a[3][4],则对数组 a 元素的正确引用是________。

A. a[2][4]　　B. a[1,3]

C. a(5)　　D. a[10－10][10－10]

11. 判断字符串 s1 是否大于字符串 s2,应当使用________。

A. if(S1＞S2)　　B. if(strcmp(s1,s2))

C. if(strcmp(s2,s1)＞0)　　D. if(strcmp(s1,s2)＞0)

12. 下面程序段的运行结果是________。(注: □代表空格)

```
char s1[7] = "abcde";
char s2[4] = "ABC";
strcpy(s1,s2);
```

```
printf("%c",s1[4]);
```

A. □　　B. e　　C. f　　D. \0

13. 若有说明：int a[][4]={0,0}；则下面不正确的叙述是________。

A. 数组 a 的每个元素都可得到初值 0

B. 二维数组 a 的第一维大小为 1

C. 因为二维数组 a 中第二维大小的值除以初值个数的商为 1，故数组 a 的行数为 1

D. 只有元素 a[0][0]和 a[0][1]可得到初值 0，其余元素均得不到初值 0

14. 假定 int 类型变量占用 2 字节，其有定义“int x[10]={0,2,4};”，则数组 x 在内存中所占字节数是________。

A. 3　　B. 6　　C. 10　　D. 20

15. 函数调用：strcat(strcpy(str1,str2),str3)的功能是________。

A. 将串 str1 复制到串 str2 中后再连接到串 str3 之后

B. 将串 str1 连接到串 str2 之后再复制到串 str3 之后

C. 将串 str2 复制到串 str1 中后再将串 str3 连接到串 str1 之后

D. 将串 str2 连接到串 str1 之后再将串 str1 复制到串 str3 中

16. 下列描述中不正确的是________。

A. 字符型数组中可以存放字符串

B. 可以对字符型数组进行整体输入、输出

C. 可以对整型数组进行整体输入、输出

D. 不能在赋值语句中通过赋值运算符"="对字符型数组进行整体赋值

17. 不能把字符串：Hello! 赋给数组 b 的语句是________。

A. char b[10]={'H','e','l','l','o','!'};

B. char b[10]; b="Hello!";

C. char b[10]; strcpy(b,"Hello!");

D. char b[10]="Hello!";

18. 若有以下说明：

```
int a[12] = {1,2,3,4,5,6,7,8,9,10,11,12};
char c = 'a',d,g;
```

则数值为 4 的表达式是________。

A. a[g-c]　　B. a[4]　　C. a['d'-'c']　　D. a['d'-c]

二、读程序写结果

1. 下列程序的运行结果是________。

```
main()
{
    int z,y[3] = {1,2,3};
    z = y[y[1]];
    printf("%d ",z);
}
```

2. 以下程序的运行结果是________。

```
main()
```

```
{
    char st[20] = "hel\0lo\t";
    printf(" %d %d \n ",strlen(st),sizeof(st));
}
```

3. 以下程序的输出结果是________。

```
main()
{
    int i,k,a[10],p[3];
    k = 5;
    for (i = 0;i < 10;i++) a[i] = i;
    for (i = 0;i < 3;i++) p[i] = a[i * (i + 1)];
    for (i = 0;i < 3;i++) k += p[i] * 2;
    printf(" %d\n",k);
}
```

4. 若输入十进制数 1234 时,下列程序输出为________。

```
# include < stdio.h >
main( )
{int i,d,m,n;
char s[8] = {'0'};
scanf(" %d",&n);
i = 0;
do{m = n/8;
d = n % 8;
s[i] = '0' + d;
i++;
n = m;
}while(n!= 0);
for(i = 7;i > = 0;i -- )
putchar(s[i]);
}
```

5. 下列程序输出为________。

```
# include < stdio.h >
main()
{
int a[ ][4] = { 5,3,2,4,1,8,7,6 };
int i,j,im = 0,jm = 0,max;
max = a[0][0];
for(i = 0;i < 2;i++)
for(j = 0;j < 4;j++)
if(a[i][j]> max)
{ max = a[i][j];
im = i;
jm = j;
}
printf("a[ %d][ %d]: %d\n",im,jm,max);
}
```

三、编程题

1. 求一组成绩的平均分数,设给定的成绩为 90、85、92、77、80、62。
2. 编写程序,按顺序输入 10 个整数,然后将这 10 个数逆序输出。

3. 编写程序,输入 10 个整数,将它们排序后由小到大输出。

4. 从键盘输入一串小写英文字符,将奇数位的英文字符转换为大写,其他位不变输出。例如,输入 abcdefg,则计算机输出 AbCdEfG。

5. 从键盘分别输入两个字符串,然后将两个字符串连接起来输出。例如,先输入 abcd,再输入 efgh,屏幕上输出 abcdefgh。

6. 从键盘输入包含英文字符和数字字符的字符串,输出字符串里的数字。例如,输入 a456Bd2de23z,输出 456223。

7. 从键盘输入一个十进制整数,编写一个程序,可以选择输出该整数的二进制、八进制以及十六进制结果。

8. 从键盘按顺序输入 10 个整数,统计这 10 个数中,同时满足(1)是第偶数位输入的整数;(2)该整数本身也是偶数,这两个条件的整数的个数。

9. 从键盘输入 10 个整数,输出这 10 个数中数值等于 5 的数据所处位置,即检查整数 5 是否包含在这些数据中,若是,输出它是第几个被输入的。(编号从 0 开始,即最开始输入的那个是第 0 个。)

10. 一个宿舍有 4 个人,每个人有三门课的考试成绩。将各个数据保存到二维数组 a[4][3]中,并求全组分科的平均成绩和总平均成绩。

课　　程	张　　三	李　　四	王　　五	赵　　六
计算机基础	80	61	59	85
大学英语	75	65	63	87
体育	92	71	70	90

第7章　函　数

导　学

学习时长：3周

学习目标

知识目标：

➢ 理解模块化程序设计思想和C语言程序架构。

➢ 理解自定义函数结构及调用过程。

➢ 理解函数嵌套和递归函数概念。

➢ 理解变量的作用范围和存储方式。

➢ 理解编译预处理命令的执行次序。

➢ 了解条件编译问题。

能力目标：

➢ 熟练掌握自定义函数的定义、调用、声明的各种用法。

➢ 熟练使用函数的各种参数实现函数之间的数据传递。

➢ 熟练使用函数方法解决一般算法问题。

➢ 掌握分析程序中各种变量的作用范围和存储方式。

➢ 掌握#include、#define语句的使用方法。

本章内容概要

本章主要介绍C语言基于模块化设计思想的函数设计方法，函数间的数据传递、变量作用域和生存期问题，以及编译预处理功能。

7.1　模块化程序设计与函数

7.2　函数定义与调用(本章重、难点)

- 函数概述
- 函数的定义
- 函数的调用
- 函数的参数和函数的返回值
- 数组作为函数的参数
- 函数的嵌套和递归调用
- 函数应用举例

7.3　变量作用域与存储方式(本章难点)

- 变量的作用域(局部变量、全局变量)
- 变量的存储方式(auto、static、register、extern)

7.4 编译预处理
- 文件包含：＃inclucde
- 宏定义：＃define
- 条件编译：＃ifdef、＃ifndef、＃if

7.1 模块化程序设计与函数

人们在求解某个复杂问题时，通常采用逐步分解、分而治之的方法，也就是将一个大问题分解成若干比较容易求解的小问题，然后分别求解。程序员在设计一个复杂的应用程序时，往往也是把整个程序按照功能和层次划分成若干功能较为单一的程序模块，然后分别予以实现，最后再把所有的程序模块像搭积木一样装配起来，这种在程序设计中分而治之的策略被称为模块化程序设计方法，模块化程序设计结构见图 7-1。

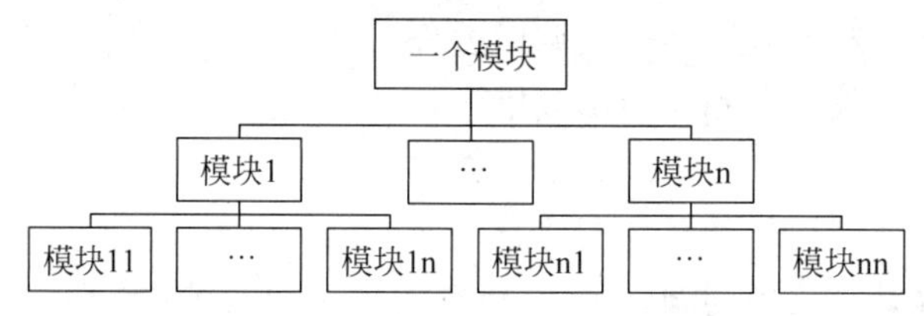

图 7-1　模块化程序设计结构图

在 C 语言中，函数是程序的基本组成单位，用函数作为程序模块来实现 C 语言程序。一个 C 源程序可以由一个或多个源程序文件组成，一个 C 源程序文件又可以由多个函数组成。每个源程序文件有且仅有一个主函数即 main()，主函数可以调用其他函数，其他函数之间可以相互调用，通过调用使函数拼装成一个源程序文件。C 语言程序构成见图 7-2。

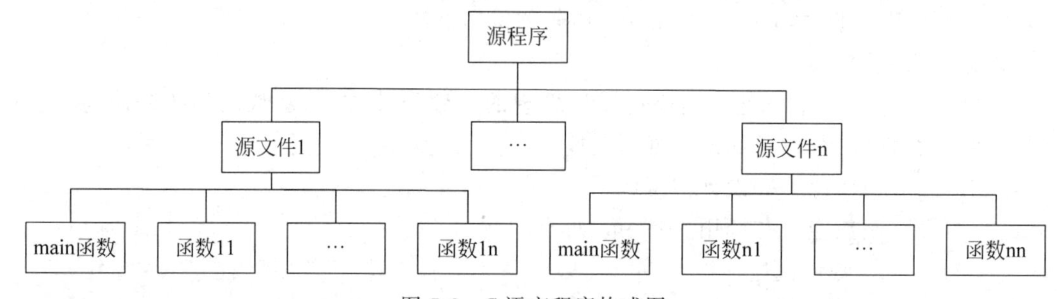

图 7-2　C 语言程序构成图

一个程序可以包含若干函数，每个函数既是相对独立的个体，又与其他模块有联系。相对独立是指每个模块有自己相对独立的功能，而联系指的是通过模块的调用和模块与模块之间全局变量、参数、返回值的传递，使整个程序成为一个有机的整体。

利用函数实现模块化程序设计的优点在于，使程序设计简单和直观，提高了程序的易读性和可维护性；对于程序中通用的一些计算或操作可以编成函数，以供随时调用，从而大大减轻程序员编写代码的工作量；借助模块化程序设计的理念，可多人共同编制一个大程序，缩短程序设计周期，提高程序设计的效率。

7.2 函数定义与调用

7.2.1 函数概述

C 语言中的函数就是一段可以重复调用的、功能相对独立完整的程序段。函数的含义不是数学计算中的函数关系或表达式，而是一个处理过程，它可以进行数值运算、信息处理、控制决策等。C 语言程序处理过程全部都是以函数形式出现的，在一个 C 程序中，有且仅有一个主函数 main，C 语言程序的执行总是从 main 函数开始，调用其他函数后最终回到 main 函数，在 main 函数中结束整个程序的运行。

【例 7-1】 求两个整数之和。

```
#include<stdio.h>                              /* 编译预处理命令,标准库函数声明 */
main()                                          /* 定义 main 函数 */
{
    int f, a,b;
    int sum (int x, int y);                     /* 自定义 sum 函数声明 */
    printf("\nEnter a,b:");                     /* 调用 printf 函数,显示提示信息 */
    scanf("%d%d", &a,&b);                       /* 调用 scanf 函数,输入数据 */
    f = sum (a,b);                              /* 调用 sum 函数,把返回值存放到 f 中 */
    printf("%d + %d = %d\n", a, b, f);          /* 调用 printf 函数,显示结果 */
}
int sum (int x, int y)                          /* sum 函数定义 */
{
    int z;
    z= x +y;
    return (z);
}
```

例 7-1 由主函数 main、自定义函数 sum 以及标准库函数 scanf、printf 组成，主函数的功能是负责输入、输出数据，而 sum 函数负责求两个整数之和。scanf 负责数据输入，printf 负责数据输出。程序从 main 函数开始运行，调用库函数及自定义函数时，转到相应的函数运行，运行完后返回到 main 函数，最后结束程序的运行。

在 C 语言中，可以从不同角度对函数进行分类。

1. 从函数定义的角度来看

按函数编写者的不同，函数可分为两种：标准库函数和用户自定义函数。

1）标准库函数

所谓标准库函数，就是指一些通用函数，它被预先编写好了存放在函数库中。C 语言之所以有强大的功能，很大程度上依赖于它有一个丰富的函数库。库函数按功能可以分为类型转换函数、字符判别与转换函数、字符串处理函数、标准 I/O 函数、文件管理函数、数学运算函数。如例 7-1 中的 printf 函数，scanf 函数就是标准 I/O 函数。

这些库函数分别在不同的头文件中声明(详见附录 D)，如果用户在程序中想调用这些函数，则必须在程序中用编译预处理命令把相应的头文件包含到程序中。如例 7-1 中的编译预处理命令“#include<stdio.h>”。

2）用户自定义函数

由用户按需要编写的函数。C语言所提供的标准库函数不能完全满足用户所需要的所有功能，所以用户必须通过定义自己编写的函数来实现。如例7-1中的sum函数。

2. 从有无返回值的角度看

C语言函数运行结束时可以携带处理结果，也可以不携带处理结果。从这个角度看，又可以把函数分为有返回值和无返回值函数。

1）有返回值函数

此类函数被调用执行完后将向调用者返回一个执行结果，称为函数返回值，如例7-1中的"return(z);"，表示把"z"的值返回main()函数。由用户定义的这种要返回函数值的函数，必须在函数定义和函数声明中明确返回值的数据类型，而返回值的类型即为函数类型。如例7-1中sum函数的类型为int，则返回值的数据类型为int型。

2）无返回值函数

此类函数用于完成某项特定的处理任务，执行完成后不向调用者返回函数值。如例7-2的show函数。由于函数无须返回值，用户在定义此类函数时可指定它的返回值为"空类型"，空类型的说明符为"void"。

【例7-2】 无返回值函数举例。

```
#include<stdio.h>
void show( )                    /* show函数返回值的类型为void,无参数 */
{
    printf("*****************************************\n");
    printf("      This is Program C World.\n");
    printf("*****************************************\n");
}
main( )
{
    show( );
}
运行结果:
*****************************************
        This is Program C World.
*****************************************
```

3. 从主调函数和被调函数之间数据传送的角度看

从主调函数和被调函数之间数据传递的角度看，函数又可分为无参函数和有参函数两种。

1）无参函数

无参函数即不带参数的函数。主调函数和被调函数之间不进行参数传送。例如7-2的show()函数。

2）有参函数

有参函数也称为带参函数。在函数定义、函数声明时的参数称为形式参数（简称为形参）。在函数调用时也必须给出参数，称为实际参数（简称为实参）。进行函数调用时，主调函数把实参的值传送给形参，供被调函数使用。如例7-1的sum函数为有参函数。其形参为 x、y,实参为 a、b。进行函数调用时,主调函数把 a、b 的值传送给 x、y。

需要说明的是,main()函数比较特殊,C99 下的标准形式为:

```
int main(void)
{
    …
    return 0;
}
```

本书使用简洁形式:

```
main()
{
    …
}
```

7.2.2 函数的定义

在 C 语言中,函数定义就是编写完成函数功能的程序块。一个用户自定义函数由两部分组成:函数首部和函数体。

函数的定义形式如下:

```
类型标识符 函数名(形式参数表)                /* 函数首部 */
{                                            /* 函数体 */
    说明部分;
    语句序列;
}
```

说明:

(1) 函数首部包括类型标识符、函数名、形式参数表。

① 函数类型标识符:指明了函数的类型,也就是函数返回值的数据类型。

② 函数名是由用户定义的标识符,命名要符合标识符的命名规则,同一程序中函数不能重名,函数名用来唯一标识一个函数。

③ 参数表写在函数名后的括号"()"内,参数表由一个或多个变量标识符及类型标识符组成。参数表中的变量也称为形式参数(形参)。在定义形式参数时,必须指定形式参数的类型,例如:

```
int sum (int x, int y)
```

如果是无参函数,括号"()"不能省略。

(2) 花括号"{ }"中的内容为函数体,它包括变量定义,执行语句序列。当函数体为空时,称此函数为空函数。调用空函数时,什么也不做。

(3) 在 C 语言中,函数之间是并列关系,因此函数定义中不能包含另一个函数的定义,即函数定义不能嵌套。

7.2.3 函数的调用

函数的执行是通过对函数的调用来实现的,调用者称为主调函数,被调用者称为被调函数。

当被调函数调用结束时,从被调函数结束的位置再返回到主调函数中被调函数后面的语句继续执行,直到主函数 main()结束。

1. 函数调用的一般形式

有参函数调用的形式如下:

```
函数名(实参列表);
```

无参函数调用的形式如下:

```
函数名( );
```

对于有参函数,实参可以是常量、变量或表达式,如果实参列表包含多个实参,实参与形参应该个数相等,对应的类型应一致,前后顺序相同,各实参间用逗号隔开。

2. 函数调用的方式

可以用两种方式调用函数。

(1) 作为无返回值函数调用。调用形式为:

```
函数名( );
```

这时函数的调用可作为一条独立的语句,调用函数以分号";"结束。例如,例 7-2 的 main()中对无返回值函数 show 的调用:

```
show( );
```

再例如对库函数 printf 的调用:

```
printf("%s",str);
```

需要说明的是,printf 虽然是有返回值函数,但是在此主调函数不使用其返回值,只输出字符串,所以把它作为无返回值函数调用。

(2) 作为有返回值函数调用。

当被调用的函数有返回值且需要使用返回值时,函数的调用可作为表达式出现在允许表达式出现的任何地方。例如:

```
y = sin(x) + 5;
printf("%d",sin(x));                    /* 调用 sin(x)函数作为 printf 函数的参数 */
```

【例 7-3】 编程计算 x 的 n 次乘方。

```
#include <stdio.h>
float power(float x,int n)               /* 定义 power 函数 */
{
    int i;
    float t = 1;
    for(i = 1;i <= n;i++)
        t = t * x;
    return t;
}
void main( )                             /* 定义 main 函数 */
```

```
{
    float x,y;
    int n;
    scanf("%f,%d",&x,&n);
    y=power(x,n);                          /* 调用 power 函数 */
    printf("%10.2f",y);
}
```

以上程序除库函数以外，由两个函数组成，其中 main 函数负责数据的输入、输出及调用 power 函数；power 函数进行乘幂运算。power 函数有两个形参，分别为 x、n，它的返回值是 t。

3. 函数的声明

调用一个函数，首先要求该函数已经被定义，但是如果在定义之前要调用该函数，这时需要增加对被调用函数的声明。函数声明的目的是使编译系统在编译阶段对函数的调用进行合法性检查，判断形参与实参的类型及个数是否匹配。

对被调函数进行声明的一般形式：

```
函数类型  函数名(参数类型1  参数名1,参数类型2  参数名2,…);
```

或

```
函数类型  函数名(参数类型1,参数类型2,…);
```

第一种形式函数声明语句由函数定义的首部加分号构成。

第二种形式省略了参数名，但参数类型、次序和数目必须一致，此种形式也称为函数的原型。

值得注意的是，当函数定义在主调函数之前，即先定义后调用。于是在调用时就已经具有了被调函数的全部信息，函数声明可以省略。例 7-3 即属于这种情况。

例 7-3 如果 main 函数定义在前，power 函数定义在后，而其返回值的类型为 float 类型，则在 main 函数中应该增加 power 函数的声明，程序如下：

```
#include<stdio.h>
main()
{
    float x,y;
    int n;
    float power(float x,int n);            /* power 函数声明 */
    scanf("%f,%d",&x,&n);
    y=power(x,n);                          /* power 函数调用 */
    printf("%8.2f",y);
}
float power(float x,int n)                 /* power 函数定义 */
{
    int i;
    float t=1;
    for(i=1;i<=n;i++)
    t=t*x;
```

```
    return t;
}
```


上例中对函数 power 的声明也可以用函数的原型表示：

```
float power(float,int);
```

注意：

任何一个自定义函数，使用时需要关注函数定义、函数调用和函数声明。标准 C 语言规定，函数声明与变量声明一样，需要放在程序首部，第一条可执行语句之前。

7.2.4 函数的参数和函数的返回值

1. 函数的参数与单向值传递

函数的参数分为实际参数(实参)和形式参数(形参)，形式参数出现在函数定义中，在整个函数体内都可以使用，离开该函数则不能使用。实际参数出现在主调函数中，进入被调函数后，实参变量不能被使用。发生函数调用时，主调函数把实参的值传送给被调函数的形参，从而实现主调函数向被调函数的数据传送。实参向形参传递数据的关系见图 7-3。

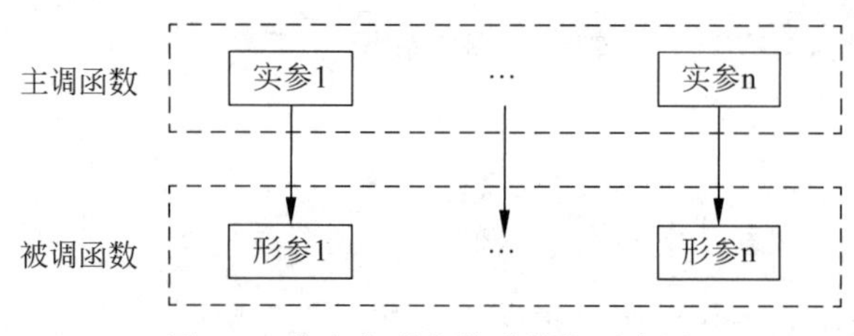

图 7-3 实参向形参传递数据示意图

函数的形参和实参具有以下特点。

(1) 形参变量只有在被调用时才被编译系统分配内存单元，在调用结束时，编译系统即刻释放所分配的内存单元，因此，形参只在函数内部有效。函数调用结束返回主调函数后则不能再使用该形参变量。

(2) 实参可以是常量、变量、表达式、函数等。无论实参是何种类型的量，在进行函数调用时，它们都必须具有确定的值，以便把这些值传送给形参。因此应预先用赋值、输入等方法使实参获得确定值。

(3) 实参和形参在数量、类型和顺序上应严格一致，否则会发生“类型不匹配”的错误。

(4) 函数调用中发生的数据传送是单向的，即只能把实参的值传送给形参，而不能把形参的值反向地传送给实参，这称参数的单向值传递。因此在函数调用过程中，形参的值发生改变，而实参中的值不会变化。

【例 7-4】 实参与形参之间的单向值传递。

```
#include<stdio.h>
void ex (int x, int y)                /* 形参x,y */
{
        x=x+10; y=y+100;
        printf("\nx=%d,y=%d",x ,y);
}
main( )
```

```
{
        int a = 10,b = 20;
        ex(a,b);                            /* 实参 a,b */
        printf("\na = %d,b = %d\n",a,b);
}
```

运行结果:

```
x = 20,y = 120
a = 10,b = 20
```

可以发现,形参 x,y 值的改变,并不会影响实参 a,b 的值。下面分析实参和形参的传递过程。

例 7-4 程序中定义了一个函数 ex,该函数的功能是对从主调函数传送进来的两个数进行处理。主函数中定义了两个变量 a 和 b,分别初始化为 10 和 20。当主函数调用 ex 函数时,系统给形参开辟两个存储单元 x 和 y,调用时实参 a、b 把值分别传递给形参 x、y,则 x=10,y=20,在 ex 函数中对 x、y 的值进行处理后,显示结果为 x=20,y=120。由于 x、y 的值不能反向传递给 a、b,所以在 main 函数中显示结果仍为 a=10,b=20,如图 7-4(a)所示。

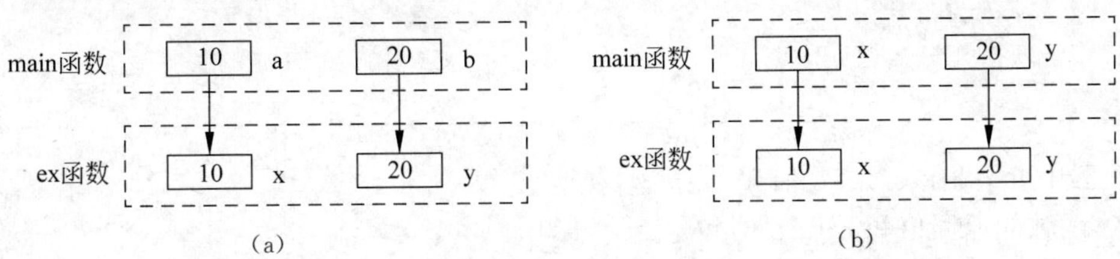

图 7-4　实参和形参之间的单向值传递

需要说明的是,在设计程序时,形参和实参可以不同名,也可以同名。形参是被调函数内部的变量,实参是由调用函数提供的,如果实参是变量,即使形参变量和实参变量同名,也是两个不同的变量,占用不同的内存单元。上例如果形参与实参同名,则结果相同。实参和形参之间的值传递见图 7-4(b)。

```
#include<stdio.h>
void ex (int x, int y)
{
    x = x + 10; y = y + 100;
    printf("\nx = %d,y = %d",x ,y);
}
main( )
{
    int x = 10,y = 20;
    ex(x,y);
    printf("\nx = %d,y = %d\n",x,y);
}
```

运行结果:

```
x = 20,y = 120
x = 10,y = 20
```

2. 函数的类型与函数的返回值

1) 函数的类型

在定义函数时要确定函数的类型,关于函数的类型有两点要说明:

➢ 函数的类型决定了函数返回值的类型。若省略函数的类型,系统默认其为 int 型。
➢ 无返回值的函数应将其类型定义为 void(空)类型。

【例 7-5】 求两个数中较大的数。

```
#include <stdio.h>
max(int x,int y)                /* max 函数的类型省略,则默认为 int 类型 */
{
    int z;
    if(x>y)z=x;
    else z= y;
    return (z);                 /* 返回 z 的值 */
}
main( )
{
    int a,b,c;
    scanf("%d,%d",&a,&b);
    c=max(a,b);
    printf("max is %d\n",c);
}
```

上例中 max 函数的类型省略,则默认为 int 类型。

2) 函数的返回值和 return 语句

函数的返回值是被调函数运行结束后通过 return 语句带回到主调函数的数据。

语句形式:

```
return (表达式);
```

或

```
return 表达式;
```

或

```
return;
```

说明:

(1) 终止函数的运行,返回主调函数,若有返回值,将 return 后面表达式的值带回主调函数。若 return 后面未指定返回值,将随机返回一个函数类型值。

(2) 若函数没有返回值,函数类型应定义为 void,这时不应使用 return 语句。

(3) 若函数有返回值,return 语句中的表达式类型一般应和函数的类型一致,如果不一致,系统自动将表达式类型转换为函数类型。

【例 7-6】 计算并输出圆的面积。

```
#include <stdio.h>
s(int r)                 /* s 函数的类型默认为 int 类型 */
{
    double area;         /* 变量 area 的类型定义为 double 类型 */
```

```
    area = 3.14 * r * r;
    return area ;
}
main( )
{
    int r;
    scanf(" % d",&r);
    printf(" % d\n",s(r));
}
运行结果:
输入:2↙
输出:12
```

例 7-6 中自定义函数 s 中 area 的值应为 12.56,但是为什么返回到 main 后的结果却为 12 呢? 这是因为虽然 area 的类型定义为 double 型,但函数 s 的类型默认为 int 型,当返回值的类型与函数的类型不一致时,系统自动将返回值的类型转换为 int 型。若要得到双精度实型的圆面积,则 s 函数的类型应定义为 double 类型。

7.2.5 数组作为函数的参数

数组也可以作为函数参数使用。数组作为函数的参数有两种形式:一种是数组元素作函数的实参使用;另一种是数组名作为函数的实参使用。

1. 数组元素作函数实参

数组元素被称作下标变量,它与普通变量并无区别,因此它作为函数实参使用时与普通变量是完全相同的。在进行函数调用时,把作为实参的数组元素的值传送给形参,实现单向值传送。

【例 7-7】 数组元素作为函数实参举例。

```
# include < stdio. h>
void pamd( int n)                    /* 形参定义与数组元素同类型的普通变量 */
{
    n = n + 5;
    printf("p: % - 4d",n);
}
main( )
{
    int i,a[10];
    for(i = 0;i < 10;i++)
        scanf(" % d",&a[i]);
    for(i = 0;i < 10;i++)
        pamd(a[i]);                  /* 实参是数组元素,与普通变量使用相同 */
    printf("\n");
    for(i = 0;i < 10;i++)
        printf("m: % - 4d",a[i]);
}
运行结果:
输入:0 1 2 3 4 5 6 7 8 9↙
输出:p:5  p:6  p:7  p:8  p:9  p:10  p:11  p:12  p:13  p:14
    m:0  m:1  m:2  m:3  m:4  m:5   m:6   m:7   m:8   m:9
```

2. 数组名作为函数的实参

在C语言中,数组名实际上表示的是整个数组的首地址。如果调用函数的实参是数组名,则被调用函数的形参也应该是数组类型或指向数组的指针(参见第8章),也就是说实参传送给形参的是一组空间的首地址。那么在调用该函数时,在内存中并没有建立形参数组,形参在内存中共用实参数组的内存单元。而被调函数对形参数组的操作实际上就是对实参数组的操作。形参对实参的这种传递方式,也称作地址传递方式。

【例7-8】 数组名作为函数实参举例。

```
#include< stdio.h>
void pamd(int f[ ],int n)          /* 形参定义一个数组接收,f数组与a数组共用内存 */
{
    for(n = 0;n < 10;n++)
        f[n] = f[n] + 5;
    for(n = 0;n < 10;n++)
        printf("p: % - 4d",f[n]);/* f数组成员值的改变将直接影响a数组 */
}
main( )
{
    int i,a[10];
    for(i = 0;i < 10;i++)
    scanf(" % d",&a[i]);
    pamd(a,10);                    /* 实参是数组名,即数组首地址 */
    printf("\n");
    for(i = 0;i < 10;i++)
    printf("m: % - 4d",a[i]);
}
运行结果:
输入:0 1 2 3 4 5 6 7 8 9↙
输出:p:5   p:6   p:7   p:8   p:9   p:10   p:11   p:12   p:13   p:14
     m:5   m:6   m:7   m:8   m:9   m:10   m:11   m:12   m:13   m:14
```

以上程序中,pamd函数的第一个参数为数组,main函数在调用pamd函数时,传递过去的第一个实参为数组a的首地址,所以在pamd函数中对数组f的操作,实际上就是对main函数中数组a的操作,所以输出的结果相同。

说明:

(1) 实参与形参类型要一致。如形参和实参维数相同、元素类型相同。

(2) 实参数组与形参数组的长度可以不一致。C语言编译时不检查形参大小,如果要传递实参的全部元素,则形参数组的长度应不小于实参数组的长度。如上例中pamd函数的首部也可以定义为:

```
void pamd(float a[11 ],int n)
```

(3) 一维形参数组可以省略其长度,在定义数组时在数组名后跟一对空的方括号。为在被调用函数中处理数组元素的需要,可另设一参数来传递数组元素的个数。如上例中pamd函数的首部定义为:

```
void pamd(float a[ ],int n)
```

其中 n 即表示数组元素的个数。

(4) 对二维形参数组，只有第一维的大小可以省略，第二维的大小必须指定。

【例 7-9】 函数 fun 的功能为，将主函数传入的一个长整型的 7 位数，依次求出该数的个、拾、百、千、万、拾万、百万位上的数依次写入整型的 b 数组中。例如，若输入 1234567，则 b 数组中依次存放{1,2,3,4,5,6,7}。

```
#include<stdio.h>
void func(long t,int a[])
{
    int i;
    for(i=0;i<7;i++)
        { a[i]=t%10; t/=10; }
}
main()
    {
        long t;
        int i,a[7];
        scanf("%7ld",&t);
        func(t,a);
        for(i=0;i<7;i++)
            printf("%d ",a[i]);
        printf("\n");
}
```

上例中，主函数的 a 数组和 func 函数中的 a 数组共用一块内存，func 函数中 a 数组成员值的改变使 main 中的 a 数组值也发生改变。

7.2.6 函数的嵌套和递归调用

1. 函数的嵌套调用

在 C 语言中，虽然在函数定义时不能嵌套定义，但是允许函数嵌套调用，例如，函数 A 调用函数 B，函数 B 又调用函数 C，如图 7-5 所示。

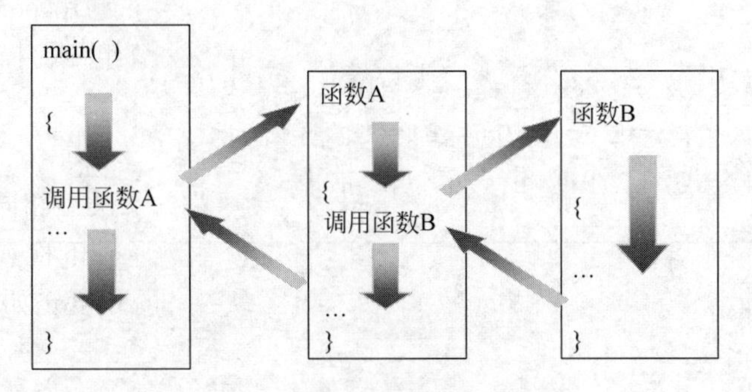

图 7-5 函数的嵌套调用示意图

【例 7-10】 函数的嵌套调用举例。

```
#include<stdio.h>
main( )
{
```

```
    int n = 3;
    int sub1(int n);
    int sub2(int n);
    printf (" % d\n",sub1(n));                      /* 调用 sub1 函数 */
}
int sub1(int n)                                     /* 定义 sub1 函数 */
{
      int i,s = 1;
      for (i = n; i > 0; i -- )
        s * = sub2(i);                              /* 调用 sub2 函数 */
    return s ;
}
int sub2(int n)                                     /* 定义 sub2 函数 */
{
    return n + 1;
}
运行结果:
24
```

以上程序中的函数调用关系为：主函数在执行过程中调用 sub1 函数，sub1 函数在执行过程中又调用 sub2 函数，形成了函数之间的嵌套调用。

2. 函数的递归调用

函数的递归调用是指在函数调用的过程中，函数直接或间接地调用了函数自身。含有直接或间接调用自身的函数称为递归函数。C 语言允许函数的递归调用，在递归调用中，主调函数又是被调函数，执行递归函数将反复调用其自身，每调用一次就开辟一块新函数空间，注意函数结束时，也是逐个返回到调用函数中。

一个问题要采用递归方法来解决时，必须符合以下两个条件。

(1) 要解决的问题可以转化为一个新的问题，而这个新的问题的解法仍与原来的解法相同，只是所处理的对象有规律地递减。

(2) 必定要有一个结束递归的条件。

【例 7-11】 编一个递归函数求 n!。

分析：

以求 3 的阶乘为例：3!=3*2!，2!=2*1!，1!=1，0!=1。

递归结束条件：当 n=1 或 n=0 时，n!=1。

递归重复部分公式：n>1 时，n!=n×(n−1)!。

```
#include < stdio. h >
float fact (int n)
{
    float f = 0;
    if(n < 0)
    printf("n < 0,error! ");
    else if (n == 0 || n == 1) f = 1;
    else f = fact(n - 1) * n;                /* 调用自身,但参数发生变化 */
    return (f);
}
main( )
```

```
{
    int n; float y;
    printf("\nInput n:");
    scanf("%d",&n);
    y=fact(n);
    printf("%d!=%-10.0f\n",n,y);
}
```

运行结果:

```
Input a integer number:5↙
5!=120
```

递归调用的过程如图 7-6 所示。

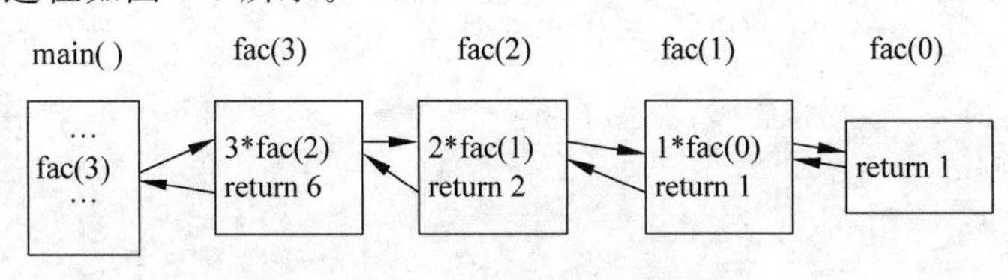

图 7-6　3! 递归调用的过程

7.2.7　函数应用举例

【例 7-12】　编写程序,输入一个整数,判断其是否为素数。

```
#include<stdio.h>
#include<math.h>
int sushu(int n)
{
    int flag=1;
    int i=2;
    for(i=2;i<=sqrt(n);i++)
    if(n%i==0)
    flag=0;
    return(flag);
}
main( )
{
    int d;
    printf("请输入一个整数:");
    scanf("%d",&d);
    if(sushu(d))
        printf("%d是素数。\n",d);
    else
        printf("%d不是素数。\n",d);
}
```

运行结果:

```
请输入一个整数: 97↙
97是素数。
```

【例 7-13】　计算 $s=1^k+2^k+3^k+\cdots+n^k(0\leqslant k\leqslant 5)$。

分析:

定义函数 long power(int n,int k)返回值为 i^k。定义函数 long sum(int n,int k)返回值为 $1^k+2^k+3^k+\cdots+n^k$。在主函数中调用 sum 函数,然后在 sum 函数中调用 power 函数实现。

```
#include<stdio.h>
long power(int i,int k)                    /* 定义 power 函数,计算 i,k */
{
    long p=1;
    int j;
    for(j=1;j<=k;j++) p*=i;
    return p;
}
long sum(int n,int k)                      /* 定义 sum 函数,计算 1~n 的 k 次方之累加和 */
{
    long sum=0;int i;
    for(i=1;i<=n;i++) sum+=power(i,k);
    return sum;
}
main( )
{
    int n,k;
    printf("input n k:");
    scanf("%d%d",&n,&k);
    printf("%ld\n",sum(n,k));
}
```

【例 7-14】 编写一个函数,功能如下:输入一个表示正整数的字符串,将字符串中的数字字符转换成对应的数字。例如,输入 3 个字符组成的字符串“123”,将它转换成整型数 123。

分析:

(1) 逐个判定字符串的每个字符,如果是需要的则进行转换。

(2) 用 n 存放转换结果,n 的初始值为 0,转换操作为 n=n*10+ch-'0'。

```
#include<stdio.h>
main( )
{
    char ch[15];
    int n;
    int cton(char s[]);
    gets(ch);
    n=cton(ch);
    printf("The number:%d\n",n);
}
int cton(char s[])
{
    int n=0,i;
    for(i=0;s[i];i++)
    {
        if(s[i]>='0'&&s[i]<='9') n=n*10+s[i]-'0';
    }
    return n;
}
```

思考：

如果要输入 3 个字符组成的字符串"123"，将它转换成整型数 321，该如何转换？

【例 7-15】 用递归方法求 Fibonacci 数列的任意一项。

分析：

Fibonacci 数列的公式如下：

```
f(0) = f(1) = 1;
f(n) = f(n-1) + f(n-2); (当 n≥3)
```

则 f(0)=f(1)=1；可以作为递归的边界条件，而 f(n)=f(n-1)+f(n-2)；作为递归重复调用的部分。

```
#include <stdio.h>
long fibonacci(int n)
{
    long t;
    if(n==1||n==2)
        t=1;
    else
        t=fibonacci(n-1)+fibonacci(n-2);
    return(t);
}
main()
{
    int n;
    long y;
    printf("Input n:");
    scanf("%d",&n);
    y=fibonacci(n);
    printf("Fibonacci(%d) = %ld\n",n,y);
}
运行结果：
Input n:10↙
Fibonacci(10) = 55
```

7.3 变量作用域与存储方式

C 语言程序由函数组成，每个函数都要用到一些变量。需要完成的任务越复杂，组成程序的函数就越多，涉及的变量也越多。一般情况下要求各函数的数据各自独立，但有时，又希望各函数有较多的数据联系，甚至组成程序的各文件之间共享某些数据。因此，在程序设计中，除了要考虑变量的数据类型以外，必须考虑变量的作用域、变量的存储类别等问题。

7.3.1 变量的作用域

在程序中变量的有效的范围称为变量的作用域。C 语言中所有的变量都有自己的作用域，按作用域范围可分为两种，即局部变量和全局变量。

1. 局部变量

局部变量是在函数内或复合语句内定义的变量，其作用域仅限于函数内或复合语句内，也就是说在函数内或复合语句内才能引用，在作用域以外，使用它们是非法的，例如：

```
int f1(int a)
{
    int b,c;
    …
}
int f2(float x,float y)
{
    float z;
    …
}
main( )
{
    char c1,c2;
    …
}
```

上例在函数 f1()内定义了 3 个局部变量 a、b、c，其中 a 为形参，在函数 f1()的范围内 a、b、c 有效，也即 a、b、c 的作用域仅限于函数 f1()内。同理，x、y、z 的作用域仅限于函数 f2()内，c1、c2 的作用域仅限于主函数 main()内。但是，以下对变量的定义和使用是非法的：

```
void f1( )
{
    int t = 2;
    a *= t;                /* 引用 main( )中的变量 a */
    b/ = t;                /* 引用 main( )中的变量 b */
}
main( )
{
    int a,b;
    printf("Enter a,b:");
    scanf(" % d, % d",&a,&b); /* 输入两个数,分别存入变量 a 和 b 中 */
    f1( );                 /* 调用函数 f1( ) */
    printf("a = % d,b = % d",a,b);
}
```

以上程序在编译时会提示出错信息："Undefined symbol 'a'"和"Undefined symbol'b'"（标识符 a,b 没有定义），这是因为 main()中定义的 a 和 b 在 f1()中不能使用。

复合语句是用"{ }"括起来的语句序列，在复合语句中也可以定义局部变量，复合语句内定义的变量，其作用域仅限于复合语句内。如果复合语句中的局部变量与其所在函数的局部变量同名，则在复合语句的作用域内，局部变量不起作用。

【例 7-16】 复合语句中定义局部变量举例。

```
#include < stdio.h >
main( )
{
    int a = 1,b = 1,c = 1;              /* 在 main 函数中定义局部变量 */
    printf("main:\ta = % d b = % d c = % d\n",a,b,c);
```

```
    {
        int a = 2,b = 2;                    /* 复合语句中定义局部变量 */
        printf("comp:\ta = %d b = %d c = %d\n",a,b,c);
    }
    printf("main:\ta = %d b = %d c = %d\n",a,b,c);
}
```

运行结果:

```
main: a = 1 b = 1 c = 1
comp: a = 2 b = 2 c = 1
main: a = 1 b = 1 c = 1
```

上例在main函数中定义了局部变量a、b、c,在复合语句中定义了与main函数同名的局部变量a、b,则在复合语句中main函数的局部变量a、b不起作用,但是c仍然起作用。

说明:

(1) 每个函数内部定义的变量(包括形参),只能在本函数内有效。主函数中定义的变量也只能在主函数中使用,不能在其他函数中使用。同时,主函数中也不能使用其他函数中定义的局部变量,因为主函数也是一个函数,它和其他函数是平等关系。

(2) 形参变量属于被调函数的局部变量,实参变量属于主调函数的局部变量。允许在不同的函数中使用相同的局部变量名,它们代表不同的对象,分配不同的存储单元,互不干扰,也不会发生混淆。

2. 全局变量

在函数外任意位置定义的变量称为全局变量。全局变量的作用域是指从定义它的位置开始,直至它所在的源程序文件结束。即从定义之处起,它可以在本文件的所有函数中使用。

【例 7-17】 全局变量举例。

```
#include <stdio.h>
int a,b;                    /* 定义全局变量 a 和 b */
void f1()
{
    int t1,t2;
    t1 = a * 6;             /* 在 f1()中使用全局变量 */
    t2 = b + 3;
    b = 100;                /* 改变全局变量 b 的值 */
    printf("t1 = %d, t2 = %d",t1,t2);
}
main()
{
    a = 2,b = 4;            /* 在 main()中对全局变量赋值 */
    f1();
    printf("a = %d, b = %d",a,b);
}
```

运行结果:

```
t1 = 12, t2 = 7
a = 2, b = 100
```

上例中在程序的第一行定义了全局变量a、b,所以其作用域为整个程序,也就是说在其后的每一个函数中都起作用。

在同一个源程序文件中，如果全局变量与局部变量同名，则在局部变量的作用域内，全局变量将被屏蔽，即不起作用。

【例 7-18】 全局变量与局部变量同名举例。

```
#include <stdio.h>
int a = 5;                                   /* 定义全局变量 a */
void f(int x, int y)
{
    int a = 2,b,c;                           /* 定义局部变量 a,b,c */
    b = a + x;
    c = a - y;
    printf("%d\t%d\t%d\n",a,b,c);            /* 显示局部变量 a,b,c */
}
main( )
{
    int b = 6,c = 7;                         /* 定义局部变量 b,c */
    printf("%d\t%d\t%d\n",a,b,c);
    f(b,c);
    printf("%d\t%d\t%d\n",a,b,c);
}
运行结果:
5 6 7
2 8 -5
5 6 7
```

7.3.2 变量的存储方式

变量还有一个重要属性，即变量的存储方式，变量放在不同的内存空间区，就具有了不同的生存周期。变量的存储方式可分为静态存储和动态存储方式两种。C 语言中，代码和数据都放在固定的存储区，具体分为：

程序代码区	存放 CPU 执行的机器指令，代码区可共享，并且是只读的
数据动态存储区	栈区：由编译器自动分配释放，存放函数的参数值、返回值和局部变量，在程序运行过程中实时分配和释放，栈区由操作系统自动管理，无须程序员手动管理 堆区：是由 malloc()函数分配的内存块，使用 free()函数来释放内存，堆的申请释放工作由程序员控制，容易产生内存泄漏
数据静态存储区	数据区：存放已初始化的全局变量、静态变量(全局和局部)、常量数据 BBS 区：存放未初始化的全局变量和静态变量

对于动态存储方式的变量，当程序运行进入定义它的函数或复合语句时才被分配存储空间，当程序运行结束离开此函数或复合语句时，所占用的内存空间被释放。动态存储方式是一种节省内存空间的存储方式，它是在需要时分配内存空间，不需要时释放内存空间。

对于静态存储方式的变量，在程序运行的整个过程中，始终占用固定的内存空间，直至程序运行结束，才释放占用的内存空间。静态区的变量只能定义一次，未初始化变量将自动赋值 0。

在 C 语言中，作用域相同的变量可以有不同的存储方式，而存储方式相同的变量可以有不同的作用域，这取决于变量的存储类别。

一个完整的变量定义，可以描述为：

```
存储类别  数据类型  变量名1, … , 变量名n ;
```

前面学习的数据类型定义了变量在内存中的长度，存储类别则定义了变量的生存周期。

存储类别包括四种定义：

- auto(自动的)；
- static(静态的)；
- register(寄存器的)；
- extern(外部的)。

1. 自动类别 auto

自动类别局部变量属于动态存储方式。

定义形式为：

```
auto 数据类型 变量名;
```

在函数内部，自动存储类别变量是系统默认的变量类别，关键字“auto”可以省略，以下两种定义变量的方式是等价的：

```
auto int a;
int a;
```

函数内部不做特别说明定义的变量、函数的形参都是自动类别局部变量，它们都是在进入函数或复合语句时被分配内存单元的，在函数或复合语句运行结束时自动释放这些内存单元。

函数内部的自动类别局部变量在每次函数调用时，系统都会在内存的动态存储区为它们重新分配内存单元，随着函数的频繁调用，某个变量的存储位置随着程序的运行在不断变化，所以未赋初值的自动类别局部变量的值是不确定的。

2. 静态类别 static

静态类别的定义形式为：

```
static 数据类型 变量名;
```

静态变量在编译的时候被分配内存、赋初值，并且只被赋初值一次，对未赋初值的静态类别变量，系统自动给它赋初值0(或'\0')。在整个程序运行期间，静态变量在内存的静态存储区占用固定的内存单元，即使它所在的函数调用结束，也不释放存储单元，其值也会继续保留，下次再调用该函数时，静态类别变量继续使用原来的存储单元，仍使用原来存储单元中的值。直到源程序结束，静态变量才会释放。可以利用静态存储类别变量的这个特点，编写需要在被调用结束后仍保存变量值的函数。

【例 7-19】 静态变量与动态变量区别举例。

```
#include <stdio.h>
main( )
{
```

```
    int i;
    void f( );
    for( i = 1;i <= 3;i++)
    f( );
}
void f( )
{
    static int j = 0;
    ++j;
    printf(" %d\n",j);
}
运行结果:
1
2
3
```

从上例中可以看出,main 函数调用了 3 次 f 函数,变量 j 是静态变量,所以在第 1 次调用时被建立并赋初值 0,调用结束后没有被释放,第 2 次、第 3 次调用时继续沿用第 1 次建立的变量 j,所以最后一次输出结果为 3。如果把 j 定义为自动存储类别,则每次调用 f 函数时都会给 j 赋初值 0,则程序为:

```
main( )
{
    int i;
    void f( );
    for( i = 1;i <= 3;i++)
    f( );
}
void f( )
{
    auto int j = 0;
    ++j;
    printf(" %d\n",j);
}
运行结果:
1
1
1
```

由此我们能够看出,如果函数仅被调用一次,那么其中的变量定义成自动变量还是静态变量,从运行结果来看并没有区别,其区别在于当其所在函数被多次调用时,自动变量每次都被赋初值,而静态变量只是第一次被调用时赋初值,其后则被沿用,所以运行结果是不一样的。

静态变量根据定义位置的不同,分为静态局部变量和静态全局变量。

```
static int a;                /* 静态全局变量 a */
main( )
{   float x,y;
    … }
f( )
{   static int b = 1;        /* 静态局部变量 b */
    ……
}
```

静态全局变量和静态局部变量都定义在静态区，具有相同的生存周期，但作用范围不同。

3. 寄存器类别 register

寄存器类别局部变量的存储单元被分配在寄存器中。

其定义形式为：

```
register 数据类型 变量名;
```

寄存器存储类别作用域、生存期与自动类别变量相同。因为寄存器的存取速度比内存快得多，所以通常将频繁使用的变量放在寄存器中（如循环体中涉及的局部变量），以提高程序的执行速度。

计算机中寄存器的个数是有限的，寄存器的数据位数也是有限的，所以定义寄存器存储类型局部变量的个数不能太多，并且只有整型变量和字符型变量可以定义为寄存器类型变量。

4. 外部变量存储类别 extern

全局变量是在函数外定义的变量，全局变量属于静态存储方式，其生存期是整个程序的运行期。某个 C 语言源程序中的全局变量可以被另一个 C 语言源程序引用，称为外部变量。

外部存储类别全局变量声明形式为：

```
extern 数据类型 全局变量名;
```

例如，有源文件 f1.c 和 f2.c，如果需要在 f2.c 中引用 f1.c 的全局变量 i，这时需要：

（1）f1.c 中 i 必须是全局变量。

（2）f2.c 中加入首先#include <f1.c>，然后加入代码 extern int i；表明 i 是另一个文件的变量。

具体结构如下：

filel.c 文件中程序如下：

```
#include <stdin.h>
int i;
main()
{   void f1(),f2(),f3();
    i = 1;
    f1();
    printf("\tmain:i = %d",i);
    f2();
    printf("\tmain:i = %d",i);
    f3();
    printf("\tmain:i = %d\n",i);
}
void f1()
{i++;
    printf("nf1:i = %d",i);
}
```

file2.c 文件中程序如下：

```
#include <stdio.h>
#include "f1.c"
exter n int i;
void f2()
{ int i = 3;
    printf("\nf2:i = %d",i);
}
void f3()
{ i = 3;
    printf("\nf3:i = %d",i);
}
```

运行结果：

```
f1: i = 2 main:i = 2
f2: i = 3 main:i = 2
f3: i = 3 main:i = 3
```

思考：

全局静态变量是否能声明为外部变量？

【例 7-20】 变量的存储类别综合举例。

```
#include <stdio.h>
int reset( );
int next(int j);
int last(int j);
int new(int i);
int i = 1;
main( )
{
    int i,j;
    i = reset();
    for(j = 1;j <= 3;j++)
    {
        printf(" %d, %d\n",i,j);
        printf(" %d\n",next(i));
        printf(" %d\n",last(i));
        printf(" %d\n",new(i + j));
        }
}
int reset( )
    { return(i); }
    int next(int j)
        { return (j = i++); }
    int last(int j)
        { static int i = 10;
        return(j = i-- );
        }
    int new(int i)
        { int j = 10;
        return(i = j += i);
        }
```

思考：在程序运行时，有多个 i 和 j 变量同时存在，分析输出时是哪一个发生作用，值是多少。

7.4 编译预处理

C 语言源程序在运行之前要进行编译，而编译预处理是 C 语言编译程序对 C 语言源程序进行编译前，预先处理的过程。C 语言源程序执行的过程如图 7-7 所示。

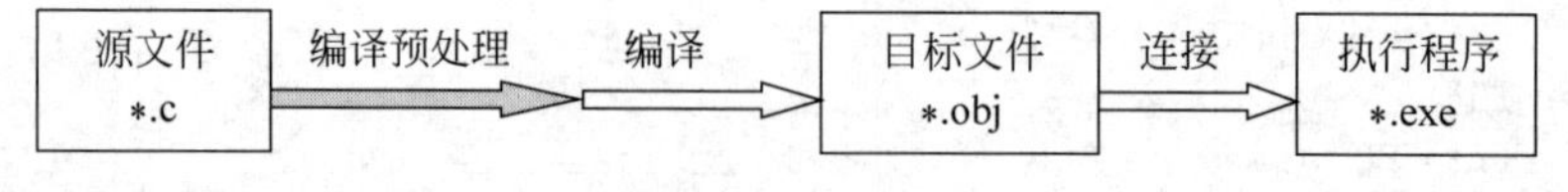

图 7-7 C 语言源程序执行的过程

C 语言中的编译预处理命令有：#define、#include、#undef、#error 等，在前面已经多次使用过。编译预处理命令以“#”开始，命令行尾不得加“;”，以区别于 C 语言语句。这些命令行的语法与 C 语言中其他部分语法无关。它们可以根据需要出现在程序的任何一行的开始处，其作用一直持续到原文件的末尾，除非重新设置。

C语言中常用的编译预处理命令有文件包含命令、宏定义命令和条件编译命令。

7.4.1 文件包含

C语言开发者们编写了很多常用库函数，并分门别类的放在了不同的文件中，这些文件就称为头文件(header file)。每个头文件中都包含了若干功能类似的函数，调用某个函数时，要引入对应的头文件，否则计算机(或编译器)找不到函数。

引入头文件使用“#include”命令，头文件以“.h”为后缀，而C语言源程序文件以“.c”为后缀，它们都是文本文件，没有本质上的区别，该命令的作用也仅仅是将头文件中的文本复制到当前文件，然后和当前文件一起编译。你可以尝试将头文件中的内容复制到当前文件，那样也可以不引入头文件。

实际上，头文件往往只包含函数的说明，也就是告诉我们函数怎么用，而函数本身保存在其他文件中，在程序连接时才会找到。对于初学者，可以暂时理解为头文件中包含了若干函数。

文件包含的语法形式为：

```
#include <文件名>
```

或

```
#include "文件名"
```

两种形式的区别是：使用尖括号时，编译预处理程序只在系统指定的文件夹中寻找文件；而使用双引号时，编译预处理程序首先在当前文件所在的文件夹中寻找文件，如果找不到则在系统指定的文件夹中再寻找文件。

文件包含命令的功能可以用图7-8来说明。

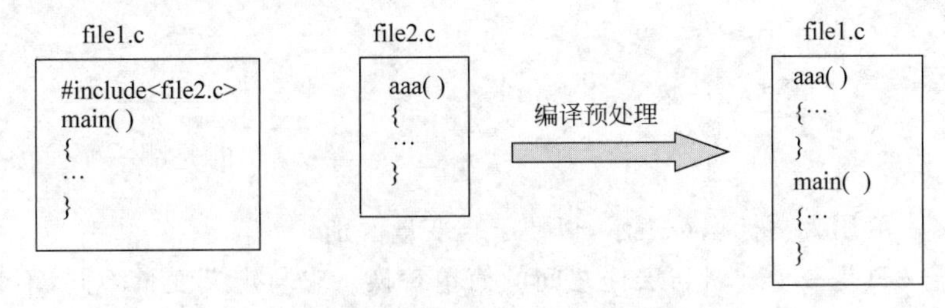

图7-8 文件包含命令的功能示意图

说明：

(1) 一般情况下，文件包含命令放在源程序的开头。

(2) 一条文件包含命令只能包含一个文件，如果需要包含多个文件就需要多条文件包含命令。

(3) 文件包含命令可以嵌套，即被包含文件中还可以包含其他文件。

(4) 文件包含命令中的文件名必须包括主文件名及其扩展名。

(5) 当被包含文件修改后，对包含该文件的源文件必须重新进行编译、连接。

7.4.2 宏定义

C语言源程序中允许用一个字符串来表示一个字符串，称为“宏定义”，其中，标识符称为“宏名”，替换字符串称为“宏体”。在编译预处理时，对程序中所有出现的宏名都用宏体中的字符串去替换，称为“宏替换”或“宏展开”。

1. 不带参数的宏定义

不带参数的宏定义的一般语法形式为：

```
#define 宏名 宏体
```

它的作用是在源程序中，凡是遇到宏名的地方，编译预处理程序都将其替换为宏体。例如有如下源程序：

```
#define PI 3.14                    /* 宏名 PI 和宏体 3.14,都是字符串 */
main( )
{
float r,s,c;
scanf("%f",&r);
s = r * r * PI;
c = 2 * r * PI;
printf("s = %f, c = %f",s,c);
}
```

编译预处理后，程序如下：

```
#define PI 3.14
main()
{
float r,s,c;
scanf("%f",&r);
s = r * r * 3.14;
c = 2 * r * 3.14;
printf("s = %f, c = %f",s,c);
}
```

说明：

(1) 宏名一般用大写标识符表示，以便于与变量区别。

(2) 宏定义只是一个宏名与宏体之间的简单替换。它与定义变量不同，不为宏名分配内存空间，只做替换。

(3) 一个很长的宏定义可以在每一个要被连续的行后面加上反斜杠(\)连续下去。

(4) 宏替换不作用于字符串常量，即双引号内字符串常量与宏名相同的字符串不替换。

(5) 宏定义中可以使用已经定义的宏名，即后面的宏定义可以使用前面宏定义的宏名。例如：

```
#define PI 3.14
#define P PI*r*r
```

对“printf("%f",P);”做宏替换，结果为“printf("%f",3.14*r*r);”。

(6) 宏定义必须写在函数之外，其作用域为从宏定义命令起到源程序结束，如要中途终止其作用域，可使用#undef命令(也必须写在函数之外)。例如：

```
#define PM x + y
main( )
{
…
}
#undef PM
f( )
{
…
}
```

2. 带参数的宏定义

带参数的宏定义的一般语法形式为：

```
#define 宏名(形参表) 宏体
```

它的作用是：在其后的源程序中，凡是遇到带实参的宏名，编译预处理程序都将其替换为宏定义中的宏体文本，在替换时，特别要将替换文本中的形参替换为程序中的实参。

例如：

```
#define L(x) (x * x + 2 * x + x)                    /* 带参数宏定义 */
```

宏调用：

```
y = L(5);
```

在宏调用时，用实参 5 去代替形参 x，经预处理宏展开后的语句为：

```
y = (5 * 5 + 2 * 5 + 5);
```

再例如：

```
#define MAX(a,b) (a > b)?a:b
```

宏调用：

```
max = MAX(x, y);
```

在宏调用时，用实参 x、y 去代替形参 a、b，经预处理宏展开后的语句为：

```
max = (x > y)?x:y;
```

说明：

(1) 宏定义中，宏名和形参表之间不能有空格出现。

例如：

```
#define MAX (a,b) (a > b)?a:b
```

将被认为宏名 MAX 代表的字符串是(a,b)(a>b)?a：b，是无参宏定义。

(2) 在带参宏定义中，形式参数不同于函数中的形参，带参宏定义中的参数不是变量，只是在宏调用时用实参的符号去代换形参，即只是符号代换，不存在值传递的问题。

例如：

```
#define power(y) (y) * (y)
main()
{
    float x,y;
```

```
    scanf(" %f",&x);
    y=power(x+1);
    printf("y= %6.4f\n",y);
}
```


宏替换后,变为:

```
main()
{
    float x,y;
    scanf(" %f",&x);
    y=(x+1)*(x+1);
    printf("y= %6.4f\n",y);
}
```

(3) 在宏定义中的形参最好用括号括起来,以避免出错。如果去掉上例中(y)*(y)表达式的括号,程序变为:

```
#define power(y) y*y
main()
{
    float x,y;
    scanf(" %f",&x);
    y=power(x+1);
    printf("y= %6.4f\n",y);
}
```

宏替换后将得到以下语句:

```
y=x+1*x+1;
```

显然,展开后的表达式与题意不符。为了保证宏代换的正确性,应该给宏定义中表达式的形参字符串加上括号。

7.4.3 条件编译

随着学习的深入,我们编写的代码越来越多,最终需要将它们分散到多个源文件中,编译器每次只能编译一个源文件,然后生成一个目标文件。此时,链接器除了将目标文件和系统组件组合起来,还需要将编译器生成的多个目标文件组合起来。

预处理程序还提供了条件编译的功能。可以按不同的条件去编译不同的程序部分,即按照条件选择源程序中的不同语句参加编译,因而产生不同的目标代码文件。这对于程序的移植和调试是很有用的。条件编译有3种形式。

1. #ifdef 标识符

```
#ifdef 标识符
    程序段1
#else
    程序段2
#endif
```

它的功能是,如果标识符已被#define命令定义过,则对程序段1进行编译;否则对程序段2进行编译。本格式中的#else为可选项,可以没有,即可以写为:

```
#ifdef 标识符
    程序段
#endif
```

例如：

```
#define NUM Ok
#ifdef NUM
    #define L(x) ((x) * (x) + 2)
#else
    #define L(x) ((x) * (x) + 2 * (x) + 5)
#endif
```

在上例中条件编译预处理命令的程序段是宏定义。因此，参加编译的宏定义是：

```
#define L(x) ((x) * (x) + 2)
```

2. #ifndef 标识符

```
#ifndef 标识符
    程序段 1
#else
    程序段 2
#endif
```

第二种将#def 改为#ifndef，与第一种形式的功能正相反：如果标识符未被#define 命令定义过则对程序段 1 进行编译，否则对程序段 2 进行编译。

3. #if

```
#if 常量表达式
    程序段 1
#else
    程序段 2
#endif
```

条件编译的功能是，如果常量表达式的值为真(非 0)，则对程序段 1 进行编译，否则对程序段 2 进行编译。因此可以使程序在不同条件下完成不同的功能，例如：

```
#define F 1
main( )
{
    float x,s;
    printf("input x:");
    scanf(" %f", &x);
    #if F
        s = 3.14 * x * x;
        printf("area of round is: %f\n",s);
    #else
        s = x * x;
        printf("area of square is: %f\n",s);
    #endif
}
```

在程序第一行宏定义中，定义 F 为 1，因此在条件编译时，常量表达式的值为真，所以编译计算并输出圆面积的语句，#else 后面的语句不编译。虽然上述功能可以用条件语句来实现，但是采用条件编译，则根据条件只选择参加编译的程序段，生成的目标程序较短。对于程序段 1 和 2 很长的源代码，采用条件编译，可以使目标程序变短。

习题与思考

一、选择题

1. 以下叙述正确的是________。

   A. C 语言程序总是从第一个定义的函数开始执行

   B. 在 C 语言程序中，要调用的函数必须在 main 函数中定义

   C. C 语言程序总是从 main 函数开始执行

   D. C 语言程序中的 main 函数必须放在程序的开始部分

2. 调用函数时，如果传递普通变量，下面不准确的描述为________。

   A. 实参可以是表达式　　B. 实参与形参可以共用内存单元

   C. 将为形参分配内存单元　　D. 实参与形参的类型必须一致

3. C 语言规定，函数返回值的类型由________所决定。

   A. return 语句中的表达式类型　　B. 调用该函数时的主调函数类型

   C. 调用该函数时的形参类型　　D. 定义该函数时所指定的函数类型

4. 在 C 语言中，如果函数中的变量未指定存储类别，则隐含存储类别是 ________。

   A. auto　　B. static　　C. extern　　D. 无存储类别

5. 当调用函数时，实参是一个数组名，则向函数传递的是 ________。

   A. 数组的长度　　B. 数组的首地址

   C. 数组每一个元素的地址　　D. 数组每个元素中的值

6. 以下叙述中不正确的是 ________。

   A. 在不同的函数中可以使用相同名字的变量

   B. 函数中的形式参数是内部变量

   C. 在一个函数内的复合语句中定义变量在本函数范围内有效

   D. 在一个函数内定义的变量只在本函数范围内有效

7. 以下函数的类型是 ________。

```
abc(double x)
{printf("%d\n",x*x);}
```

   A. 与参数 x 的类型相同　　B. void 类型

   C. int 类型　　D. 无法确定

8. 以下函数调用语句中，实参的个数为________。

```
func((exp1,exp2),(exp3,exp4,exp5));
```

   A. 1　　B. 2　　C. 4　　D. 5

9. 下面叙述不正确的是________。

A. 在函数中，通常用 return 语句传回函数值

B. 在函数中，可以有多条 return 语句

C. 在语言中，主函数 main 后的一对圆括号中也可以带有形参

D. 在 C 语言中，调用函数必须在一条独立的语句中完成

10. 以下程序的运行结果是________。

```
#include <stdio.h>
aaa(int x)
{
    static int y = 3;
    y * = x;
    return y;}
main( )
{
    int k = 3, m = 2, n;
    n = aaa(k);
    n = aaa(m);
    printf(" % d\n", n);
}
```

A. 3　　B. 6　　C. 9　　D. 18

11. 以下程序的运行结果是________。

```
#include <stdio.h>
func(int a, int b)
{
    int c;
    c = a + b;
    return c;}
main( )
{
    int x = 6, y = 7, z = 8, r;
    r = func((x -- , y++, x + y), z -- );
    printf(" % d\n", r);
}
```

A. 11　　B. 20　　C. 21　　D. 31

12. 以下程序的运行结果是________。

```
#include <stdio.h>
fun(int a, int b, int c)
{
    c = a * b;
}
main( )
{
    int c;
    fun(2, 3, c);
    printf(" % 6d\n", c);
}
```

A. 0　　B. 1　　C. 6　　D. 无定值

13. 在函数调用过程中，如果函数 A 调用了 B，函数 B 又调用了函数 A，则 ________。

A. 成为函数的直接递归调用　　B. 成为函数的间接递归调用
C. 成为函数的循环调用　　D. C 语言不允许这样的调用

14. 以下描述不正确的是 ________。

A. 在函数外部定义的变量是外部变量　　B. 在函数内部定义的变量是局部变量
C. 函数的形参是局部变量　　D. 局部变量不能与外部变量同名

15. 以下关于预处理命令的描述正确的是 ________。

A. 预处理是指完成宏替换和文件包含中指定的文件的调用
B. 预处理指令也是 C 语言语句
C. 在 C 语言源程序中,凡是行首以#标识的控制行都是预处理命令
D. 预处理就是为编译的词法分析和语法分析做准备

16. 以下关于#include 命令行的叙述中正确的是 ________。

A. 在#include 命令行中,包含文件的文件名用双引号或用尖括号括起来没有区别
B. 一个包含文件中不可以再包含其他文件
C. #include 命令只能放在源程序的开始
D. 在一个源文件中允许有多个#include 命令行

17. 以下关于宏替换的说法不正确的是________。

A. 宏替换不占用内存时间
B. 宏替换只是字符替换
C. 宏名称必须用大写字母表示
D. 宏名称无类型

18. 当#include 后面的文件名用<>(尖括号)括起来时,寻找被包含文件的方式是________。

A. 仅仅搜索当前目录
B. 仅仅搜索源文件所在目录
C. 直接按系统设定的标准方式搜索目录
D. 先在源程序所在目录搜索,再按系统设定的标准方式搜索

19. 在宏定义#include Pl 3.1415926 中,用宏名 PI 代替一个 ________。

A. 单精度数　　B. 双精度数　　C. 常量　　D. 字符串

20. 下面程序的输出结果为________。

```
#include< stdio.h>
#define SQR(x) x * x
main( )
{
    int a = 10,k = 3,m = 2;
    a = SQR(k + m);
    printf(" % d\n",a);
}
```

A. 25　　B. 11　　C. 5　　D. 10

21. 以下程序的输出结果是________。

```c
#include <stdio.h>
#define MIN(i,j) (i)<(j)?(i):(j)
main( )
{
    int i,j,k;
    i = 10,j = 15;
    k = 10 * MIN(i,j);
    printf(" % d\n",k);
    }
```

A. 15　　　B. 6　　　C. 100　　　D. 150

二、编程题

1. 设计一个函数,判断一个整数是否为质数。

2. 编写一个判断水仙花数的程序,从主函数中输入一个任意正整数 n,然后调用判断水仙花数的函数,找出 n 以内的所有水仙花数。

3. 编写函数 fun,功能为将主函数传来的一个长度不大于 4 个字符的字符数组,输出不超过 8 个字符的回文字符数组。例如输入 abcd,则计算机输出 abcddcba。

4. 设计一个函数,要求由参数传入一个字符串,统计此字符串中字母、数字和其他字符的个数,在主函数中输入字符串并显示统计结果。

5. 函数 fun 的功能是:从主函数传入两个一维整型数组 a 和 b,每个数组包括 8 个无符号整数,将 a 和 b 相应元素的大者填入一维数组 c 的相应位置。例如,若主函数输入{1,2,3,4,5,6,7,8}和{9,8,7,6,5,4,3,2},则结果为{9,8,7,6,5,6,7,8}。

6. 函数 fun 的功能是:对主函数传过来的两等长字符串 a、b 进行比较,若 a 与 b 对应位置上的两字符不同,则互换,若相等且不为'\0',则 b 中对应的字符改置为'U'。例如,若 a 为"abcde",b 为"abccc",则结果 a 变为"abccc",b 变为"UUUde"。

7. 编写一个程序,要求如下:在主函数中建立数组并输入 10 个数,调用自定义函数对这 10 个数进行排序,然后显示排序的结果。

8. 函数 fun 的功能为,将主函数传入的一个长整型的 7 位数,依次求出该数的个、拾、百、千、万、拾万、百万位上的数依次写入到整型的 b 数组中。例如,若输入 1234567,则 b 数组中依次存放{1,2,3,4,5,6,7}。

9. 编写一个递归函数,将一个任意整数转换成字符串,例如输入 5328,应该输出"5328"。

10. 定义函数求 F=(m+n)!+m!,m,n 均为任意正整数,要求使用递归调用。

第8章 指　针

学习时长：3周

学习目标

知识目标：

➢ 理解指针和指针变量的特点。

➢ 理解间接使用变量的方法。

➢ 理解指针变量处理普通变量、数组、字符串的一般逻辑。

➢ 理解变量、数组、函数的指针。

➢ 了解多级指针声明。

能力目标：

➢ 熟练使用指针变量实现变量的间接引用。

➢ 熟练使用指针变量处理一维数组、字符串。

➢ 掌握指针变量处理二维数组、函数的方法。

本章内容概要

本章主要介绍C语言指针的概念，以及指针变量的应用。

8.1 指针和指针变量(本章重、难点)

- 指针的概念
- 指针变量的概念
- 指针变量的赋值与运算(加减、自增自减、关系运算)
- 多级指针概念和用法
- 指针变量的应用

8.2 指针与数组(本章难点)

- 指针变量处理一维数组
- 指针变量处理二维数组
- 指针数组

8.3 指针变量处理字符串(本章重点)

8.4 指针变量与函数

8.5 指针综合应用实例

指针是C语言最具特色的部分，也是其精华所在。使用指针能动态地分配内存空间，高效地使用数组和字符串，能使被调用函数访问主调函数的变量空间，使用指针还可以表示复杂的数据结构。

同时,指针的学习是C语言中最具挑战性的部分,由于其灵活多变的特点使大家学习时必须在明确概念的基础上,积极思考,最后在实验中予以验证和掌握。

8.1 指针和指针变量

8.1.1 指针的概念

指针的概念是和变量紧密相连的。

考察一个变量的存储方式,设“int a=5,b;”,变量a在内存中可以表示为图8-1所示。

对于变量a来说,有3个重要特性,即变量名、变量值和变量地址。

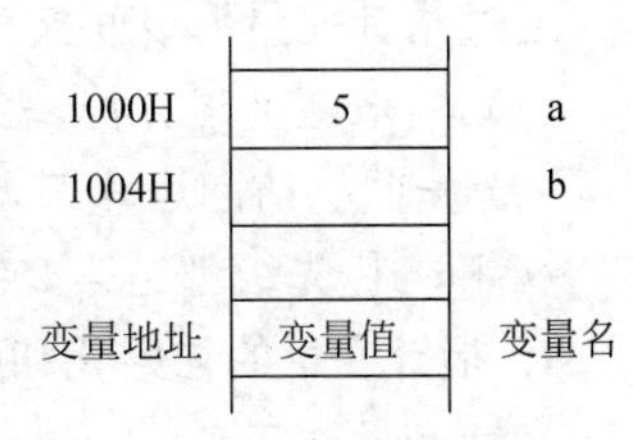

图8-1 变量分析图

变量名就是用一个用户定义标识符代表一块内存空间,当定义一个变量时,C语言系统就为该变量分配内存空间,内存空间的大小是由该变量的数据类型决定的。如在VC++ 6.0中规定,int的数据宽度为4B,即int型变量a代表4个内存地址的空间。放在这个空间里的值就是变量值。而这个变量的首地址就是这个变量的指针。

所谓指针即指变量的地址。

对于变量a来说,变量名为a,变量值为5,变量地址即变量指针为1000H。

通常,我们在使用变量的时候,是通过变量名使用变量值。这种使用变量的方式称为直接访问。如“a=a+1; a++;”等。

其实,在C语言中还有另外一种使用变量的方法,就是通过变量的地址取变量的值,这种访问变量的方法称为间接访问。

8.1.2 指针变量的概念

如果定义一个变量p,p变量的值可以存放a变量的地址,则称p变量是指针变量。

指针变量定义一般形式为:

```
类型标识符 *指针变量名;
```

例如:

```
int a = 5;                  /* 定义 int 变量 a */
int *p;                     /* 定义指针变量 p */
p = &a;                     /* 取 a 的地址赋给变量 p */
```

其存储结构如图8-2所示。

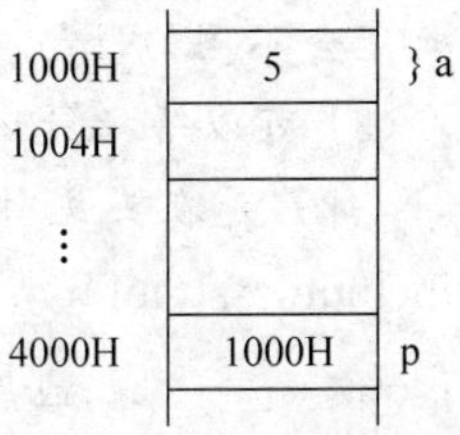

1000H | 5 | } a
1004H | |
⋮
4000H | 1000H | p

图8-2 指针变量分析图

说明:

(1)“int *p;”定义了一个指针变量p;p的数据类型是int *,即p变量的值存放的必须是一个int变量的指针。如果p变量的值存放的是a变量的地址,则称为p指向a。

(2)a变量的变量名是a,变量值是5,变量的地址是1000H。p

变量的变量名是 p,变量值是 1000H,即 p 指向 a。p 变量的指针是 4000H。

注意:

(1) 指针变量只能存放相同类型的变量地址,如 int * 只能存放整型变量的地址,double * 则只能存放 double 变量的地址,不同的数据类型变量因为存放的内存空间大小不同不能混用。

(2) p 变量的值是可以改变的,现在 p 变量的值存放的是 a 变量的地址,以后也可以指向其他 int 变量的地址。

8.1.3 指针变量的赋值与运算

通过指针变量可以间接访问其所指向的变量,由两个操作运算符实现:

(1) & 取地址运算符,表示取变量的地址。

(2) * 间接访问运算符,表示取地址的值。

& 和 * 优先级都是第 2 级,结合性从右向左。

1. 指针变量的初始化和赋值

指针变量被定义后,必须指向一个变量,即存放一个变量的地址后,才能进行运算。指针变量的值可以通过赋初值和赋值两种方式得到。

1) 指针变量赋初值

例如:

```
int a, * p = &a;
```

指针变量 p 在定义的同时被赋值,注意前面的 int * 是定义的数据类型,不是取值。

2) 指针变量赋值

例如:

```
int a, * p, * p1, * p2;
p = &a;
p1 = p2 = p;
 * p = * p1 = * p2 = 5;
```

这时,将 a 变量的地址赋给 p,然后将 p 的值赋给相同类型的指针变量 p1,p2。指针指向变化如图 8-3 所示。

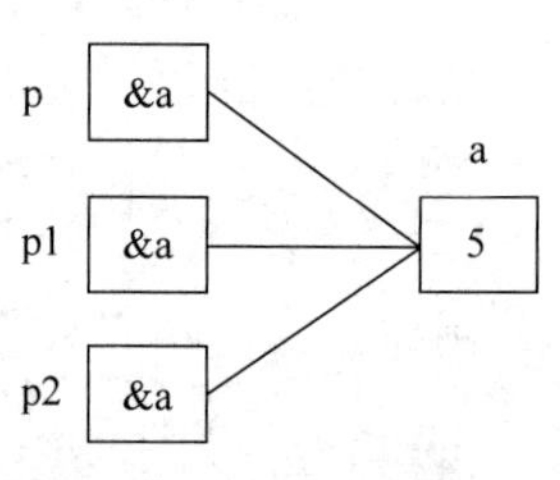

图 8-3 指针变量赋值分析

注意:

(1) 只有相同数据类型的指针变量才能互相赋值。即 p,p1,p2 中都存放了 a 变量的地址。

(2) * p, * p1, * p2 都是指 a 变量的值。请区别定义时的 int * 和程序中使用取值运算符 *,它们在意义上是完全不同的,int * p 表示定义变量 p,后者表示取 p 变量所指地址的值。

(3) 可以给指针变量赋空值,说明该指针不指向任何变量。"空"指针值用 NULL 表示,NULL 是在头文件"stdio. h"中预定义的常量,其值为 0,在使用时应加上预定义行 #include < stdio. h >。

```
int * pa = NULL;或者 int * pa = '\0';
```

这里指针 pa 并非指向 0 地址单元,而是具有一个确定的"空值",表示 pa 不指向任何变量。

(4) 指针虽然可以赋值 0,但却不能把其他的常量地址直接赋给指针。例如“p=4000;”是非法的。

【例 8-1】 输入 a,b 两个整数,用指针变量按从大到小顺序输出。

```
#include <stdio.h>
main( )
{    int a,b, *p1, *p2, *p;
     scanf("%d%d",&a,&b);                /* 思考:换为 scanf("%d%d",p1,p2);可以吗? */
     p1 = &a;p2 = &b;
     if(a < b)                           /* 可以表述为 *p1 < *p2; */
         {p = p1; p1 = p2;p2 = p;}
         printf("a = %d,b = %d\n",a,b);
         printf("max = %d,min = %d\n", *p1, *p2);
}
运行结果:
输入:5 9↙
输出:a = 5,b = 9
    max = 9,min = 5
```

解析:

该程序指针变量的指向变化如图 8-4 所示。

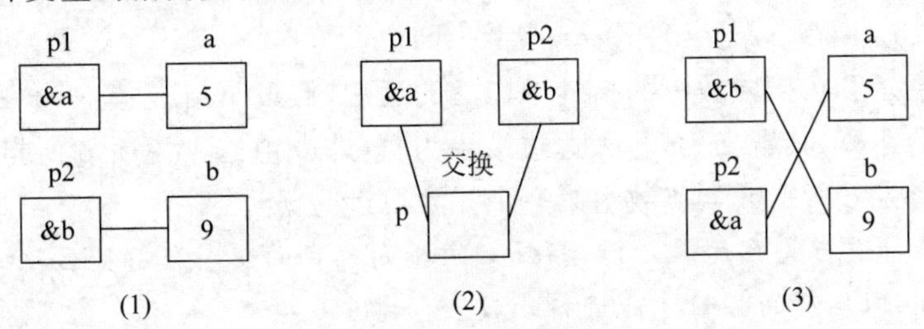

图 8-4 指针变量交换指向

其基本算法是不交换 a,b 变量的值,只交换两个指针变量的值。

2. 指针变量的加减运算

一个指针可以加、减一个整数 n,其结果也是一个指针,指针变量的值应增加或减少“n×sizeof(指针类型)”。两个指针也可以相减,其结果是两个指针间的数据个数。

例如:

```
int a[10], *p = a, *x;
x = p + 3; /*实际上是 p 加上 3*4 字节赋给 x,即 x 存放 a[3]的地址 */
```

对于不同基类型的指针,指针变量“加上”或“减去”一个整数 n 所移动的字节数是不同的。例如:

```
float a[10], *p = a, *x;
x = p + 3; /*实际上是 p 加上 3*4 字节赋给 x, x 依然指向数组的第三个成员 */
```

指针的加减运算通常用于数组的处理,而对于指向一般数据的指针,加减运算无实际意义。

3. 指针变量的自增和自减运算

取地址运算符“&”、间接访问运算符“*”与“++”、“--”运算符的优先级都是第 2

级，当它们混合使用时需要注意其结合性。而且指针变量自增、自减运算有前后之分，使用时必须小心。

例如：

```
int a = 5, * p = &a;
```

分析以下++的情况：

```
* p++;                /* 执行 * p,p++两个操作 */
* ++p;                /* 执行++p, * p两个操作 */
( * p)++;             /* 等价于 a++ */
```

注意：

(1) *p++相当于*(p++)，因为*与++优先级相同，且结合方向从右向左，其作用是先获得p指向变量的值，然后执行p=p+1；表示地址自增。

(2) *(++p)是先p=p+1，再获得p指向的变量值。

(3) (*p)++表示当前所指向的数据自增，即a++。

请思考“&*p”、“*&a”的含义分别是什么？

4. 指针变量的关系运算

与基本类型变量一样，指针可以进行关系运算。

在关系表达式中允许对两个指针进行所有的关系运算。若p,q是两个同类型的指针变量，则p>q,p<q,p==q,p!=q,p>=q都是允许的。

指针的关系运算在指向数组的指针中广泛的运用，假设p、q是指向同一数组的两个指针，执行p>q的运算，其含义为，若表达式结果为真(非0值)，则说明p所指元素在q所指元素之后。或者说q所指元素离数组第一个元素更近些。

注意：在指针进行关系运算之前，指针必须指向确定的变量或存储区域，即指针有初始值；另外，只有相同类型的指针才能进行比较。

8.1.4 多级指针概念和用法

如果一个指针变量，其值是另一个指针变量的地址，即指向指针型数据的指针变量，称为指向指针的指针变量，或称多级指针。

二级指针的定义形式如下：

```
数据类型 ** 指针变量;
```

例如：

```
int a, * p, ** pp;
a = 5;
p = &a;
pp = &p;
```

假设变量a的地址为4000，指针p的地址为4100，二级指针pp的地址为4800。a、p、pp三者的关系如图8-5所示。

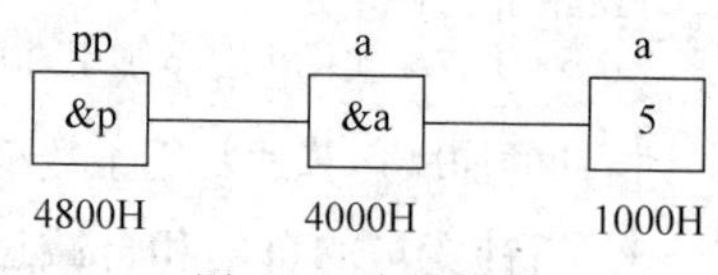

图8-5 多级指针

这时，*p等价于a，*pp等价于p和&a，**pp等价于 a。

【例 8-2】 用二级指针变量处理一般变量。

```
#include <stdio.h>
main()
{
    float f, *p, **n;
    f = 2.5;
    p = &f;
    n = &p;
    printf("%f\n",f);
    printf("%f\n", *p);    /* 变量p的值是f变量的指针, *p即f */
    printf("%f\n", **n);  /* 变量n的值是p的指针, *n是p的值(f的指针), **n即f */
}
输出结果:
2.5000000
2.5000000
2.5000000
```

可以看出,三种方法均可以输出变量 f 的值。

使用指针变量有许多复杂的声明,读的时候一定要从标识符开始读取,然后根据优先级和结合性逐步扩充。称为涡旋读取法。

例如,下列定义的含义解释如下:

```
int *p[3];            /* p首先是一个数组,每个成员是一个指针,即指针数组 */
int (*p)[3];          /* p是一个指针变量,指向一个3个成员的一维数组 */
int *p(int);          /* p是一个函数,其返回值是int *,即一个指向int数据的指针变量 */
int (*p)(int);        /* p是一个指针变量,指向一个函数,函数有一个int返回值 */
int *(*p)(int);       /* p是一个指针变量,指向一个函数,函数返回一个int指针变量 */
int (*p[3])(int);     /* p是一个指针数组,每个成员都指向一个函数,函数有一个int返回值 */
int *(*p[3])(int);  /* p是一个指针数组,函数返回值是一个指针 */
```

8.1.5 指针变量的应用

【例 8-3】 从键盘输入三个整数,要求设三个指针变量 p1,p2,p3,使其分别从小到大指向三个整数,然后输出。

解法一:

```
#include <stdio.h>
main( )
{   int *p1, *p2, *p3, i, j, k, temp;
    p1 = &i;
    p2 = &j;
    p3 = &k;
    scanf("%d%d%d",p1,p2,p3); /* 注意不能写成 scanf("%d%d%d", *p1, *p2, *p3); */
    if(*p1 > *p2 ) {temp = *p1; *p1 = *p2; *p2 = temp;} /* 等价于 if(i > j ){temp = i;i = j;j
= temp;} */
    if(*p1 > *p3) {temp = *p1; *p1 = *p3; *p3 = temp;}
    if(*p2 > *p3) {temp = *p2; *p2 = *p3; *p3 = temp;}
    printf("%d, %d, %d\n", *p1, *p2, *p3);
```

```
    printf("%d,%d,%d\n",i,j,k);
}
运行结果:
输入:100 20 65↙
输出:20,65,100
     20,65,100
```

注意这种解法i,j,k三个变量的值已经改变了,即按照从小到大的次序重新存放。

解法二:

```
#include <stdio.h>
main( )
{   int *p1,*p2,*p3,i,j,k,*temp;
    p1 = &i;
    p2 = &j;
    p3 = &k;
    scanf("%d%d%d",p1,p2,p3);
    if(*p1>*p2){temp=p1; p1=p2; p2=temp;}          /* p1指向i,j中较小的变量 */
    if(*p1>*p3){temp=p1;p1=p3;p3=temp;}            /* p1指向三个变量中最小的 */
    if(*p2>*p3){temp=p2;p2=p3;p3=temp;}            /* p2指向次小的变量 */
    printf("%d,%d,%d\n",*p1,*p2,*p3);
    printf("%d,%d,%d\n",i,j,k);
}
运行结果:
输入:100 20 65↙
输出:20,65,100
     100,20,65
```

这种解法并不改变变量的实际值,而是通过指针变量构建了一个逻辑次序,体现了指针变量的重要作用。

【例8-4】 使用指针变量,找出1000以内的水仙花数。

水仙花数的算法在循环结构的章节中已经介绍,如果用指针变量代替原来的循环变量,解法如下。

```
#include <stdio.h>
main()
{   int i,a,b,c,*p=&i;                         /* 用指针变量p代替变量i */
    for(*p=100;*p<=999;(*p)++)                  /* 注意不能*p++ */
    {
        a=*p/100;
        b=*p/10%10;
        c=*p%10;
        if(*p==a*a*a+b*b*b+c*c*c)
            printf("%d=%d*%d*%d+%d*%d*%d+%d*%d*%d\n",*p,a,a,a,b,b,
b,c,c,c);
        }
    }
输出结果:
153=1*1*1+5*5*5+3*3*3
370=3*3*3+7*7*7+0*0*0
```

```
371 = 3 * 3 * 3 + 7 * 7 * 7 + 1 * 1 * 1
407 = 4 * 4 * 4 + 0 * 0 * 0 + 7 * 7 * 7
```

8.2 指针与数组

数组是一组相同数据类型的变量集合，数组中的每个成员都有地址，而且数组每个成员的地址是连续排列的。数组的数组名是一个常量指针，它的值为该数组的首地址，也称为数组的地址。

数组成员的引用一般使用下标法（如 a[5]），如果有一个指针变量指向数组，也可以使用指针变量来处理数组成员，称为指针法。

8.2.1 指针变量处理一维数组

1. 指向数组的指针变量

如果有一个指针变量指向一个数组成员，即是指向数组元素的指针变量。可以定义为：

```
int a[10];
int * p;
p = &a[5];                    /* 把数组元素 a[5]的地址赋给指针变量 p */
```

在定义指针变量的同时可赋初值：

```
int a[10], * p = &a[5];
```

等价于

```
int * p; p = &a[5];
```

这两句。

注意：

（1）指针变量只能指向相同类型的数组成员。

（2）如果把数组名赋给指针变量，即把数组首个成员的地址赋值给指针变量可以表示为：

```
p = a;            /* 把数组的首地址赋给指针变量 p */
```

（3）C 语言规定，数组名代表数组首地址，是一个地址常量。因此，下面两个语句等价：

```
p = &a[0];
p = a;
```

2. 用指针变量处理数组

若“int a[10]={0,1,2,3,4,5,6,7,8,9}; int * p=a;”则指针变量 p 可以用如图 8-6 所示的几种方式表示数组元素的地址和值。

说明：

（1）可以分别用 a[i]和 p[i]表示数组成员 i，称为下标法。

（2）也可以通过数组成员的地址引用其值，称为指针法。

其中，数组成员 i 的地址可以表示为 &a[i]，a+i，p+i，p++。

与此对应的数组成员的值可以表示为 * &a[i]，* (a+i)，* (p+i)，* (p++)。

（3）请区分 * (p++)与(* p)++，前者的++是加在 p 上，即地址+1，p 将指向下一个数组成员地址；后者是加在(* p)上面，即数组成员的值+1。 * p++相当于 * (p++)。

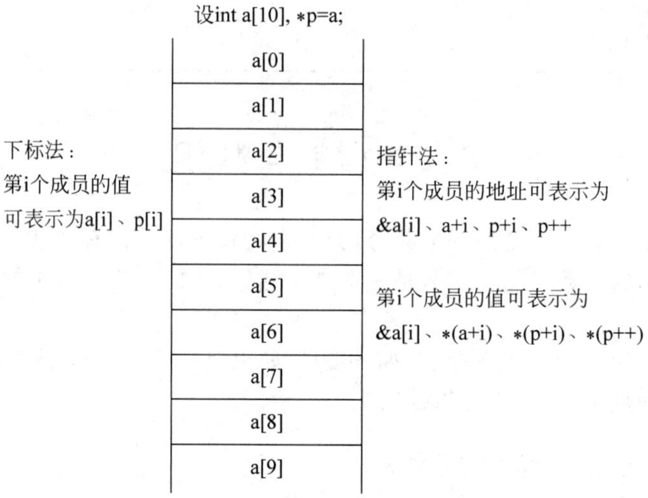

设int a[10], *p=a;

下标法：
第i个成员的值
可表示为a[i]、p[i]

a[0]
a[1]
a[2]
a[3]
a[4]
a[5]
a[6]
a[7]
a[8]
a[9]

指针法：
第i个成员的地址可表示为
&a[i]、a+i、p+i、p++

第i个成员的值可表示为
&a[i]、*(a+i)、*(p+i)、*(p++)

图 8-6　指针变量与一维数组

(4) p++合法；但 a++不合法，因为 a 是数组名，代表数组首地址，在程序运行中是固定不变的。

【例 8-5】

① 写出下列程序的执行结果。

```
#include<stdio.h>
main()
{
    int a[]={1,3,5,7,9}, *p=a;          /* 变量 p 存放 a[0]的地址 */
    printf("%d\n",(*p++));              /* 输出*p,然后 p++ */
    printf("%d\n",(*++p));              /* 先++p,再输出*p */
    printf("%d\n",(*++p)++);            /* 先++p,再输出*p,再(*p)++ */
    printf("%d\n",*p);
}
运行结果：
1
5
7
8
```

分析：

- 要注意指针变量的当前值。
- 若 p=a，则输出 *(p++)是先输出 a[0]，再让 p 指向 a[1]；输出 *(++p)是先使 p 指向 a[1]，再输出 p 所指的 a[1]。
- (*p)++表示的是将 p 指向的变量值+1。

② 写出下列程序的执行结果。

```
#include<stdio.h>
main()
```

```
{
    int a[] = {1,2,3,4,5,6}, * p = a;
    * (p + 3) += 2;      /*  * (p + 3)即 a[3],这时 p 仍然指向 a[0] */
    printf("n1 = %d,n2 = %d\n", * p, * (p + 3));
}
```

运行结果:

n1 = 1,n2 = 6

【例 8-6】 用指针变量处理找出数组中最大最小数。

```
#include < stdio.h >
main()
{   int a[10],i, * max, * min;
    max = min = a;                               /* max,min 都指向 a[0] */
    for(i = 0;i < 10;i++)scanf(" %d",&a[i]);     /* 给数组成员赋值 */
    for(i = 1;i < 10;i++)
    {
        if( * max < a[i])max = &a[i];            /* max 指向最大的成员地址 */
        else if( * min > a[i])min = &a[i];       /* min 指向最小的成员地址 */
    }
    printf("Max = %d,Min = %d\n", * max, * min);
}
```

运行结果:

输入:98 -8 64 111 26 -35 41 -6 0 120↙

输出:Max = 120,Min = -35

8.2.2 指针变量处理二维数组

因为二维数组与多维数组具有相似的特性,因此只需要弄清楚指针变量处理二维数组就可以理解如何处理多维数组了。

1. 二维数组与指针变量

设有一个二维数组 a,它有三行四列,如图 8-7 所示。

```
int a[3][4] = {0,1,2,3,4,5,6,7,8,9,10,11};
```

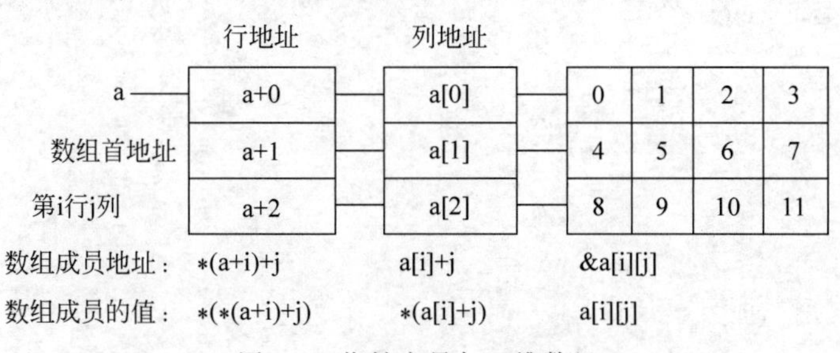

图 8-7 指针变量与二维数组

注意:

(1) 数组名 a:代表整个二维数组的首地址,也就是第 0 行的首地址。

(2) a[i][j]:表示 i 行 j 列的某个元素的值,其地址可以表示为 &a[i][j]。

(3) a+i:代表第 i 行的首地址。数组 a 包含三个行元素:a+0,a+1,a+2;每个元素又是一个一维数组，包含4个成员。a+1中的1实际代表数组中一行元素所占的总字节数；a代表第0行的首地址，a+1代表第1行的首地址，a+2代表第2行的首地址。每行存放4个整型数据(即1个元素占4字节)，因此，这里+1的含义是：+4*4，即+16字节。

(4) a[i]：代表第i列的首地址。数组a包含4个列元素：a[0]，a[1]，a[2]，a[3]，每个元素又是一个一维数组，包含4个成员。a[0]包含a[0][0]，a[0][1]，a[0][2]，a[0][3]。a[i]+1中的1代表数组中一个元素所占的字节数。

(5) *(a+i)则是a[i]。*(a+i)+j和a[i]+j代表第i行中的第j个元素的地址，即为&a[i][j]。

(6) *(*(a+i)+j)和*(a[i]+j)则代表第i行中的第j个元素的值，即为a[i][j]。

【例8-7】 用指针表示法输出二维数组的各元素。

```
#include< stdio.h>
main()
{    static int a[2][3] = {{0,1,2,},{3,4,5}};
     int k,j, * p;
     for(j = 0;j < 2;j++)                         /* 第1种方法 */
          {    for(k = 0;k < 3;k++)
               printf(" %5d", * (a[j] + k));/* a[j]是j行首地址,a[j] + k是j行k列元素的地址 */
               putchar('\n');
          }
putchar('\n');
for(j = 0;j < 2;j++)                              /* 第2种方法 */
     {    for(k = 0;k < 3;k++)
          printf(" %5d", * ( * (a + j) + k));/* j行首地址是 * (a + j), * (a + j) + k是j行k列元
                                                  素的地址 */
          putchar('\n');
     }
putchar('\n');
p = a[0];                                         /* p指向数组的第一个元素 */
     for(j = 0;j < 2;j++)                         /* 第3种方法 */
          {    for(k = 0;k < 3;k++)
               printf(" %5d", * (p++));           /* 输出p所指示的元素 */
               putchar('\n');
          }
}
运行结果:
0 1 2
3 4 5

0 1 2
3 4 5

0 1 2
3 4 5
```

2. 指向一个含有m个元素的一维数组的指针变量

可以定义一个指针变量，指针变量不是指向某个数值成员，而是指向一个一维数组，也

可以用来处理二维数组。

定义形式：

```
数据类型 ( * 指针变量)[元素个数];
```

例如：

```
int ( * p)[4];
```

【例 8-8】 用指向一维数组的指针变量输出二维数组的某个成员。

```
#include < stdio.h >
main( )
{   static int a[3][4] = {1,3,5,7,9,11,13,15,17,19,21,23};   /* 定义二维数组 */
    int ( * p)[4],i,j;   /* 定义一个指向 4 个成员一维数组的指针变量 p */
    p = a;                                              /* p 指向二维数组首地址 */
    scanf("i = %d, j = %d",&i,&j);
    printf("a[%d][%d] = %d\n", i, j, *( * (p + i) + j));/* 注意通过 p 引用成员的方法 */
}
运行结果:
输入:i = 1, j = 1↙
输出:a[1][1] = 11
```

这时的 p 相当于二维数组的行地址。

8.2.3 指针数组

指针数组是指针变量的集合，它的每一个元素都是指针变量，且都具有相同的存储类别和指向相同的数据类型。

指针数组的定义形式为：

```
数据类型 * 数组名[数组长度说明];
```

例如：

```
int * p[10];
```

由于[]比 * 的优先级高，因此 p 先与 [10]结合成 p[10]，表面 p 是一个有 10 个成员的一维数组，共有 10 个元素。最后 p[10]与 * 结合，表示它的每个元素可以指向一个整型变量，即每个成员都是一个指针变量。

指针数组广泛应用于对字符串的处理。

例如，有定义：

```
char * p[3];
```

定义了一个具有三个元素 p[0]，p[1]，p[2]的指针数组，每个元素都可以指向一个字符数组或字符串。

若利用数组初始化，则

```
char * p[3] = {"BASIC", "C++", "Pascal"};
```

P[0]指向字符串"BASIC"，P[1]指向字符串“C++”，P[2]指向字符串“Pascal”。

【例 8-9】 字符指针数组的赋值。

```
#include<stdio.h>
#define NULL 0
main()
{   int i;
    char *p[4]; /* 定义一个包含 4 个成员的指针数组 p;p[0],p[1],p[2],p[3]都是指针变量 */
    static char a[ ] = "Fortran";
    static char b[ ] = "COBOL";
    static char c[ ] = "Pascal";
    p[0] = a;
    p[1] = b;
    p[2] = c;
    p[3] = NULL;
    for (i = 0;p[i]!= NULL;i++)
        printf("Language %d is %s\n",i + 1,p[i]);
}
运行结果:
Language 1 is Fortran
Language 2 is COBOL
Language 3 is Pascal
```

8.3 指针变量处理字符串

C 语言中,字符串是用字符数组表示的。

例如:

```
main( )
    {   char str [ ] = "Hello!";
        printf(" %s\n",string);
    }
```

这时 str 数组宽度是 7B。

如果定义一个 char 型指针变量指向字符串,可以定义为:

```
char *指针变量 ;
```

例如:

```
char *p; p = str; /* 即 p 指向 str 的首地址 */
```

也可以赋初值为:

```
char str [ ] = "Hello!", *p = str;
```

尤其重要的是,如果使用指针变量表示字符串,由于是变量,指针变量还可以被直接赋值。例如:

```
char *p = "Hello!";
```

等价于

```
char *p; p = "Hello!";
```

这时定义 p 为指针变量，它指向字符型数据，且赋值语句把字符串"Hello!"的首地址赋给了指针变量 p。

注意：

(1) 字符数组在定义了以后，不能直接进行整体赋值，只能给各个元素赋值，而字符指针变量可以直接用字符串常量赋值。例如，若有如下定义：

```
char a[10], *p;
```

“a="computer";”是非法的，因为数组名 a 是一个常量指针，不能对其赋值。只能对各个元素分别赋值“a[0]='c'; a[1]='o'; a[2]='m'; a[3]='p'; …; a[7]='r';”但语句：“p="computer";”则是合法的。

(2) 字符数组中每个元素可存放一个字符，而字符指针变量存放字符串首地址，而不是存放每个元素在字符指针变量中。

(3) 对字符串的整体输出，实际上还是从指针所指示的字符开始逐个显示(系统在输出一个字符后自动执行 p++)，直到遇到字符串结束标志符'\0'为止。而在输入时，亦是将字符串的各字符自动顺序存储在 p 指示的存储区中，并在最后自动加上 '\0'。

(4) 字符指针变量接收输入字符串时，必须先开辟存储空间。

例如：

```
char *cp;
scanf("%s", cp);
```

是错误的。

但是如果用字符数组：

```
char str[10];
scanf("%s",str);
```

则是正确的。

如果用字符指针变量从键盘接收字符串，应该

```
char *cp,str[10];
cp=str;
scanf("%s",cp);
```

或者

```
char *cp;
cp=malloc(20);
scanf("%s",cp);
```

【例 8-10】 分别用字符串和指针变量两种方法将字符串 a 复制到字符串 b 中。

解法一，用字符数组：

```
#include<stdio.h>
main()
{char a[]="I am a boy.",b[40];
    int i,j;
      for(i=0;a[i]!='\0';i++)b[i]=a[i];
      printf("string a is:%s\n",a);
      printf("string b is :");
```

```
    for(j = 0;j < i;j++)printf(" % c",b[j]);
}
运行结果:
string a is:I am a boy.
string b is :I am a boy.
```

解法二,用指针变量:

```
# include < stdio.h >
main()
{char a[ ] = "I am a boy.",b[40], * p1, * p2;
    int i;
    p1 = a;
    p2 = b;
    for(; * p1!= '\0';p1++,p2++) * p2 = * p1;
     * p2 = '\0';
    printf("string a is: % s\n",a);
    printf("string b is :");
    for(i = 0;b[i]!= '\0';i++)printf(" % c",b[i]);
}
运行结果同解法一。
```

【例 8-11】 将一已知字符串第 n 个字符开始的剩余字符复制到另一字符串中。

```
# include < stdio.h >
# include < string.h >
main()
{  int i,n;
   char a[ ] = "computer";
   char b[10], * p, * q;
   p = a;
   q = b;
   scanf(" % d",&n);
   if (strlen(a)> = n) p += n - 1;                 /* 指针指到要复制的第一个字符 */
   for (; * p!= '\0';p++,q++)  * q = * p;
    * q = '\0';                                     /*  字符串以'\0'结尾  */
   printf("String a : % s\n",a);
   printf("String b : % s\n",b);
}
运行结果:
输入: 3↙
输出:
String a : computer
String b : mputer
```

思考,若输出语句改为如下语句会如何?

```
printf("string a is : % s\n",p);
printf("string b is % s\n",q);
```

8.4 指针变量与函数

用指针变量处理函数,包括 3 种情形:

(1) 指针变量作为函数参数;

(2) 函数的返回值就是一个指针变量,即指针函数;

(3) 指向函数的指针变量。

1. 指针变量作为函数参数

利用指针作函数参数,可以实现函数之间多个数据的传递。

在使用时应该注意:

(1) 当形参为指针变量时,其对应实参可以是指针变量或存储单元地址;

(2) 当函数形参为指针变量,则需要用指针变量或变量地址作实参。

【例 8-12】 编写一个交换两个变量的函数,在主程序中调用,实现两个变量值的交换。

```
#include<stdio.h>
main()
{    int a,b;
     int *pa, *pb;
     void swap(int *p1,int *p2);                 /* 函数声明 */
     scanf("%d%d",&a,&b);
     pa=&a;                                      /* pa 指向变量 a */
     pb=&b;                                      /* pb 指向变量 b */
     swap(pa,pb);
     printf("a=%d,b=%d\n",a,b);
}
void swap(int *p1,int *p2)
{int temp;
     temp=*p1;                                   /* 交换指针 p1、p2 所指向的变量的值 */
     *p1=*p2;
     *p2=temp;
}
运行结果:
输入:5 6↙
输出:a=6,b=5
```

分析:

(1) 该程序执行时的变量变化如图 8-8 所示。

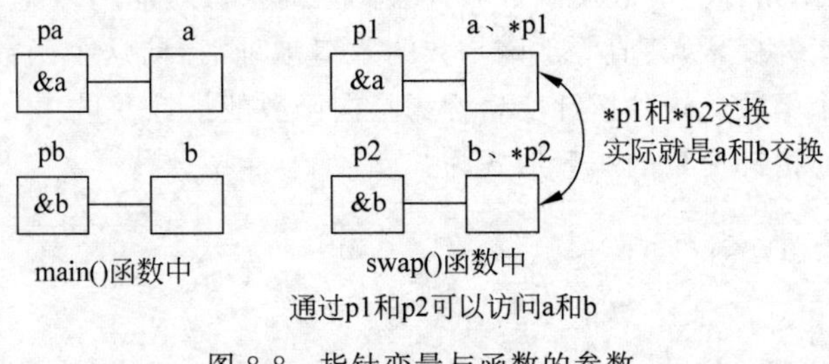

图 8-8 指针变量与函数的参数

(2) 请思考以下 swap 函数能否实现交换：

```
void swap(int *p1,int *p2)
{ int *p;
    p = p1;
    p1 = p2;
    p2 = p;
}
```

解析：若在函数体中交换指针变量的值，实参 a、b 的值并不改变，指针参数亦是传值。

```
void swap(int *p1,int *p2)
{ int *p;
    *p = *p1;
    *p1 = *p2;
    *p2 = *p;
}
```

解析：函数中交换值时不能使用无初值的指针变量作临时变量。p 无确定值，对 p 的使用可能带来不可预期的后果。

2. 指针函数

指针函数是指返回值为指针的函数。

指针函数的定义形式：

```
数据类型 *函数名(参数列表){}
```

例如：

```
int *fun(int a,int b)
    {
        函数体语句
    }
```

在函数体中有返回指针或地址的语句，形如：

```
return (&变量名);
```

或

```
return (指针变量);
```

并且返回值的类型要与函数类型一致。

3. 指向函数的指针变量

一个函数包括一组指令序列，存储在某一段内存中，这段内存空间的起始地址称为函数的入口地址，即函数的指针。一般用函数名代表函数的入口地址。

可以定义一个指针变量，其值等于该函数的入口地址，指向这个函数，这样通过这个指针变量也能调用这个函数。这种指针变量称为指向函数的指针变量。

定义指向函数的指针变量的一般形式为：

```
数据类型 (*指针变量名)(){}
```

例如：

```
int (*p)();                /* 指针变量 p 可以指向一个整型函数 */
```

```
float ( * q)( );             /* 指针变量q可以指向一个浮点型函数 */
```

指向函数的指针变量,与其他指针变量一样要赋予地址值才能引用。当将某个函数的入口地址赋给指向函数的指针变量,即将函数名(函数的入口地址值)赋给指针变量,就可用该指针变量来调用所指向的函数。

例如:

```
int m, ( * p)( );
int max(int a,int b);
```

则可以

```
p = max;             /* p指向函数max() */
```

通过指向函数的指针变量可以实现函数的调用,其调用的一般形式为:

```
( * 指针变量)( 实参表);
```

如上例:`m = ( * p)(12,22);` `/* 比较 m = max(12,22); */`

4. 指针与函数综合举例

在实际使用中,请注意形参和实参的关系:

(1) 当形参为一个指向数组的指针变量时,其对应实参可以是同类型指针变量或数组名。

(2) 当函数形参为数组名,则实参需要用指向数组的指针变量或数组名。

【例 8-13】 使用函数 sort 对主函数中的 10 个整数进行排序。

```
#include<stdio.h>
main()
{int * p,i,a[10];
    void sort(int * x,int n);                /* sort函数声明 */
    p = a;
    for(i = 0;i < 10;i++)scanf("%d",p++);     /* 给成员赋值 */
    p = a;                                   /* p重新指向a[0] */
    sort(p,10);   /* 函数调用,实参为数字首地址和数组宽度 */
    for(p = a,i = 0;i < 10;i++)printf("%5d", * p++);
}
void sort(int * x,int n)                     /* p传给x,10传给n */
{   int i,j,k,t;
    for(i = 0;i < n - 1;i++)
    {k = i;
    for(j = i + 1;j < n;j++)
        if( * (x + j)> * (x + k))k = j;      /*  * (x + j)等价于a[j] */
    if(k!= i)
    {t = * (x + i);
    * (x + i) = * (x + k);
    * (x + k) = t;}
    }
}
运行结果:
输入:65 -9 -89 54 28 39 -5 76 19 66↙
输出:
   76 66 65 54 39 28 19 -5 -9 -89
```

【例 8-14】 使用函数 fun,判断主函数中的数组成员是否是素数,输出所有素数并统计素数个数。

```
#include<stdio.h>
main()
{
    int *p,a[10],t=0;
    int fun(int *n);                        /* sort 函数声明 */
    for(p=a;p<a+10;p++)scanf("%d",p);    /* 给成员赋值 */
    for(p=a;p<a+10;p++)
        if(fun(p))                     /* 函数调用,实参为数组成员地址 */
        {printf("%5d",*p);
          t++;}
    printf("\nt=%d\n",t);
}
int fun(int *n)                        /* 判断*n是否素数,是返回1,否则返回0 */
{
    int k, yes;
    for(k=2; k<= *n/2; k++)
    if( *n%k==0) break;
    if(k>*n/2)yes=1;
    else yes=0;
    return yes;
}
运行结果:
输入:25 87 11 54 61 23 47 9 26 85↙
输出:
 11 61 23 47
t=4
```

8.5 指针综合应用实例

【例 8-15】 有 n 个人围成一圈,顺序排号。从第一个人开始报数(从 1 到 3 报数),凡报到 3 的人退出圈子,问最后留下的是原来第几号的那位。

```
#include<stdio.h>
main()
{   int i,k,m,n,num[50],*p;
    printf("please input the total of numbers:");
    scanf("%d",&n);
    p=num;
    for(i=0;i<n;i++)*(p+i)=i+1;   /* 给数组每个成员顺序编号 */
    i=k=m=0;   /* i是数组计数,k是循环3次计数,m是退出的人计数 */
    while(m<n-1)                  /* n是总人数,比退出的人m多一人循环结束 */
    {
        if(*(p+i)!=0) k++;           /* 成员的值不为0则k+1 */
        if(k==3)   /* 到了第3人,则该成员值变为0,m增1,k重新循环 */
    {
            *(p+i)=0;
            k=0;
            m++;
```

```
    }
        i++;
        if(i == n) i = 0;                   /* 如果 i 到了成员最后,返回最前面 */
    }
        while( * p == 0) p++; /* 找值不为 0 的成员,即最后一个留下的 */
        printf(" %d is left.\n", * p);
}
运行结果:
please input the total of numbers:54↙
1 is left.
```

【例 8-16】 给定程序中函数 fun 的功能是:将在字符串 s 中下标为偶数位置上的字符,紧随其后重复出现一次,放在一个新串 t 中,t 中字符按原字符串中字符出现的逆序排列。(注意 0 为偶数)

例如,当 s 中的字符串为"ABCDEF"时,则 t 中的字符串应为"EECCAA"。

```
#include < stdio.h >
#include < string.h >
void fun(char * s,char * t)                  /* 传 2 个数组首地址 */
{ int i,j,sl;
  sl = strlen(s);                            /* s 数组的长度 */
  printf(" %d",sl);
  if(sl % 2)sl -- ;                          /* 算最后一个成员位置 */
  else sl -= 2;
  for(i = sl, j = 0;i >= 0;i -= 2)
  { t[2 * j] = s[i];                         /* 重复赋值给 t 数组 */
    t[2 * j + 1] = s[i];
    j++;
  }
  t[2 * j] = '\0';                           /* t 数组补空 */
}
main()
{
    char s[100],t[100];
    printf("\nPlease enter string s:");
    scanf(" %s",s);
    fun(s,t);
    printf("The result is: %s\n",t);
    }
```

【例 8-17】 函数 fun 的功能是:将 n 个人员的考试成绩进行分段统计,考试成绩放在 a 数组中,各分数段的人数存到 b 数组中:成绩为 60 到 69 的人数存到 b[0]中,成绩为 70 到 79 的人数存到 b[1],成绩为 80 到 89 的人数存到 b[2],成绩为 90 到 99 的人数存到 b[3],成绩为 100 的人数存到 b[4],成绩为 60 分以下的人数存到 b[5]中。

例如,当 a 数组中的数据是:93、85、77、68、59、43、94、75、98。

调用该函数后,b 数组中存放的数据应是:1、2、1、3、0、2。

```
#include < stdio.h >
void fun(int * x, int * y, int n)
```

```
{ int i,c;
  for(i = 0;i <= 5;i++) *(y + i) = 0;          /* 给 b 数组成员赋值为 0 */
  for(i = 0;i < n;i++)                          /* 循环 a 数组每个成员 */
  { c = *(x + i)/10;                            /* 根据其值存入不同数组成员 */
    switch(c)
      {
        case 10:( *(y + 4))++;break; /* 思考:写成 *(y + 4)++可以吗? */
        case 9: ( *(y + 3))++;break;
        case 8: ( *(y + 2))++;break;
        case 7: ( *(y + 1))++;break;
        case 6: ( *y)++;break;
        default: ( *(y + 5))++;
      }
    }
}
main()
{
  int i,a[] = {93,85,77,68,59,43,94,75,98},b[6];
  fun(a,b,9);
  printf("the result is:");
  for(i = 0;i < 6;i++)printf(" %d",b[i]);
  }
```

习题与思考

一、选择题

1. 变量的指针,其含义是指该变量的________。

   A. 值　　B. 地址　　C. 名　　D. 一个标志

2. 若有语句“int *point,a=4;”和“point=&a;”,下面均代表地址的一组选项是________。

   A. point, *&a　　B. &*a, &a, *point

   C. *&point, *point, &a　　D. &a, &*point , point

3. 若有说明:“int *p,m=5,n;”,以下正确的程序段的是________。

   A. p=&n;
      scanf("%d",&p);

   B. p=&n;
      scanf("%d",*p);

   C. scanf("%d",&n);
      *p=n;

   D. p=&n;
      *p=&m;

4. 以下正确的程序段是________。

   A. char str[20];
      scanf("%s",&str);

   B. char *p;
      scanf("%s",p);

   C. char str[20];
      scanf("%s",&str[2]);

   D. char str[20],*p=str;
      scanf("%s",p[2]);

5. 对于指向同一数组的指针变量,不能进行________运算。

   A. +　　B. -　　C. =　　D. ==

6. 设 p1 和 p2 是指向同一个字符串的指针变量，c 为字符变量，则以下不能正确执行的赋值语句是________。

A. c= * p1+ * p2;　　B. p2=c

C. p1=p2　　D. c= * p1 * (* p2);

7. 若有以下定义，则对 a 数组元素的正确引用是________。

```
int a[5], * p = a;
```

A. * &a[5]　　B. a+2　　C. * (p+5)　　D. * (a+2)

8. 若有以下说明和语句，且 0<=i<10，则下面________是对数组元素的错误引用。

```
int a[] = {1,2,3,4,5,6,7,8,9,0}, * p, i;
p = a;
```

A. * (a+i)　　B. a[p-a]　　C. p+i　　D. * (&a[i])

9. 若有以下说明和语句，且 0<=i<10，则下面________是对数组元素地址的正确表示。

```
int a[] = {1,2,3,4,5,6,7,8,9,0}, * p,i;
p = a;
```

A. &(a+1)　　B. a++　　C. &p　　D. &p[i]

10. 若有以下定义，则 p+5 表示________。

```
int a[10], * p = a;
```

A. 元素 a[5]的地址　　B. 元素 a[5]的值

C. 元素 a[6]的地址　　D. 元素 a[6]的值

11. 下面程序段的运行结果是________。

```
char * s = "abcde";
s += 2;
printf(" % s\n",s);
```

A. cde　　B. 字符'c'

C. 字符'c'的地址　　D. 无确定的输出结果

12. 若有说明语句：

```
char a[] = "It is mine";
char * p = "It is mine";
```

则以下不正确的叙述是________。

A. a+1 表示的是字符 t 的地址

B. p 指向另外的字符串时，字符串的长度不受限制

C. p 变量中存放的地址值可以改变

D. a 中只能存放 10 个字符

13. 若有以下定义和语句：

```
int s[4][5],( * ps)[5];
ps = s;
```

则对 s 数组元素的正确引用形式是________。

A. ＊ps+1　　B. ＊(ps+3)
C. ps[4][2]　　D. ＊(＊(ps+1)+3)

14. 若有以下的定义,int t[3][2];能正确表示t数组元素地址的表达式是________。
A. &t[3][2]　　B. t[3]　　C. t[1]　　D. ＊t[2]

15. 若有定义:int a[2][3],则对a数组的第i行j列元素地址的正确引用为________。
A. ＊(a[i]+j)　　B. (a+i)　　C. ＊(a+j)　　D. a[i]+j

16. 在说明语句"int ＊f();"中,标识符f代表的是________。
A. 一个用于指向整型数据的指针变量
B. 一个用于指向一维数组的行指针
C. 一个用于指向函数的指针变量
D. 一个返回值为指针型的函数名

二、读程序写结果

1.
```
#include <stdio.h>
main()
{
    int a = 10,b = 20,s,t,m, * pa, * pb;
    pa = &a;
    pb = &b;
    s = * pa + * pb;
    t = * pa - * pb;
    m = * pa * * pb;
    printf("s = %d\nt = %d\nm = %d\n",s,t,m);
}
```
运行结果:

2.
```
#include <stdio.h>
main()
{
    int a[ ][3] = {9,7,5,3,1,2,4,6,8};
    int i,j,s1 = 0,s2 = 0;
    for(i = 0;i < 3;i++)
        for(j = 0;j < 3;j++)
        {if(i == j) s1 = s1 + a[i][j];
            if(i + j == 2) s2 = s2 + a[i][j];
        }
    printf("%d\n%d\n",s1,s2);
}
```
运行结果:

3.
```
#include <stdio.h>
main()
{
    int a[5] = {1,3,5,7,9}, * p, ** k;
    p = a;k = &p;
    printf("%d\n", * (p++));
    printf("%d\n", ** k);
```

```
}
```

运行结果：

4.
```
#include <stdio.h>
main( )
{
    int a,b,c;
    void fun(int i,int j,int *k ) ;
    fun(1,2,&a);
    fun(3,a,&b);
    fun(a,b,&c);
    printf("%d,%d,%d\n",a,b,c);
}
void fun(int i,int j,int *k )
{   j*=i;
    *k=i+j;
}
```

运行结果：

5. 说明下列各函数的功能：

```
char *strcat(char *s,char *ct)
{
    char *t;
    for(t=s;*t;t++);
        while(*t++=*ct++);
        return s;
}

int n_upper(char *s)
{
    int n;
    for(n=0;*s;s++)
    if(*s>='A'&&*s<='Z') ++n;
    return n;
}
```

6. 指出下面变量之间的关系，说明输出结果。

```
#include <stdio.h>
int a[]={0,1,2,3,4};
int *p[]={a,a+1,a+2,a+3,a+4};
int **pp=p;
main()
{
    printf("a=%d\n",a);
    printf("*a=%d\n",*a);
    printf("p=%d,*p=%d,**p=%d\n",p,*p,**p);
    pp++;
    printf("%d%d%d\n",pp-p,*pp-a,**pp);
    *pp++;
    printf("%d%d%d\n",pp-p,*pp-a,**pp);
```

```
    * ++pp;
    printf("%d%d%d\n",pp-p,*pp-a,**pp);
    ++*pp;
    printf("%d%d%d\n",pp-p,*pp-a,**pp);
    pp=p;
    printf("%d%d%d\n",pp-p,*pp-a,**pp);
    **pp++;
    printf("%d%d%d\n",pp-p,*pp-a,**pp);
    *++*pp;
    printf("%d%d%d\n",pp-p,*pp-a,**pp);
    ++**pp;
    printf("%d%d%d\n",pp-p,*pp-a,**pp);
}
```

7. 指出下面变量之间的关系，说明输出结果。

```
#include<stdio.h>
char *c[]={"ENTER","NEW","POINT","FIRST"};
char **cp[]={c+3,c+2,c+1,c};
char ***cpp=cp;
main()
{
    printf("%s\n",**++cpp);
    printf("%s\n",*--*++cpp+3);
    printf("%s\n",*cpp[-2]+3);
    printf("%s\n",cpp[-1][-1]+1);
}
```

三、编程题(要求用指针的方法完成)

1. 编写程序，交换数组 a 和数组 b 中的对应元素。
2. 有 10 个数围成一圈，求出相邻三个数之和的最小值。
3. 编写函数，通过指针连接两个字符串。
4. 编写函数，通过指针求字符串的长度。
5. 输入一行文字，找出其中大写字母、小写字母、空格、数字及其他字符各有多少？
6. 定义一个函数，计算两个数的和与乘积。
7. 编写函数，将字符串中连续的相同字符仅保留 1 个(字符串"abbcccddef"处理后为"abcdef")。
8. 编写函数，用指针将 5×5 的矩阵转置。
9. 输入 5 个字符串，输出其中最长的字符串。

第9章　结构体类型与链表

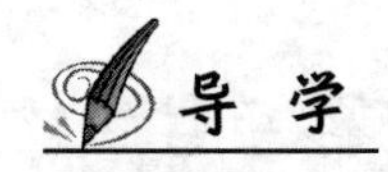

学习时长：3周

学习目标

知识目标：

➢ 理解结构体类型的定义和结构体变量的定义，注意两者区别。

➢ 理解结构体变量成员的引用。

➢ 理解结构体数组的构建。

➢ 理解链表的概念，及单向链表的基本应用。

能力目标：

➢ 掌握结构体变量的定义和变量成员的引用。

➢ 掌握结构体数组的基本应用。

➢ 掌握结构体类型的应用之一——单向链表及其基本操作。

本章内容概要

本章主要介绍结构体类型的概念，以及结构体变量与结构体数组的定义和使用，然后介绍如何使用结构体指针构造一种基本的动态数据结构——链表。

9.1　结构体类型的定义

9.2　结构体变量

- 结构体变量的定义和初始化
- 结构体变量的使用

9.3　结构体数组

- 结构体数组的定义和初始化
- 结构体数组的使用

9.4　结构体类型指针

- 结构体类型指针的概念
- 结构体类型指针作为函数参数

9.5　链表应用

- 链表的概念
- 用指针实现内存动态分配
- 单向链表的常用操作
- 链表综合应用实例

在实际应用中,经常需要把不同类型但又相互联系的数据组合在一起使用。例如,一个学生的数据信息包含学号、姓名、性别、年龄、成绩、家庭住址等数据项,这些数据项的类型不同,如果使用数组来存储显然不行,但若将这些数据项分别定义为相互独立的变量,又难以反映出彼此之间的联系。因此可以用C语言的结构体类型来描述,它是一种允许把一些不同类型的数据组成一个整体的构造数据类型。

9.1 结构体类型的定义

结构体由若干数据成员(即数据项)组成,各成员可有不同的数据类型。在程序中要使用结构体类型,必须先对结构体的组成进行描述。结构体类型的定义形式如下:

```
struct 结构体名
{
    数据类型 成员名1;
    数据类型 成员名2;
    …
    数据类型 成员名n;
};
```

其中,struct是定义结构体类型的关键字,结构体名必须是合法的标识符,花括号内的内容是结构体所包括的数据成员,每一个成员可以用合法的C语言数据类型来定义,成员数目根据用户要求而定。

关键字struct和它后面的结构体名一起组成一个新的数据类型名。

结构体类型的定义要以分号结束,这是因为C语言中把结构体类型的定义看作一条语句。

例如,学生信息可以描述如下:

```
struct student
{
    int num;               /*学号*/
    char name[20];         /*姓名*/
    char sex;              /*性别*/
    int age;               /*年龄*/
    float score;           /*成绩*/
    char addr[50];         /*家庭住址*/
};
```

花括号中以变量定义的形式列出了学生信息的所有数据项,而这些数据项又被组合在一起,构成了一个名为struct student的结构体数据类型。

由于结构体中各成员的类型可以不同,与数组相比,它提供了一种便利的手段,将不同类型的相关信息组织在一起,这种结构描述整体性更强,增加了程序的可读性,使程序更加清晰。

结构体类型还允许嵌套定义,即一个结构体类型中的某些成员又是其他结构体类型。但是这种嵌套不能包含自身,即不能由自己定义自己。

例如,将学生信息的"年龄"用"出生日期"代替,它包括年、月、日,如图9-1所示。

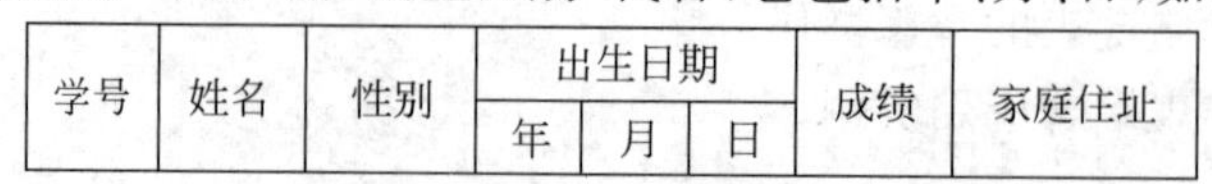

学号	姓名	性别	出生日期			成绩	家庭住址
			年	月	日		

图9-1 学生信息的嵌套结构

以下是重新定义的学生信息结构体类型：

```
struct date
{
    int year;
    int month;
    int day;
};
struct student_new
{
    int num;
    char name[20];
    char sex;
    struct date birthday;
    float score;
    char addr[50];
};
```

结构体类型 struct student_new 的成员变量 birthday 被定义成 struct date 类型，而且必须先定义成员的结构体类型，再定义主结构体类型。这种结构类型的嵌套定义使成员数据被进一步细分，这有利于对数据的深入分析与处理。

9.2 结构体变量

9.1 节中的结构体类型定义只是说明了一个数据结构的组成情况，还不能存放具体的数据。程序中要实际使用结构体，还需要定义结构体类型的变量，然后才能通过结构体变量来操作和访问结构体的数据。因为 C 语言编译器只有在定义变量后才为其分配存储单元。

9.2.1 结构体变量的定义和初始化

1. 结构体变量的定义

定义一个结构体类型的变量有以下 3 种方法。

(1) 先定义结构体类型，再定义结构体变量。

例如，在对学生信息定义了结构体类型 struct student 后，就可以定义结构体变量：

```
struct student stu1, stu2;
```

结构体变量 stu1、stu2 各代表了一个学生的数据项信息。

需要指出的是，关键字 struct 和结构体名 student 必须联合使用，以为它们合起来才表示一个数据类型。

(2) 在定义结构体类型的同时定义结构体变量。

这种定义方法的一般形式如下：

```
struct 结构体名
{
    数据类型 成员名 1;
    数据类型 成员名 2;
    …
    数据类型 成员名 n;
}结构体变量名表;
```

例如：

```
struct student
{
    int num;
    char name[20];
    char sex;
    int age;
    float score;
    char addr[50];
} stu1, stu2;
```

这种方法和第一种方法的实质是一样的，都是既定义了结构体类型 struct student，也定义了结构体变量 stu1、stu2。

(3) 在定义结构体类型的同时定义结构体变量，此时可省略结构体名。

这种方法采用如下形式定义：

```
struct
{
    数据类型 成员名 1;
    数据类型 成员名 2;
    …
    数据类型 成员名 n;
} 结构体变量名表;
```

第三种定义形式省略了结构体名。要注意的是，由于没有给出结构体名，在此定义语句后面无法再定义这个类型的其他结构体变量，除非把该定义过程再写一遍。一般情况下，除非结构体变量不再增加，否则建议还是采用前两种结构体变量的定义形式。

2. 结构体变量的初始化

结构体变量和其他变量一样，可以在定义变量的同时进行初始化。例如：

```
struct student stu1 = {20211001, "杨一心", 'M', 19, 560, "博学路 123 号"};
```

对结构体变量 stu1 进行初始化。采用初始化表的方法，花括号内各数据项间用逗号隔开，依次对应结构体变量的各个成员，数据类型要求一致。

图 9-2 显示了结构体变量 stu1 初始化后在内存中的存储形式。

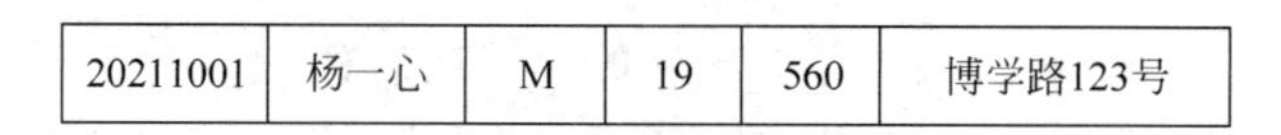

图 9-2　结构体变量的存储形式

从图中可以看出，一个结构体变量所占的内存空间是其各个成员所占内存空间之和。可以利用 sizeof 来计算其所需存储空间，如 sizeof(struct student)或者 sizeof(stu1)，计算结果以字节为单位。

9.2.2　结构体变量的使用

1. 结构体变量成员的引用

在使用结构体变量时，主要就是对其成员进行操作。在 C 语言中，使用结构体成员运算符“.”来引用结构体成员，其形式为：

```
结构体变量名.成员名
```

例如,stu1.num 表示结构体变量 stu1 中的学号信息。

在 C 语言中,对结构体变量的成员的使用方法与同类型的普通变量完全相同。例如:

```
stu1.num = 20211001;
strcpy(stu1.name, "杨一心");
```

对于结构体成员本身又是结构体类型的,则可继续使用成员运算符,逐级向下地引用最低一级的结构体成员。例如:

```
struct student_new stud;
stud.birthday.year = 2001;
stud.birthday.month = 7;
stud.birthday.day = 20;
```

结构体成员运算符的优先级属最高级别,所以一般情况下都是优先执行。

【例 9-1】 结构体变量的使用示例。

```
#include "stdio.h"
main()
{
    struct student
    {
        int num;
        char name[20];
        char sex;
        int age;
        float score;
        char addr[50];
    };
struct student stu1 = {20211001, "杨一心", 'M', 19, 560, "博学路 123 号" },stu2;
stu2 = stu1;                    /*结构体变量的整体赋值*/
printf("学号:%d\n姓名:%s\n", stu2.num, stu2.name);
printf("性别:%c\n成绩:%.1f\n", stu2.sex, stu2.score);
printf("家庭住址:%s\n", stu2.addr);
}
运行结果:
学号:20211001
姓名:杨一心
性别:M
成绩:560.0
家庭住址:博学路 123 号
```

在 C 语言中,如果两个结构体变量具有相同的类型,则允许将一个结构体变量的值直接赋给另一个结构体变量。例如,例 9-1 中的语句

```
stu2 = stu1;
```

赋值时,将结构体变量 stu1 的每一个成员都赋给了 stu2 中相应的成员。这是结构体中唯一的整体操作方式。

2. 结构体变量的输入与输出

C语言不能把一个结构体作为一个整体进行输入或者输出,应该按成员变量输入输出。

【例9-2】 在一个职工工资管理系统中,职工的工资项包括工号、姓名、基本工资、奖金、应扣款、实发工资。输入一个正整数n,再输入n个职工的前5项信息,计算并输出其实发工资。其中实发工资=基本工资+奖金-应扣款。源程序如下:

```
#include <stdio.h>
struct employee                    /* 定义结构体类型 struct employee */
{
    int num;
    char name[20];
    float jbgz, jj, ykk, sfgz;     /* 基本工资 jbgz,奖金 jj,应扣款 ykk,实发工资 sfgz */
};
main()
{   int i, n;
    struct employee e;             /* 定义结构体变量 e */
    printf("请输入职工人数 n:");
scanf("%d", &n);
    for(i = 1; i <= n; i++)
{
        printf("请输入第%d个职工的信息:", i);
        scanf("%d%s", &e.num, e.name);
        scanf("%f%f%f", &e.jbgz, &e.jj, &e.ykk);
        e.sfgz = e.jbgz + e.jj - e.ykk;
        printf("工号:%d 姓名:%s 实发工资:%.2f\n", e.num, e.name, e.sfgz);
    }
}
运行结果:
请输入职工人数 n:1↙
请输入第 1 个职工的信息:1001 杨九天 1800.5 400 100.2↙
工号:1001 姓名:杨九天 实发工资:2100.3
```

3. 结构体变量作为函数参数

在C语言中,结构体类型的数据可以作为函数的参数或函数返回值,以便在函数间进行数据传递。

【例9-3】 在例9-2的基础上,设计一个函数用于实现职工实发工资的计算,使用结构体变量作函数参数。源程序如下:

```
#include <stdio.h>
struct employee
{
    int num;
    char name[20];
    float jbgz, jj, ykk, sfgz;
};
float count(struct employee a)
{
    return(a.jbgz + a.jj - a.ykk);
}
```

```
main()
{   int i, n;
    struct employee e;
    printf("请输入职工人数 n:");
    scanf("%d", &n);
    for(i = 1; i <= n; i++)
{
        printf("请输入第%d个职工的信息:", i);
        scanf("%d%s", &e.num, e.name);
        scanf("%f%f%f", &e.jbgz, &e.jj, &e.ykk);
        e.sfgz = count(e);
        printf("工号:%d 姓名:%s 实发工资:%.2f\n", e.num, e.name, e.sfgz);
    }
}
```

在本例中,main()函数中的结构体变量 e 作为实参传递给函数 count()的形参 a,两个参数的类型一致。这种参数传递方式仍是属于"值传递",即结构体变量 e 将其所有成员的内容赋值给形参 a。

结构体变量不仅可以作为函数参数,也可以作为函数的返回值。此外,结构体成员变量也能作为函数参数,与普通变量作为函数参数一样。

9.3 结构体数组

一个结构体变量只能表示一个实体的信息(如变量 stu1 只能表示一个学生的信息)。如果有多个相同类型的实体需要参加运算和处理,就需要使用结构体数组。

结构体数组的每个数据元素都是一个结构体类型的数据,分别包括各自的成员项。

9.3.1 结构体数组的定义和初始化

结构体数组的定义方法与结构体变量相同,例如:

```
struct student stud[5], class1[30];
```

定义了结构体数组 stud,它包含 5 个数组元素,每个元素都是结构体类型 struct student。结构体数组 class1 可用于表示一个班级的 30 名学生。

在定义结构体数组时,也可以同时对其进行初始化,其格式与前面有关章节介绍的数组初始化类似:

```
struct student stud[5] = {{20211001, "杨一心", 'M', 19, 560, "博学路 123 号"},
                          {20211002, "刘二虎", 'M', 20, 526, "一元路 234 号"},
                          {20211003, "张三思", 'M', 20, 555, "二曜路 20 号"}};
```

每个元素的数据分别用花括号括起来。在上例中,虽然只给 stud[0]、stud[1]和 stud[2]这三个数组元素赋初值,但 C 语言编译器会为其他两个数组元素预分配足够的内存空间。

9.3.2 结构体数组的使用

由于每个结构体数组元素都是结构体类型,其使用方法就和相同类型的结构体变量一样。例如,引用结构体数组的元素 stud[2],如果访问结构体数组元素的成员,其一般形式为：

```
结构体数组名[下标].结构体成员名
```

例如，访问 stud 结构体数组元素的成员：

```
stud[2].age = 20;
scanf("%s", stud[3].name);
```

此外，结构体数组的元素之间可以直接赋值，如 stud[4] = stud[0]。

【例 9-4】 输入并保存 10 个学生的信息，计算并输出最高分、最低分和平均分。

```
#include <stdio.h>
struct student
{
    int num;
    char name[20];
    int score;
} stud[10];                          /* 定义包含 10 个学生信息的结构体数组 */
main()
{
    int i, max, min, sum = 0;
    printf("请输入 10 个学生的学号、姓名和成绩:");
    for(i = 0; i < 10; i++)
    {
        printf("No %d: ", i + 1);         /* 提示输入第 i 个同学的信息 */
        scanf("%d%s%d", &stud[i].num, stud[i].name, &stud[i].score);
        sum = sum + stud[i].score;
    }
    max = min = stud[0].score;
    for( i = 1; i < 9; ++i )              /* 比较成绩大小 */
    {
        if(stud[i].score > max) max = stud[i].score;
        else if(stud[i].score < min) min = stud[i].score;
    }
    printf("最高分: %d\n 最低分: %d\n 平均分: %.2f\n", max, min, (float)sum/10);
}
```

请读者自行运行该程序。

9.4 结构体类型指针

一个结构体变量的指针就是该变量所占的内存空间的起始地址。因此，可以定义一个指针变量来存放结构体变量的起始地址，这就是结构体类型指针。

9.4.1 结构体类型指针的概念

结构体指针就是指向结构体类型变量的指针。其定义的一般形式为：

```
struct 结构体类型名 *指针变量名;
```

例如,结构体类型 struct student 在例 9-4 中已有定义,编写如下语句:

```
struct student stu1, stud[10], *p, *q;
p = &stu1;
q = stud;
```

其中,定义了一个结构体指针变量 p 指向结构体变量 stu1,指针变量 q 指向结构体数组 stud 的第一个元素。

有了结构体指针的定义,既可以通过结构体变量 stu1 直接访问结构体成员,也可以通过结构体指针变量 p 来间接访问它所指向的结构变量中的各个成员,具体有两种形式:

1. 用 *p 访问结构体成员

例如:

```
(*p).score = 85;
```

其中,*p 表示的是 p 指向的结构体变量。(*p)中的括号是不可少的,因为成员运算符"."的优先级高于"*"的优先级,若没有括号,则 *p.score 等价于 *(p.score),含义发生了变化,从而会产生错误。

2. 用指向运算符"->"访问指针指向的结构体成员

例如:

```
p->score = 85;
```

以上两种形式的效果与语句"stu1.score =85;"是一样的。在使用结构体指针访问结构体成员时,通常使用指向运算符"->"。

当利用结构体指针操作结构体数组时,例如,前面定义的结构体指针 q,"q =stud;"等价于"q =&stud[0];"。若执行"q++;"语句,则此时指针 q 指向数组元素 stud[1]。利用指针操作具有灵活性和高效率。

9.4.2 结构体类型指针作为函数参数

如果将结构体指针作为函数的参数,实参向形参传递的就是一个结构体指针的值(指针所指向结构体变量的首地址)。这样的函数在调用过程中,实参指针和形参指针指向的是同一组内存单元,因此,函数通过指针对变量的操作结果可间接"返回"到调用函数中。特别是结构体数组名作为实参时,被调函数对整个结构体数组的操作结果也同时"返回"到调用函数中。

【例 9-5】 输入并保存 10 个学生的信息,按分数高低对结构体数组重新排序并输出。对结构体数组的排序由函数 ssort()完成。

```
#include <stdio.h>
struct student{
    int num;
    char name[20];
    int score;
};
void ssort(struct student *p, int n)                /*排序函数,结构体指针 p 作形参*/
{
    int i,j,k; struct student temp;
```

```
        for( i = 0; i < n; ++i )                        /* 利用选择法,按分数从高到低排序 */
        {
            k = i;
            for (j = i + 1; j < 10; j++)
                if ((p + j) -> score > (p + k) -> score) k = j;
            temp = *(p+k); *(p+k) = *(p+i); *(p+i) = temp;
        }
    }
    main()
    {
        int i; struct student stud[10], *t;
        t = stud;                                       /* 指针 t 指向结构体数组 stud */
        for(i = 0; i < 10; i++, t++)                    /* 利用指针 t,输入 10 个学生的记录 */
        {
            printf("No %d: ", i + 1);
            scanf("%d%s%d", &t -> num, t -> name, &t -> score);
        }
        ssort(t, 10);                                   /* 调用排序函数 */
        printf("排序后:\n");
        for(i = 0, t = stud; i < 10; i++, t++)    /* 利用指针 t,输出排序后的数组 */
        {
            printf("No %d: ", i + 1);
            printf("%d %s %d\n", t -> num, t -> name, t -> score);
        }
    }
```

本例中,定义了结构体数组 stud 和结构体指针 t,并使 t 指向数组 stud。在 main()函数中,利用结构体指针 t 的移动(for 循环中的 t++)和操作,完成了对 10 个学生信息的输入,并调用 ssort()函数对数组进行选择法递减排序,实参是结构体指针 t,实参 t 将值传递给形参 p(此时 t 和 p 指向同一结构体数组),利用结构体指针 p 实现对结构体数组的排序。返回主函数 main()后,结构体数组 stud 已经排好序,在随后的程序段中予以输出。

在本例中,结构体数组名 stud 也可以直接作为函数参数,例如函数调用语句"ssort(t, 10);"可替换为"ssort(stud, 10);"。因为数组名代表数组的首地址,因此,结构体数组名和结构体指针变量都可以作为函数的参数。

9.5 链表应用

程序中的变量在使用前必须先定义,其存储空间(包括内存起始地址和大小)在其生存期内是不能改变的。例如,数组中元素的内存单元个数和它们的顺序关系是在定义数组时就确定了,并且是连续存放的。而对于某些元素个数不确定的数组,在定义时就得确定其长度,因此往往定义得足够大,实际应用时可能会造成很大的空间浪费。本节将介绍一种动态存储管理机制,用于根据程序运行时的实际存储需求来动态申请和释放存储空间,以及一种常用的单向链表动态数据结构。

9.5.1 链表的概念

链表是一种常见且重要的动态存储分布的数据结构。它由若干同一结构体类型的"结点"组成，这些结点通过指针依次串接起来。为适应不同问题的特定要求，链表结构可分为单向链表和双向链表。这里只介绍单向链表。

单向链表的结构如图 9-3 所示。链表中有一个 head 头指针变量，用来存放链表第一结点的地址；链表中每个结点由数据部分和下一个结点的地址部分组成，即每个结点都指向下一个结点；链表中的最后一个结点称为表尾，该结点不再指向其他结点，其地址部分的值为 NULL(表示空地址，以下在图中表示为"∧")，链表到此结束。

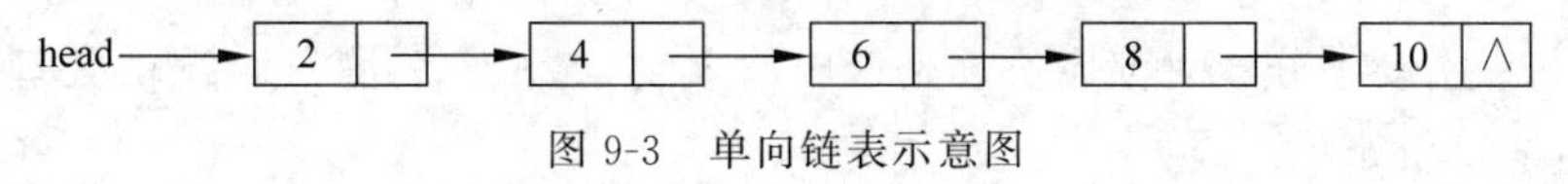

图 9-3　单向链表示意图

与数组相比，由于数组的长度是固定的，系统在数组定义时就为其分配一片地址连续的存储单元，数组元素按其逻辑关系顺序存放，对元素的存取可直接通过数组名加下标的形式来实现(如数组元素 a[3])。而在单向链表中如果要寻找某一个结点，必须从链表头指针所指的第一个结点开始，顺序查找。由于链表的各个结点在内存中可以不连续存放，具体存放位置由系统分配，因此链表的长度可以不加限定，在程序执行过程中根据需要动态地向系统申请分配内存空间，还可以比较自由方便地插入或删除结点。而当向数组中添加新元素时(数组长度要足够大)，可能会涉及大量元素移动，操作起来很不方便，效率较低，所以使用链表可以节省内存，并提高操作效率。

链表的结点是用结构体类型的递归来定义的，例如，一个单向链表结点的类型定义为：

```
struct stu_node
{
    int num;
    char name[20];
    int score;
    struct stu_node * next;
};
```

结构体类型 struct stu_node 中，next 成员又是该结构体类型的指针，指向 struct stu_node 类型的数据。这种递归定义的方法可以构造出一个存放学生信息的单向链表。在此链表中，每一个结点都是 struct stu_node 类型，它的 next 成员存放下一个结点的地址，即指向链表中的下一个具有相同结构的结点。单向链表中只包含一个这样的指针成员。

9.5.2　用指针实现内存动态分配

在 C 语言中主要用两种方法使用内存：一种是由编译系统分配的内存区；另一种是利用内存动态分配方式，留给程序动态分配的存储区。动态分配的存储区是由用户在程序中根据需要向系统申请使用，用完就释放，这样同一段内存可有不同的用途，因此使用动态内存分配能有效地使用内存。

C 语言系统的函数库中提供了用于程序动态申请和释放内存空间的标准函数。使用时，需要用 #include 命令将 stdlib.h 文件包含进来。

1. 动态存储分配函数 malloc()

该函数原型为：

```
void * malloc(unsigned size)
```

功能：在内存的动态存储区分配大小为size的存储空间。若申请成功，则返回一个指向所分配内存空间的起始地址的指针；若申请失败，则返回NULL(值为0)。该函数的返回值为指向void类型的指针，也就是不规定指向任何具体的类型，因此在使用中malloc()函数时，应将函数返回值转换到特定的指针类型，即进行强制类型转换。例如：

```
p = (int *)malloc(20);
```

系统分配的长度为20字节的一段内存空间，将起始地址赋给一个指向int型的指针p。

通常，在每次动态分配时都应检查是否申请成功，并考虑到意外情况的处理，因此申请内存的语句常使用如下方式：

```
if((p = (int *)malloc(n * sizeof(int))) == NULL)
{
    printf("内存不足!\n");
    exit(0);
}
```

在调用malloc()函数时，应该利用sizeof计算内存块的大小，不要直接写整数，因为不同C语言编译系统的数据类型占用空间大小可能不同。

2. 动态存储分配函数calloc()

该函数原型为：

```
void * calloc(unsigned n, unsigned size)
```

功能：在内存的动态存储区分配n个连续存储空间，每个存储空间的大小为size，并将所有字节清零。若申请成功，则返回一个指向所分配内存空间的起始地址的指针；若申请失败，则返回NULL。

该函数的用法与malloc()函数类似。

3. 内存释放函数free()

该函数原型为：

```
void free(void * ptr)
```

功能：释放由指针ptr指向的动态分配的内存空间，即交还给系统，系统再另作他用。如果ptr是空指针，则free函数不做任何处理。该函数无返回值。

为保证动态存储区的有效利用，当某个动态分配的存储空间不再使用时，就应该及时释放它。

4. 分配调整函数realloc()

该函数原型为：

```
void * realloc(void * ptr, unsigned size)
```

功能：将指针ptr所指向的动态存储区的大小改为size字节，可以使原先的分配区扩大或缩小。ptr必须是先用malloc()或calloc()函数进行动态分配得到的指针。如果分配成功，函数返回新存储区的首地址，并保证该存储区的内容与原存储区一致。

下面是一个malloc()和free()函数配合使用的例子。

【例9-6】 输入n个整数，计算并输出其和值。要求由系统动态地为这n个整数分配内存空间，使用完毕再收回这些内存。

```
#include<stdio.h>
#include<stdlib.h>
main()
{
    int i, n, sum, *p;
    printf("请输入整数个数n:");
    scanf("%d", &n);
    if((p = (int *)malloc(n*sizeof(int))) == NULL) /*动态分配n个整数的内存空间*/
    {
        printf("内存不足!\n");
        exit(0);
    }
    printf("请输入%d个整数:", n);
    for(i = 0, sum = 0; i<n; i++)
    {
        scanf("%d", p+i);      /*将输入的整数赋给指针p+i指向的内存*/
        sum += *(p+i);
    }
    printf("整数之和为:%d\n", sum);
    free(p);                   /*释放由指针p指向的内存空间*/
}
```

9.5.3 单向链表的常用操作

链表的常用操作包括建立链表、链表的遍历、插入结点、删除结点和查找等。这些操作都可以设计成函数供用户使用。这里以单向链表为例，介绍相关操作的实现。在设计函数前，首先假定单向链表结点的类型定义为：

```
#define SIZE sizeof(struct stu_node)
struct stu_node                    /*学生信息链表的结点类型定义*/
{
    int num;
    char name[20];
    int score;
    struct stu_node * next;
};
```

此处包含的宏定义是为后面设计的方便，它们放在源程序开头、所有函数之外，是公用的代码行。

1. 链表的建立

建立链表就是一个一个地输入各结点的数据，并建立各结点之间的勾链关系。

建立单向链表的方法有“插表头”和“插表尾”方法两种。“插表头”是将新结点作为新的表头插入到链表中。“插表尾”是将新结点链接到链表的表尾。当然无论使用哪种方法，首先都要建立一个空表(head=NULL)，然后在此空表的表头或表尾插入新结点。

如图9-4所示，用“插表头”的方法建立单向链表时，指针p指向新结点，将头指针head指示的链表链在新结点之后(p->next=head;)，再令头指针指向新结点(head=p;)。

“插表头”算法的描述如下：

① head=NULL;　　　　/*头指针指向空，表示空链表*/

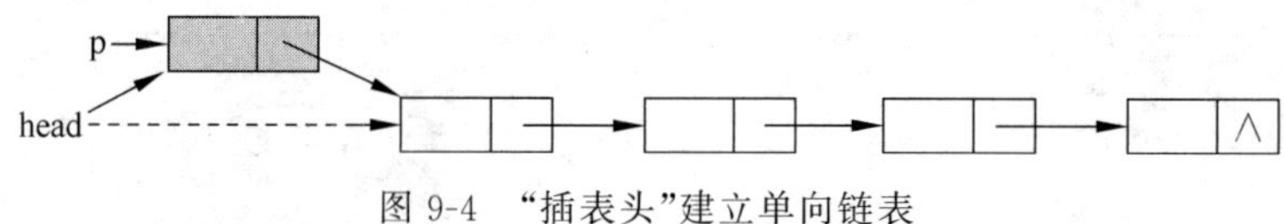

图 9-4 “插表头”建立单向链表

② 指针 p 指向一个产生的新结点；

③ p—>next=head；head=p；　　　　　　　/＊插表头操作＊/

④ 循环执行②③，可继续建立新结点。

如图 9-5 所示，用“插表尾”的方法建立单向链表时，需要定义一个指针 last 一直指向表尾，指针 p 指向新结点，将新结点直接链在表尾(last—>next =p;)。

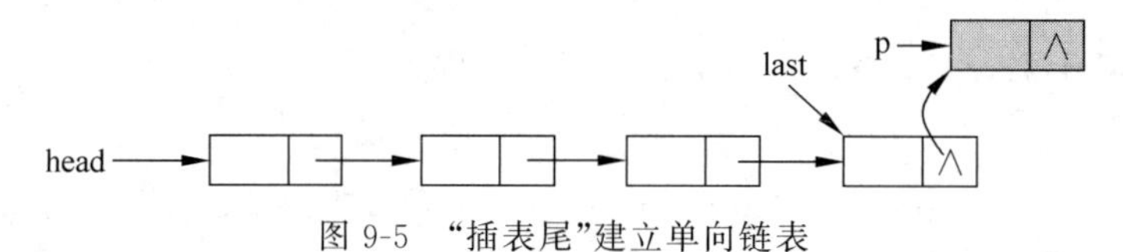

图 9-5 “插表尾”建立单向链表

“插表尾”算法的描述如下：

① head=last=NULL；　　　　　　　　　/＊建立空表，last 是表尾指针＊/

② 指针 p 指向一个产生的新结点；p—>next=NULL；　/＊新结点作表尾＊/

③ 如果 head 为 NULL 则

　head =p；　　　　　　　　　　　　　/＊在空表中插入第一个新结点＊/

　否则 last—>next =p；　　　　　　　/＊插表尾操作＊/

④ last =p；　　　　　　　　　　　　　/＊表尾指针 last 指向新的表尾结点＊/

⑤ 循环执行②③④，可继续建立新结点。

下面通过一个例子来说明如何用“插表尾”方法建立一个单向链表。

【例 9-7】 编写一个函数用于建立一个学生成绩信息(包括学号、姓名、成绩)的单向链表，链表按数据的输入顺序排序(即用“插表尾”方法)。

函数如下：

```
#define SIZE sizeof(struct stu_node)
struct stu_node
{
  int num;
  char name[20];
  int score;
  struct stu_node * next;
};
int n;                                          /*n表示链表结点个数*/
struct stu_node * create_stu()                  /*按输入顺序建立单向链表*/
{
  struct stu_node *head, *last, *p;
  head = last = NULL;                           /*建立空表,last是表尾指针*/
  n = 0;
printf("请输入学号、姓名、成绩(学号为0时停止输入):\n");
    do
    {
        p = (struct stu_node *)malloc(SIZE);
```

```
        scanf("%d%s%d", &p->num, p->name, &p->score);    /*建立新结点,并初始化*/
        p->next = NULL;                                  /*新结点作表尾*/
        if(p->num == 0) break;                           /*学号为0时,终止循环*/
        else if(head == NULL) head = p;                  /*若是空表,直接加入新结点*/
            else last->next = p;                         /*新结点插入表尾*/
        last = p;                                        /*表尾指针 last 指向新的表尾结点*/
        n++;                                             /*表长加1*/
    }while(1);
    free(p);
    return head;                                         /*返回链表头指针*/
}
```

create_stu()函数返回的是 head 值,即链表的首地址,实现了按数据输入的顺序建立单向链表的功能。n 表示链表中结点的数目。

2. 链表的遍历

所谓链表的遍历就是逐个扫描链表中的结点,并显示结点信息。

如图 9-6 所示。在单向链表中,遍历就是从头指针开始,即先访问首结点(图中①),然后通过结点的 next 成员访问其后继结点(p =p－> next; 图中②),以此类推,直到表尾。

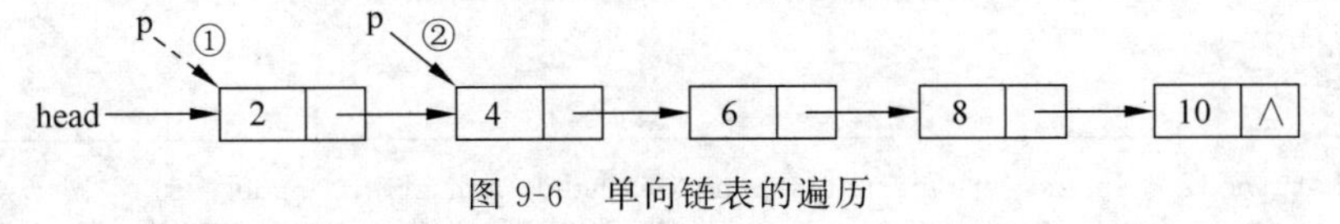

图 9-6　单向链表的遍历

下面用一个例子来说明单向链表的遍历过程。

【例 9-8】　编写一个函数用于遍历一个学生成绩信息的单向链表。

函数如下:

```
void print_stu(struct stu_node *head)        /*单向链表的遍历*/
{
    struct stu_node *p;
    p = head;                                /*指针 p 指向表头*/
    if(head == NULL)
    {
        printf("空表,无记录!\n");
        return;
    }
    printf("\n 学号 姓名 成绩\n");
    do
    {
        printf("%4d %s %d\n", p->num, p->name, p->score);/*输出指针 p 所指结点信息*/
        p = p->next;                         /*指针 p 指向下一个结点*/
    }while(p != NULL);
}
```

print_stu()函数的形参 head 接收由实参传过来的链表首地址,在函数中利用指针 p 从 head 所指的第一个结点出发,不断移动 p 指针,从而顺序输出各个结点。该函数无返回值。

3. 插入结点

该操作是将一个结点插入一个已有链表中某一个位置。

如图 9-7 所示。指针 s 指向待插入结点，利用指针 p 和 q 的移动找到插入点，然后插入新结点。在寻找插入点的过程中，指针 q 总是指向 p 所指结点的前驱。

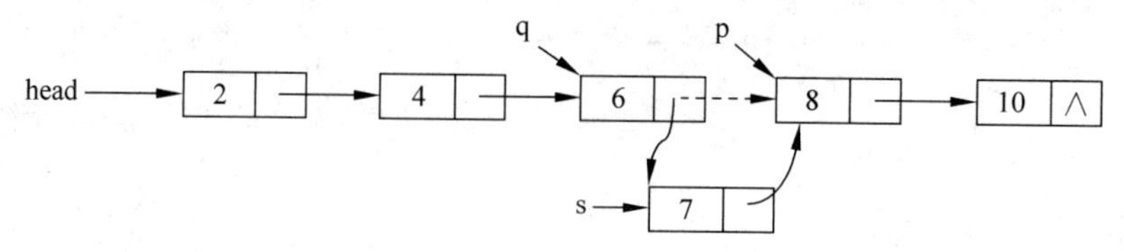

图 9-7 单向链表的插入操作

插入算法的描述如下：

① 指针 p 指向表头 p =head;

② 移动指针 q =p; p =p-> next; 直到找到插入点;

③ 如果 p =head 则

s-> next = p; head = s; /* 待插入结点成为表头结点 */

否则 q-> next = s; s-> next = p; /* 在 q 与 p 之间插入结点 */

【例 9-9】 假设已有一个学生成绩信息的单向链表，该链表结点是按学号由小到大顺序存放的。编写一个函数实现结点插入操作，要求插入结点后链表仍然有序。

函数如下：

```
struct stu_node * insert_stu(struct stu_node * head, struct stu_node * s)
{                                        /* 形参指针 s 指向待插入的新结点 */
    struct stu_node *p, *q;
    p = head;                            /* 指针 p 指向第一个结点 */
    if(head == NULL)
    {
        head = s; s->next = NULL;        /* 链表为空时，新结点作为头结点插入 */
    }
    else
    {
        while((s->num > p->num) && (p->next != NULL))
        {
            q = p; p = p->next;          /* 移动 p、q 指针，寻找插入点 */
        }
        if(s->num <= p->num)             /* 在指针 p 与 q 之间插入新结点 */
        {
            if(p == head) head = s;      /* 新结点作为头结点插入 */
            else q->next = s;            /* 新结点插入 q 指向的结点之后 */
            s->next = p;
        }
        else
        {                                /* 新结点作为尾结点插入 */
            p->next = s;
            s->next = NULL;
        }
    }
    n++;
    return head;
}
```

寻找插入点是一个循环的过程，当确定插入位置后，插入新结点时还要注意结点之间连接或断开的关系。insert_stu()函数的形参指针 s 接收从实参传来的待插入结点的地址值，对新结点作为头结点、中间结点或尾结点插入时，分别做了处理。函数返回值是链表的首地址 head。

4. 删除结点

该操作是将链表中符合条件的结点删除。

如图 9-8 所示。利用指针 p 从第一个结点开始，寻找符合条件的结点，在此过程中，指针 q 总是指向 p 所指结点的前驱。当指针 p 指向的结点就是待删除的结点时，修改其前驱结点的 next 成员值（q－> next ＝p－> next;），改变其连接关系，即可实现结点删除。

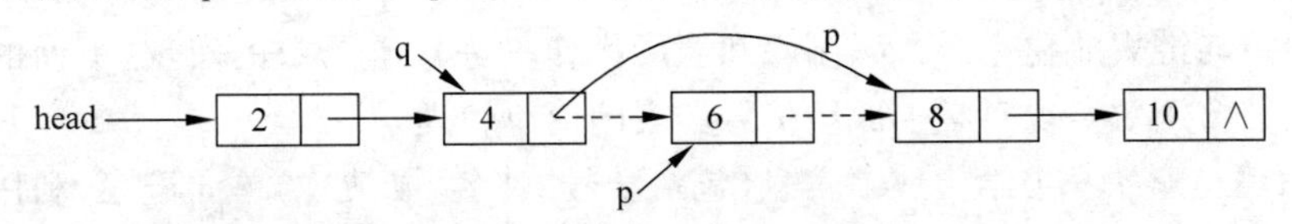

图 9-8　单向链表的删除操作

删除算法的描述如下：

① 指针 p 指向表头 p ＝head；

② 当 p 指向的不是待删除结点且没有到达表尾时，移动指针 q ＝p；p ＝p－> next；

③ 如果找到待删除结点

若 p ＝＝ head，则

```
q = head; head = head->next;                    /*要删除的结点是表头结点*/
```

否则

```
q->next = p->next;                              /*删除 p 指向的结点*/
```

```
④ free(p);                                      /*释放删除结点的内存*/
```

【**例 9-10**】 假设已有一个学生成绩信息的单向链表，编写一个函数实现功能：删除学号为 num 的结点。

函数如下：

```
struct stu_node *delete_stu(struct stu_node *head, int num)
{
    struct stu_node *p, *q;
    if(head == NULL)                        /*链表为空时*/
    {
        printf("链表为空!\n"); return NULL;
    }
    p = head;                               /*从表头开始查找*/
    while(num != p->num && p->next != NULL) /*当 p 指向的结点不是要找的结点,且没到表尾*/
    {
        q = p; p = p->next;                 /*指针 p 和 q 分别后移*/
    }
    if(num == p->num)                       /*找到待删除结点*/
    {
        if(p == head) head = p->next;       /*待删除结点是表头结点的处理*/
        else q->next = p->next;             /*待删除结点不是表头结点的处理*/
```

```
        printf("已删除:%d\n", num);
        free(p);                                /*释放删除结点的内存*/
        n--;                                    /*表长减1*/
    }
    else printf("%d表中无此结点!\n", num);    /*找不到符合删除条件的结点*/
    return head;
}
```

delete_stu()函数的形参num接收的是要删除的学号,函数返回值是链表头指针head。

9.5.4 链表综合应用实例

以上对单向链表的建立、插入、删除和遍历操作一一作了函数的实现,下面的一个例子就是综合这几个函数实现对学生成绩信息链表的简单管理。

【例9-11】 建立一个学生成绩信息(包括学号、姓名、成绩)的单向链表,利用文本菜单实现对学生信息的插入、修改和遍历操作。

源程序如下:

```
#include<stdio.h>
#include<stdlib.h>
#define SIZE sizeof(struct stu_node)
struct stu_node
{
    int num;
    char name[20];
    int score;
    struct stu_node * next;
};
int n;                                          /*n表示表中结点的个数*/
struct stu_node * create_stu();                 /*按输入顺序建立单向链表*/
void print_stu(struct stu_node * head);         /*遍历*/
struct stu_node * insert_stu(struct stu_node * head, struct stu_node * s);   /*插入*/
struct stu_node * delete_stu(struct stu_node * head, int num);               /*删除*/
main()
{
    struct stu_node * head = NULL, * p;
    int choice, num;

    do
    {
        printf("请选择菜单(0-4):\n");
        printf("1.建立链表\t2.插入\t3.删除\t4.遍历\t0.退出\n");
        scanf("%d", &choice);
        switch(choice)
        {
        case 1: head = create_stu(); break;
        case 2: printf("请输入待插入的学生信息:\n");
            p = (struct stu_node *)malloc(SIZE);
            scanf("%d%s%d", &p->num, p->name, &p->score);
            head = insert_stu(head, p);
            break;
```

```
        case 3: printf("请输入待删除的学生学号:");
              scanf("%d",&num);
              head = delete_stu(head, num);
              break;
        case 4: print_stu(head);
        case 0: break;
        }
    }while(choice != 0);
}
```

然后将例 9-7～例 9-10 中编写的所有函数代码添加在例 9-11 源程序之后,就是一个有关单向链表的完整的综合操作程序。

习题与思考

一、选择题

1. 有如下说明语句,则以下叙述错误的是________。

```
struct stu { int a ; float b ; } stutype;
```

A. struct 是结构体类型的关键字
B. struct stu 是用户定义结构体类型
C. stutype 是用户定义的结构体类型名
D. a 和 b 都是结构体成员名

2. 当定义一个结构体变量时,系统分配给它的内存大小是________。
A. 各个成员所需内存量的总和
B. 第一个成员所需内存量
C. 成员中占内存量最大者所需的内存量
D. 最后一个成员所需内存量

3. 以下对结构体类型变量的定义中,错误的是________。

A.
```
struct aa
{   int n;
    float m;
};
struct aa tt;
```

B.
```
#define AA struct aa
AA{ int n;
    float m;
} tt;
```

C.
```
struct
{   int n;
    float m;
} aa;
struct aa tt;
```

D.
```
struct
{   int n;
```

```
        float m;
    } tt;
```

4. 设 struct {int a; char b; } Q, *p=&Q; 错误的表达式是________。

   A. Q.a　　B. (*p).b　　C. p->a　　D. *p.b

5. 设有定义:

```
struct sk { int a; float b; } data;
int *p;
```

要使 p 指向结构体变量 data 中的 a 域,正确的赋值语句是________。

   A. p=&a　　B. p=data.a　　C. p=&data.a　　D. *p=data.a

6. 若有以下结构体,则正确的定义或引用是________。

```
struct test
{ int x; int y;
}v1;
```

   A. test.x=10;　　B. test v2; v2.x=10;

   C. struct v2; v2.x=10;　　D. struct test v2={10};

7. 已知学生记录描述为:

```
struct student
{   int no;
    char name[20], sex;
    struct
    {   int year; month; day; } birth;
} s;
```

设变量 s 中的"生日"是 1995 年 11 月 14 日,对 birth 正确的赋值语句是________。

   A. year=1995; month=11; day=14;

   B. s.year=1995; s.month=11; s.day=14;

   C. birth.year=1995; birth.month=11; birth.day=14;

   D. s.birth.year=1995; s.birth.month=11; s.birth.day=14;

二、读程序写结果

1.

```
#include <stdio.h>
struct abc
{ int a, b, c; };
main()
{
    struct abc s[2] = {{1,2,3},{4,5,6}};
    int t;
    t = s[0].a + s[1].b;
    printf("%d\n", t);
}
```

运行结果:

2.

```
#include <stdio.h>
struct st
{ int x; int *y; } *p;
int dt[4] = {10,20,30,40};
```

```
struct st aa[4] = {50,&dt[0],60,&dt[1],70,&dt[2],80,&dt[3]};
main()
{
    p = aa;
    printf(" % d\n", ++p -> x);
    printf(" % d\n", (++p) -> x);
    printf(" % d\n", ++( * p -> y));
}
```

运行结果：

三、程序填空

1. 以下程序中函数 fun 的功能是：统计 person 所指结构体数组中所有性别(sex)为 M 的记录的个数，存入变量 n 中，并作为函数值返回。请填空。

```
#include < stdio.h >
#define N 3
struct ss
{ int num; char nam[10]; char sex; };
int fun(struct ss person[ ] )
{
    int i, n = 0;
    for(i = 0; i < N; i++)
        if( ________ == 'M' ) n++;
    return n;
}
main()
{
    struct ss W[N] = {{1,"AA",'F'},{2,"BB",'M'},{3,"CC",'M'}}; int n;
    n = fun(W);
    printf("n = % d\n", n);
}
```

2. 以下程序的功能是建立一个带有头结点的单向链表，链表结点中的数据通过键盘输入，当输入数据为－1 时，表示输入结束(链表头结点的 data 域不放数据，表空的条件是 ph－> next＝＝NULL)，请填空。

```
#include < stdio.h >
#include < stdlib.h >
struct list { int data; struct list * next; };
struct list * creatlist()
{
    struct list * p, * q, * ph; int a;
    ph = (struct list * )malloc (sizeof(struct list));
    p = q = ph;
    printf("Input an integer number, entre - 1 to end:\n");
    scanf(" % d", &a);
    while(a!= - 1)
    {
        p = (struct list * )malloc(sizeof(struct list));
        ________ = a;
        q -> next = p;
        ________ = p;
```

```
        scanf(" % d", &a);
    }
    p->next = '\0';
    return(ph);
}
main()
{
    struct list * head;
    head = creatlist();
}
```

四、编程题

1. 用结构体数组建立包含5个人的通讯录(包括姓名、地址和电话号码)。能根据键盘输入的姓名来显示该姓名及对应的电话号码。

2. 用结构体数组实现：输入10个学生的考试成绩(包括姓名、数学成绩、计算机成绩、英语成绩和总分),总分由程序自动计算。编写fsort()函数实现按总分从高到低的排序,并输出排序后的学生成绩信息。

3. 编写一个函数建立学生成绩信息的单向链表(包含学号、姓名和成绩),要求在建立链表的过程中结点按学生学号排好序。

4. 在第3题的基础上,编写一个函数,查找特定学生的信息,并输出查找结果。

5. 有一个单向链表old(结点信息为姓名、基本工资),编写一个函数将old复制到一个新链表new上。

6. 有两个单向链表list1和list2(结点信息均为姓名、基本工资),编写一个函数将链表list2拼接到链表list1的后面,函数返回拼接后的新链表。

第 10 章　共用体与枚举类型

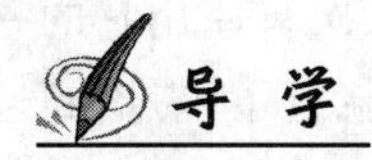

导　学

学习时长：1 周

学习目标

知识目标：

- 理解共用体类型的定义和共用体变量的定义，注意两者区别。
- 理解共用体变量成员的引用。
- 理解枚举类型的定义和枚举变量的定义。
- 理解位运算符和位段结构。

能力目标：

- 掌握共用体变量的应用。
- 掌握枚举类型变量的应用。
- 掌握如何重新定义类型标识符。
- 掌握基本位运算。

本章内容概要

本章主要介绍共用体类型和枚举类型的概念定义和基本应用，然后介绍类型标识符的重定义和位运算。

10.1　共用体
- 共用体类型和共用体变量
- 共用体变量成员的引用
- 共用体变量的应用

10.2　枚举类型
- 枚举类型和枚举变量
- 枚举类型变量的应用

10.3　类型标识符的重新定义

10.4　位运算
- 位运算符和位运算应用
- 位段结构

共用体与枚举类型也是 C 语言的两种由用户自定义的数据类型。共用体类型可使不同类型的数据共用一段内存空间。枚举类型可用来标识一些整数常量。

10.1 共 用 体

10.1.1 共用体类型和共用体变量

到目前为止所介绍的各种数据类型的变量,它的值虽能改变,但其类型是不能改变的。而在一些特殊应用中,要求某存储区域中的数据对象在程序执行的不同时间能存储不同类型的值,共用体能满足这种需要。

共用体类型和结构体相似,也可以有多个不同数据类型的成员,但每次只使用它的一个成员,因此这种类型定义的变量占用的空间就只要一个成员的内存空间就行了,考虑到这个内存空间能存放每个成员,所以内存空间取其成员中最长的一个,这样的数据结构称为共用体类型,意思就是几种不同类型的数据成员共用一组内存空间。

共用体类型定义的形式跟结构体类型的定义形式相同,只是其类型关键字不同,共用体的关键字为"union",其定义形式为:

```
union 共用体名
{
    数据类型 成员名 1;
    数据类型 成员名 2;
    …
    数据类型 成员名 n;
};
```

例如:

```
union data
{
    int i;
    char ch;
    double f;
};
```

和定义结构体变量一样,定义共用体类型变量也有三种方式。

(1) 先定义共用体类型,再定义共用体变量。

例如:

```
union data
{
    int i;
    char ch;
    double f;
};
union data x, y, z;
```

(2) 在定义共用体类型的同时定义共用体变量。

例如:

```
union data
{
    int i;
```

```c
    char ch;
    double f;
} x, y, z;
```

(3) 在定义共用体类型的同时定义共用体变量,此时可省略共用体名。

例如:

```c
union
{
    int i;
    char ch;
    double f;
} x, y, z;
```

以上定义了三个共用体变量 x、y、z,系统分别给这三个变量分配 8 字节的内存空间,因为共用体成员中最长的字节数是 double 型成员 f,它在内存中占 8 字节。假如变量 x 存放的是整型成员 i,则占只用其中 4 字节,其余字节不用;若存放的是字符型成员 ch,则只占用 1 字节;若存放的是实型成员 f,将占用全部 8 字节。

10.1.2 共用体变量成员的引用

在定义了共用体变量之后,就可以引用该共用体变量的某个成员,引用方式与引用结构体变量中的成员相同。例如,引用 10.1.1 节所定义的共用体变量 y 的成员:

```c
y.i = 9;
y.ch = 'P';
y.f = 1.19;
```

在使用共用体变量时要注意以下几点。

(1) 共用体的成员不能同时存放,即每一时刻只能存放一个成员,并以最后一次存放的成员为有效成员。

例如,上面的三条赋值语句顺序执行之后,只有 y.f 是有效的,y.i 和 y.ch 已经无意义了。因此在引用共用体变量时,一定要弄清当前存放在共用体变量中的究竟是哪一个成员。

(2) 共用体变量的地址和它的各成员的地址相同。如 &y、&y.f、&y.i 和 &y.ch 都是同一地址值,其原因是显然的。

(3) 可以对共用体变量进行初始化,但在花括号中只能给出第一个成员的初值。例如,以下的初始化是正确的:

```c
union data
{
    int i;
    char ch;
    double f;
} x = {9};
```

(4) 不能直接对共用体变量名进行输入输出,但允许两个同类型的共用体变量之间相互赋值。例如:

```c
union data x, y;
y.i = 9;
y.ch = 'P';
```

```
y.f = 1.19;
x = y;
```

则执行“x=y;”后，x的内容与y完全相同。

(5) 共用体变量不能作为函数参数，函数也不能返回共用体类型值。但可以使用指向共用体变量的指针，使用方法与结构体指针类似。例如：

```
union data *p, x;
p = &x;
p->i = 9;
p->ch = 'P';
p->f = 1.19;
```

(6) 共用体类型可以出现在结构体类型定义中。反之，结构体类型也可以出现在共用体类型定义中。

10.1.3 共用体变量的应用

共用体虽然可以有多个成员，但某一时刻只能使用其中一个成员。一般不单独使用共用体，而通常将它作为结构体的成员，这样结构体可根据不同情况放不同类型的数据。

【例10-1】 设有一组数据，包含学生和老师的信息。学生信息包括姓名、编号、性别、职业和班级。教师信息包括姓名、编号、性别、职业和职称。可以看出，这组数据可以用结构体来定义，其中教师和学生的不同部分可以用共用体来描述。要求输入人员数据，然后输出。源程序如下：

```
#include<stdio.h>
struct person
{
    char name[10];
    int num;
    char job;
    union
    {
        int classno;
        char position[10];
    }cat;
};
main()
{
    struct person per[2];
    int i;
    for(i=0; i<2; i++)
    {
        printf("请输入姓名、编号、职业、班号/职称:\n");
        scanf("%s %d %c", per[i].name, &per[i].num, &per[i].job);
        if(per[i].job == 's')
          scanf("%d", &per[i].cat.classno);
        else
          scanf("%s", per[i].cat.position);
    }
    printf("姓名\t编号 职业 班号/职称\n");
```

```
    for(i = 0; i < 2; i++)
    {
        if(per[i].job == 's')
          printf(" % s\t % 3d  % 3c  % d\n",
            per[i].name, per[i].num, per[i].job, per[i].cat.classno);
        else
          printf(" % s\t % 3d  % 3c  % s\n",
            per[i].name, per[i].num, per[i].job, per[i].cat.position);
    }
}
```

其中,学生的 job(职业)用's'表示,教师的 job 用't'表示。结构体成员中包括共用体成员 cat,对学生是共用体成员 classno(班号),对教师则是共用体成员 position(职称)。

运行结果:(为简化起见,只输入两组数据)

```
请输入姓名、编号、职业、班号/职称:
刘一 1001 s 201↙
请输入姓名、编号、职业、班号/职称:
杨九天 2001 t professor↙
姓名    编号   职业   班号/职称
刘一    1001   s      201
杨九天  2001   t      professor
```

10.2 枚举类型

10.2.1 枚举类型和枚举变量

在实际应用中,有些变量的取值被限定在一个有限的范围内。例如,一个星期内只有 7 天,一年只有 12 个月,性别只能是男性或女性,有些地方还限定几种颜色等。如果把这些量说明为整型、字符型或其他类型显然是不妥当的。为了提高程序描述问题的直观性,C 语言提供了一种称为"枚举"的类型。在枚举类型的定义中列举出所有可能的取值,被说明为该枚举类型的变量取值不能超过定义的范围。应该说明的是,枚举类型是一种基本数据类型,而不是一种构造类型,因为它不能再分解为任何基本类型。

枚举类型是一组标识符的集合,这些标识符是被列举出来的符号常量。枚举类型定义的一般形式为:

```
enum 枚举类型名{标识符 1, 标识符 2, …, 标识符 n};
```

例如,有如下枚举类型定义:

```
enum day{sun, mon, tue, wed, thu, fri, sat};
enum month{Jan, Feb, Mar, Apr, May, Jun, Jul, Aug, Sep, Oct, Nov, Dec};
enum Sex{male, female};
enum color{red, yellow, green, blue, white, black};
```

那么枚举变量的定义可以是:

```
enum day workday, weekend;
enum color c1, c2, c3;
```

这些定义好的枚举变量可以用对应枚举类型中列举的枚举标识符赋值。例如：

```
weekend = sun;
c1 = green;
```

对枚举类型作如下几点说明。

(1) enum是关键字，定义枚举类型必须以enum开头。在定义枚举变量时，枚举类型名前面也必须有enum关键字。以下枚举变量定义错误：

```
day workday, weekend;                /* 错误 */
color c1, c2, c3;                    /* 错误 */
```

(2) 枚举变量的定义可以在定义类型的同时进行。例如：

```
enum Sex{male, female}sex;
```

(3) 在定义枚举类型时，花括号中的标识符称为枚举元素或枚举常量。它们是程序设计者自行指定的，命名规则与标识符相同。这些名字只是一个符号，目的只是为了提高程序的可读性。

(4) 枚举元素是常量，它们的值为在花括号中的排列序号。从花括号的第一个元素开始，值分别是0、1、2、3……，这些值是系统自动赋给的，可以输出。例如，执行语句“printf("%d", green);”后，输出的值是2。枚举常量的值是不能被改变的，如sun =7或green = 3等都是错误的。

(5) 需要时，程序设计者可以重新设置枚举常量的序号，例如：

```
enum month{Jan = 1, Feb, Mar, Apr, May, Jun, Jul, Aug, Sep, Oct, Nov, Dec}m;
m = Jul;
```

由于Jan的值定义为1，后面的枚举常量的值都依次增1，因此m得到的值是12，正好与月份相对应。再如：

```
enum color{red, yellow, green = 20, blue, white, black};
```

则red的值为0，yellow为1，green为20，blue为21，white为22，black为23。

(6) 枚举变量和枚举常量都可以进行比较，比较的就是它们的值。例如：

```
if(workday == fri) printf("明天周末!\n");
if(c1 != white) printf("It is not white. \n");
if(c2 > white) printf("It is black. \n");
```

(7) 一个枚举变量的取值只能是它的类型定义中的几个枚举常量之一。可以将枚举常量赋给一个枚举变量，但不能将一个整数直接赋给它。例如：

```
weekend = sun;               /* 正确 */
weekend = 7;                 /* 错误 */
```

(8) 枚举常量不是字符串，不能用下面的方法输出字符串"green"：

```
printf(" %s", green);                /* 错误 */
```

应该

```
if(c1 == green) printf("green");
```

10.2.2 枚举类型变量的应用

定义枚举类型能提高程序的可读性,下面通过一个例子来说明枚举类型的应用。

【例 10-2】 口袋中有红、黄、绿、蓝、白、黑 6 种颜色的球,每次从口袋中取出 4 个不同颜色的球,有多少种不同的取法？打印出所有组合。

```
#include<stdio.h>
main()
{
    enum color{red, yellow, green, blue, white, black};
    enum color i, j, k, l, c;
    int n=0,loop;
    for(i = red; i<=black; i++)
        for(j = i+1; j<=black; j++)
            for(k = j+1; k<=black; k++)
                for(l = k+1; l<=black; l++)
                {
                    n++;
                    printf("%d:", n);
                    for(loop = 1; loop<=4; loop++)
                    {
                        switch(loop)
                        {
                            case 1: c = i; break;
                            case 2: c = j; break;
                            case 3: c = k; break;
                            case 4: c = l; break;
                        }
                        switch(c)
                        {
                            case red: printf("%-10s", "red"); break;
                            case yellow: printf("%-10s", "yellow"); break;
                            case green: printf("%-10s", "green"); break;
                            case blue: printf("%-10s", "blue"); break;
                            case white: printf("%-10s", "white"); break;
                            case black: printf("%-10s", "black"); break;
                        }
                    }
                    printf("\n");
                }
                printf("共有%d种取法!\n", n);
}
```

程序利用循环令 loop 从 1 到 4 变化,通过 switch 语句使枚举变量 c 分别获得 i、j、k、l 的值后,再通过另一个 switch 语句打印出相应的枚举值。

运行结果:

```
1: red      yellow    green     blue
2: red      yellow    green     white
3: red      yellow    green     black
4: red      yellow    blue      white
5: red      yellow    blue      black
6: red      yellow    white     black
7: red      green     blue      white
```

```
 8: red      green     blue     black
 9: red      green     white    black
10: red      blue      white    black
11: yellow   green     blue     white
12: yellow   green     blue     black
13: yellow   green     white    black
14: yellow   blue      white    black
15: green    blue      white    black
共有 15 种取法!
```

10.3 类型标识符的重新定义

C语言可以对现有数据类型的标识符重新定义,即定义一个现有类型标识符的"别名"。这种方法可改善程序的可读性,在不同语言编制的程序之间进行转换或程序移植等方面具有积极的作用。

C语言是利用关键字typedef来声明新的类型名的,形式为:

```
typedef 原类型名 新类型名;
```

例如,有如下几种重定义形式。

(1) 简单的名字替换。

例如:

```
typedef int INTEGER;
```

将int类型重新定义为INTEGER,这两个等价,在程序中就可以用INTEGER作为类型名来定义变量了。例如:

```
INTEGER x, y;
```

等价于

```
int x, y;
```

这种重定义形式有利于程序的通用与移植。有时程序会依赖于硬件特性,例如,有的计算机系统int型数据用2字节,而有的以4字节存放一个整数。如果把一个C语言程序从一个以4字节存放整数的计算机系统移植到以2字节存放整数的系统,按一般的方法需要将程序中的每个int都改为long,可能还需要改动多处。如果有类型重定义:

```
typedef int INTEGER;
```

只需改动typedef定义体即可:

```
typedef long INTEGER;
```

(2) 定义一个类型名代表一个数组类型。

例如:

```
typedef int ARRAY[10];
ARRAY a, b;
```

定义a、b为ARRAY类型的整型数组。

(3) 定义一个类型名代表一个指针类型。

例如：

```
typedef char * STRING;
STRING p1, p2, p[10];
```

定义 STRING 为字符指针类型，p1、p2 为字符指针变量，p 为字符指针数组。

(4) 定义一个类型名代表一个结构体类型。

例如：

```
typedef struct
{
    int num;
    char name[10];
    float score;
}STUDENT;
STUDENT stu1, stu2, *t;
```

定义 STUDENT 为结构体类型，stu1、stu2 为结构体变量，t 为指向该类型的指针变量。这种重定义同样可用于共用体和枚举类型。

当在不同源文件中使用同一类型数据（尤其是像数组、指针、结构体、共用体等类型数据）时，常用 typedef 声明一些数据类型，把它们单独放在一个文件中，然后在需要用到它们的文件中用 #include 命令把它们包含进来。

归纳起来，用 typedef 重定义一个新类型名的方法是：

① 先按定义变量的方法写出定义体（如 char a[10];）；

② 将变量名换成新类型名（如 char NAME[10];）；

③ 在最前面加上 typedef（如 typedef char NAME[10];）；

④ 然后可以用新类型名去定义变量（如 NAME a, b;）。

再次需要指出的是，用 typedef 进行类型重定义，只是为该类型命名一个别名，并不产生新的数据类型。用 typedef 定义的类型来定义变量与直接写出变量的类型定义变量具有完全相同的效果。

10.4 位 运 算

在系统软件中，常常需要处理二进制的问题。C 语言提供的位运算，可以实现许多汇编语言才能实现的功能，非常适合于编写系统软件的需要。

所谓位运算是指进行二进制位的运算。位就是二进制的一位，其值为 0 或 1。位段是以位为单位定义结构体（或共用体）中成员所占存储空间的长度。含有位段的结构体类型称为位段结构。

10.4.1 位运算符和位运算应用

位运算符用来实现变量存储单元字节中的位操作，规定只允许整型或字符型数据才能实现位运算。位运算时，先将操作数（int 或 char 型）化为二进制数，然后按位运算。

C 语言提供的 6 个位运算符如表 10-1 所示。

表 10-1　位运算符

运　算　符	名　　称
&	按位“与”
|	按位“或”
^	按位“异或”
～	按位“取反”
<<	左移
>>	右移

其中“～”是单目运算符，其余均为双目运算符。

C语言的位运算符可分为位逻辑运算符和移位运算符两类。以下分别介绍。

1. 位逻辑运算符

位逻辑运算符有“&”“|”“^”“～”4种，二进制位逻辑运算规则如表10-2所示。

表 10-2　二进制位逻辑运算真值表

a	b	～a	a & b	a | b	a ^ b
0	0	1	0	0	0
0	1	1	0	1	1
1	0	0	0	1	1
1	1	0	1	1	0

例如，设有定义“int a =20, b =89;”则：

(1) 表达式～a的值为−21。将变量a的值按二进制数逐位求反，即1变0，0变1，计算过程如下：

　　　　00010100(20的补码)
(～)　　↓
　　　　11101011(−21的补码)

这里为简化，只取低位一个字节来介绍。在用位运算符进行运算时，数都是以补码的形式参加运算的。

(2) 表达式a & b的值为16。将变量a和b按二进制数逐位求与。计算过程如下：

　　　　00010100(20的补码)
(&)　　01011001(89的补码)
　　　　00010000(16的补码)

(3) 表达式a | b的值为93。将变量a和b按二进制数逐位求或。计算过程如下：

　　　　00010100(20的补码)
(|)　　01011001(89的补码)
　　　　01011101(93的补码)

注意二进制位逻辑运算和普通的逻辑运算的区别。

(4) 表达式a ^ b的值为77。将变量a和b按二进制数逐位求异或。计算过程如下：

　　　　00010100(20的补码)
(^)　　01011001(89的补码)
　　　　01001101(77的补码)

对于按位“异或”运算有几个特殊的操作：

① a ^ a 的值为 0。

② a ^～ a 的值是一个全 1 的二进制数(如果 a 以 16 位二进制数表示，则该表达式的值为 65535)。

③ ～(a ^～ a)的值为 0。

④ 利用“^”运算可以交换两个变量的值，而无须借助临时变量。

例如，a=20，b=89，想将 a 和 b 的值互换，可执行以下赋值语句：

```
a = a ^ b;
b = b ^ a;
a = a ^ b;
```

或者直接写成一条语句：

```
a ^ = b ^ = a ^ = b;
```

执行后，a 的值变为 89，b 的值为 20。具体的计算过程请读者自行检验。

2. 移位运算符

移位运算是指对操作数以二进制位为单位进行左移或右移的操作。移位运算符有两种：

(1) <<(左移)：例如 a << b，表示将 a 的二进制值左移 b 位。

(2) >>(右移)：例如 a >> b，表示将 a 的二进制值右移 b 位。

移位运算符要求 a 和 b 都是整型，b 只能是正整数，且不能超过机器字所表示的二进制位数。

移位运算具体实现有 3 种方式：

① 循环移位：移入的为等于移出的位。

② 逻辑移位：移出的位丢失，移入的位取 0。

③ 算术移位(带符号)：移出的位丢失，左移入的位取 0，右移入的位取符号位，即取最高位的值，符号位保持不变。

C 语言中的移位运算方式与具体的 C 语言编译系统有关，如 VC++ 6.0 采用的是算术移位。

例如：

20 << 2 的值为 80。计算过程如下：

```
00010100 向左移两位 → 01010000(80 的补码)
```

在数据可表达的范围里，一般左移 1 位相当于乘以 2，左移 2 位相当于乘以 4。

20 >> 2 的值为 5。计算过程如下：

```
00010100 向右移两位 → 00000101(5 的补码)
```

一般右移 1 位相当于除 2，右移 2 位相当于除 4。

−3 >> 2 的值为−1。计算过程如下：

```
11111101 向右移两位 → 11111111(-1 的补码)
```

这里要强调的是，操作数的移位运算并不会改变原操作数的值。例如表达式 a >> 2 运算后，a 的值保持原值不变，除非通过赋值 a =a >> 2 来改变 a 的值。

【例 10-3】 分析以下程序的运行结果。

```
#include <stdio.h>
main(){
    char a = 'a', b = 'b';
    int p, c, d;
    p = a;
    p = (p << 8) | b;
    d = p & 0xff;
    c = (p & 0xff00) >> 8;
    printf("a = %d, b = %d, c = %d, d = %d\n", a, b, c, d);
}
运行结果:
a = 97, b = 98, c = 97, d = 98
```

10.4.2 位段结构

有些信息在存储时并不需要占用一个完整的字节,而只需占一个或几个二进制位。例如在存放一个开关量时,只有0和1两种状态,用一位二进制位即可。为了节省存储空间和方便操作,C语言又提供了一种数据结构,称为"位段"。

所谓"位段"结构,是把1字节中的二进位划分为几个不同的区域,并说明每个区域的位数。每个位段有一个名字,允许在程序中按位段名进行操作。这样就可以把几个不同的数据用1字节的二进制位段来表示。

位段结构是一种结构体类型,位段的定义形式为:

```
unsigned 成员名: 二进制位数;
```

例如:

```
struct bs
{
    unsigned a: 8;                  /* 位段 a,占 8 位 */
    unsigned b: 10;                 /* 位段 b,占 10 位 */
    unsigned: 6;                    /* 无名位段,占 6 位,该位段不能使用 */
    unsigned: 0;                    /* 无名位段,占 0 位,该位段不能使用 */
    int i;                          /* 成员 i,从下一个字边界开始,占 4 字节 */
}data;
```

说明data为bs位段变量,共占8字节。VC++ 6.0的字边界在4倍字节处,有的C语言编译系统的字边界可能在2倍字节处。

位段变量的说明与结构变量说明的方式相同。可采用先定义后说明,同时定义说明或者直接说明这3种方式。位段成员的引用方法也和结构体成员的引用相同。

对于位段数据有以下几点说明:

(1) 一个位段必须存储在同一个字存储单元中,不能跨2个单元。如果其单元所剩空间不够存放另一位段时,将从下一单元起存放该位段。也可以通过定义长度为0的位段的方式,有意使某位段从下一单元开始。

(2) 可以定义无名位段,此时它只用作填充或调整位置。无名位段是不能使用的。

(3) 由于位段不允许跨2个字存储单元,因此位段长度不能大于一个单元的长度,例如，在 VC++ 6.0 中位段长度不能超过 32 位。

(4) 位段无地址，不能对位段进行取地址运算。

(5) 位段可以以%d、%o、%x 格式输出。

(6) 位段若出现在表达式中，将被系统自动转换成整数。

位段结构提供了一种手段，可在程序中实现数据的压缩，节省了存储空间，同时也提高了程序的效率。

习题与思考

一、选择题

1. 以下对 C 语言中共用体类型数据的叙述正确的是________。

   A. 可以对共用体变量直接赋值

   B. 一个共用体变量中可以同时存放其所有成员

   C. 一个共用体变量中不能同时存放其所有成员

   D. 共用体类型定义中不能出现结构体类型的成员

2. 当定义一个共用体变量时，系统分配给它的内存是________。

   A. 各成员所需内存量的总和

   B. 结构中第一个成员所需内存量

   C. 成员中占内存量最大的容量

   D. 结构中最后一个成员所需内存量

3. 若有说明和定义：

```
union dt { int a; char b; double c; } data;
```

以下叙述中错误的是________。

   A. data 的每个成员起始地址都相同

   B. 变量 data 所占内存字节数与成员 c 所占字节数相等

   C. 程序段"data.a=5; printf("%f\n",data.c);"的输出结果为 5.000000

   D. data 可以作为函数的实参

4. 若有以下说明和定义：

```
union data { int i ; char c; float f;} a; int n;
```

则以下语句正确的是________。

   A. a.i=5;　　　　B. a={2,'a',1.2};

   C. printf("%d", a);　　　　D. n=a;

5. 若有以下说明和定义：

```
enum t1{a1,a2 = 7,a3, a4 = 15} time;
```

则枚举常量 a2 和 a3 的值分别为________。

   A. 1 和 2　　B. 2 和 3　　C. 7 和 2　　D. 7 和 8

6. 下面对 typedef 的叙述中错误的是________。

   A. 用 typedef 可以定义多种类型名，但不能用来定义变量

B. 用 typedef 可以增加新类型

C. 用 typedef 只是将已存在的类型用一个新的标识符来代表

D. 使用 typedef 有利于程序的通用和移植

7. 设有以下说明：

```
typedef struct
{ int n;
   char ch[8];
} PER;
```

则下面叙述中正确的是________。

A. PER 是结构体变量名

B. PER 是结构体类型名

C. typedef struct 是结构体类型

D. struct 是结构体类型名

8. 变量 a 中的数据用二进制表示的形式是 01011101，变量 b 中的数据用二进制表示的形式是 11110000，若要求将 a 的高 4 位取反，低 4 位不变，所要执行的运算是________。

A. a^b　　B. a|b　　C. a&b　　D. a<<4

9. 设有语句“char x=3,y=6,z; z =x^y<<2;”，则 z 的二进制值是________。

A. 00010100　　B. 00011011　　C. 00011100　　D. 00011000

二、读程序写结果

1.
```
#include<stdio.h>
main()
{
    union {
        char ch[2];
        int d;
    } s;
    s.d = 0x4321;
    printf("%x, %x\n", s.ch[0], s.ch[1]);
}
```

运行结果：

2.
```
#include<stdio.h>
fun(int x)
{
    int i;
    for(i=15; i>=0; i--)
        printf("%d", (x>>i) & 0x0001);
}
main()
{
    int a = 65;
    fun(a);
}
```

运行结果：

三、简答题

1. 什么是共用体数据类型？试比较共用体与结构体。
2. 什么是枚举数据类型？请举例说明。
3. 什么是类型定义？请举例说明。

第 11 章　文　件

导　学

学习时长：2 周

学习目标

知识目标：

- 理解文件的概念。
- 理解文本文件和二进制文件不同的编码存储形式。
- 理解文件类型及其指针的定义。

能力目标：

- 掌握文件的打开和关闭操作。
- 掌握文件的输入和输出操作。
- 掌握文件其他的相关操作。

本章内容概要

本章主要介绍 C 语言中文件的概念和基于缓冲文件系统的文件相关操作。

11.1　文件概述
- 文件的基本概念
- 文本文件和二进制文件
- 缓冲文件系统

11.2　文件类型及其指针
- 文件类型
- 文件类型指针

11.3　文件的打开和关闭
- 文件打开函数
- 文件关闭函数

11.4　文件的输入和输出
- 字符读写函数 fgetc()和 fputc()
- 字符串读写函数 fgets()和 fputs()
- 格式化读写函数 fscanf()和 fprintf()
- 数据块读写函数 fread()和 fwrite()

11.5　文件的其他函数

许多程序在实现过程中，都会涉及数据的输入输出操作。一般来说，除程序中已赋值的变量外，数据都是从键盘输入，输出的数据在屏幕上显示。但是当输入/输出数据量较大时，使用这些常规的输入输出设备就会极不方便。另外，一个程序运行结束后，它所占用的内存空间将被全部释放，程序中的各种数据都不能被保留。

C 语言提供相关的文件操作。当有大量数据输入时，可通过编辑工具事先建立输入数据的文件，程序运行时将不再从键盘输入，而是从指定的文件上读入，从而实现数据的一次输入多次使用。同样，当有大量数据输出时，可以将其永久写入指定的磁盘文件，不再受屏幕大小的限制，并且任何时候都可以查看结果文件。一个程序的运算结果还可以作为另外程序的输入，进行进一步加工。

11.1 文件概述

11.1.1 文件的基本概念

在操作系统中，文件是指存放在磁盘或其他外部介质中的一个有序数据集合，可以是源文件、目标文件、可执行程序，也可以是一组待输入处理的原始数据，或者是一组输出的结果。源文件、目标文件和可执行程序可以称作程序文件，输入/输出数据可称作数据文件。程序文件的读写操作一般由系统完成，数据文件的读写往往由应用程序实现。使用应用程序时，通过“保存”功能将数据从内存写入到文件，“打开”功能实现把磁盘文件的内容读入到程序内存。

前面用到的诸如键盘、显示器和打印机等输入/输出设备，在操作系统中，这些外部设备也被看作一种设备文件来进行管理，对它们的输入/输出相当于对磁盘文件的读和写。通常把显示器定义为标准输出文件，一般情况下在屏幕上显示有关信息就是向标准输出文件输出。如前面经常使用的 printf、putchar 函数就是这类输出。键盘通常被指定为标准输入文件，从键盘上输入就意味着从标准输入文件上输入数据。scanf、getchar 函数就属于这类输入。

C 语言处理的文件与 Windows 等操作系统的文件概念相同，但 C 语言中的文件类似于数组、结构体等，是一种数据组织方式，是 C 语言程序处理的对象。C 语言提供了丰富的 I/O 库函数，利用这些库函数来完成对各种数据文件及设备文件的操作。

11.1.2 文本文件和二进制文件

C 语言中的文件是字节流文件，数据在其中是顺序存放的一连串字节，对文件的读写也是以字节数为单位的，因此，这种文件也称为“流式文件”。

按数据存储的编码形式，C 语言的数据文件可分为文本文件和二进制文件两种。文本文件也称为 ASCII 文件，它是以字符的 ASCII 码值进行存储与编码的文件，文件的内容就是字符。这种文件在磁盘中存放时每个字符对应一个字节，用于存放对应的 ASCII 码。二进制文件则是以数据在内存中的二进制存储形式原样保存的文件。

C 语言源程序就是文本文件，其内容完全由 ASCII 码构成，通过“记事本”等编辑工具可以对文件内容进行查看、修改等。C 程序的目标文件和可执行文件都是二进制文件，它包含的是计算机才能识别的机器代码，如果也用编辑工具打开，将会看到稀奇古怪的符号，即通常所说的“乱码”。

例如，对于一个短整型数12345，如果存放在文本文件中，文件内容将包含5字节：49、50、51、52、53，它们分别是'1'、'2'、'3'、'4'、'5'的ASCII码值；如果把它存放到二进制文件中去，文件内容将为12345在计算机内存中对应的二进制数(内码)，共2字节，如图11-1所示。

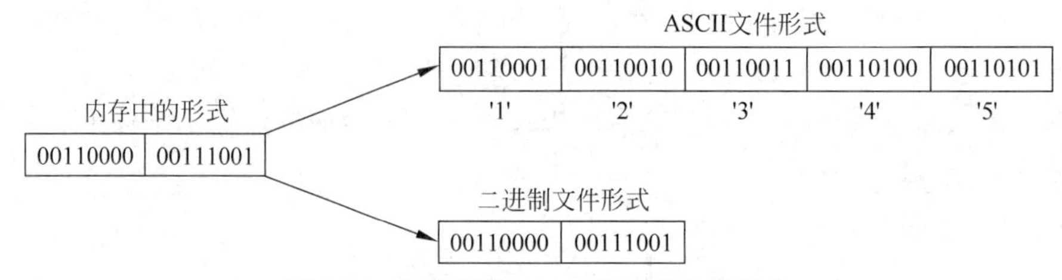

图11-1　短整型数12345的两种文件形式

VC++ 6.0规定，在二进制存储形式中，短整型数用2字节表示，整型数和长整型数用4字节表示。

数据从内存写入磁盘时，文本文件需要把内存中的二进制形式转换成ASCII码的形式，要耗费转换时间，而且文本文件所占的存储空间大，但优点是所建立的文本文件是可读的。而二进制文件所占的存储空间小，输出时无须转换时间，可是一个字节并不对应一个字符，所以是不可读的。对于具体的数据应该选择哪一类文件进行存储，由需要解决的问题来决定，并在程序的一开始就定义好。

11.1.3　缓冲文件系统

相对于内存储器而言，磁盘是慢速设备。在C语言的文件操作中，如果每向磁盘写入或读出1字节的数据都启动磁盘操作，将会大大降低系统的效率，而且还会对磁盘驱动器的使用寿命带来不利影响。为此C程序对文件的处理一般都采用缓冲文件系统的方式进行。

所谓缓冲文件系统是程序打开一个文件的同时，系统自动地在内存中为该文件开辟一个"内存缓冲区"，C程序对文件的所有操作都通过对文件缓冲区的操作来完成。当从内存向磁盘输出数据时，必须先把内存中的数据送到这个缓冲区，待数据装满缓冲区，再由操作系统把缓冲区的数据一起写入磁盘；从磁盘向内存读入数据时，先由操作系统把一批数据送入内存缓冲区，待装满缓冲区后，内存再从缓冲区中根据程序运行需要逐个读入内存。

如果一个程序同时打开多个文件，那么系统自动地在内存中为这几个文件开辟各自的内存缓冲区并编上相应的号码，分别进行操作互不干扰，如图11-2所示。

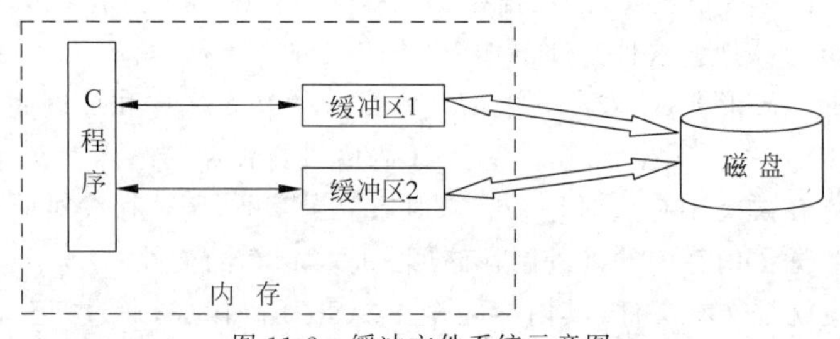

图11-2　缓冲文件系统示意图

使用缓冲文件系统可以大大提高文件操作的速度。文件是保存在磁盘上的，磁盘数据的组织方式按扇区进行，规定每个扇区大小为512B。而内存缓冲区的大小由具体的C语言版本决定，一般微型计算机中的C语言系统也把缓冲区大小定为512B，恰好与磁盘的一个扇区大小相同，从而保证了磁盘操作的高效率。

11.2 文件类型及其指针

11.2.1 文件类型

为了实现对文件的操作，C语言系统为用户定义了文件类型(FILE)。FILE文件类型是结构体类型，它包含与文件操作相关的信息，如文件缓冲区位置、缓冲区大小、文件操作方式、文件当前的读写位置等。FILE结构是用关键字typedef定义出的一种类型，在stdio.h头文件中定义如下：

```
struct _iobuf {
        char * _ptr;
        int _cnt;
        char * _base;
        int _flag;
        int _file;
        int _charbuf;
        int _bufsiz;
        char * _tmpfname;
        };
typedef struct _iobuf FILE;
```

这是在VC++ 6.0中使用的定义，不同的C语言编译程序可能使用不同的定义，即结构中的成员名、成员个数、成员作用等可能不同，但基本含义变化不大。对一般编程者来说，不必关心文件结构体内部的具体内容。

11.2.2 文件类型指针

C程序在处理文件时，需要利用指针来访问文件缓冲区，从而实现对数据的存取。这个指针就是FILE文件类型指针。定义文件类型指针的形式为：

```
FILE * 指针变量名;
```

例如：

```
FILE * fp1, * fp2;
```

定义了两个文件类型的指针fp1和fp2，可用来操作两个不同的数据文件。

11.3 文件的打开和关闭

要对一个文件进行操作，必须先将其打开，读写完毕后还要将其关闭。C语言提供标准函数fopen()和fclose()，分别用于实现打开文件和关闭文件的操作。

11.3.1 文件打开函数

所谓打开文件，实际上是建立文件的各种相关信息，并使文件类型指针指向该文件，以

便进行其他操作。打开文件由 fopen()标准函数实现,调用形式为:

```
文件类型指针名 = fopen( "文件名", "文件操作方式" )
```

说明:

(1) 括号中的参数"文件名"是一个字符串。指出要对哪个具体文件进行操作,一般要指定文件的路径,如"d:\\datafile.txt",其中"\\"是转义字符,表示实际的"\"字符。路径缺省时,默认与应用程序的当前路径相同。

(2) 括号中的参数"文件操作方式"也是一个字符串。用来确定对所打开的文件将进行什么操作。表 11-1 列出了 C 语言所有的文件操作方式。

表 11-1　C 语言文件操作方式

文本文件(ASCII)		二进制文件	
操作方式	含　义	操作方式	含　义
"r"	打开文本文件进行只读	"rb"	打开二进制文件进行只读
"w"	建立新文本文件进行只写	"wb"	建立新二进制文件进行只写
"a"	打开文本文件进行追加	"ab"	打开二进制文件进行追加
"r+"	打开文本文件进行读/写	"rb+"	打开二进制文件进行读/写
"w+"	建立新文本文件进行读/写	"wb+"	建立新二进制文件进行读/写
"a+"	打开文本文件进行读/写/追加	"ab+"	打开二进制文件进行读/写/追加

从表 11-1 中可以看出,"+"号可以把单一的读或写方式扩展成既能读又能写的方式。二进制文件操作与文本文件操作一样,只不过操作方式多加了个字符"b"做后缀。

下面两种方法都是以只读的方式打开 datafile.txt 文件:

```
FILE *fp;
fp = fopen( "d:\\datafile.txt", "r" );
```

或

```
FILE *fp; char *p = "d:\\datafile.txt";                /*用字符指针表示文件名*/
fp = fopen( p, "r" );
```

"r"方式是"只读"方式,即只能从已经存在的文本文件中读取数据,不能向文件写入数据。如果以"w"方式打开文件,若磁盘中没有该文件,则建立同名新文件;若磁盘中该文件已经存在,则将删除该文件的全部内容,重新写入新的数据。以"a"方式打开的文件必须已经存在,并从文件末尾开始追加数据。

(3) fopen()函数有返回值。如果执行成功,函数将返回包含文件缓冲区等信息的 FILE 结构体的地址,并赋值给文件类型指针名。否则,将返回一个 NULL(空值)的 FILE 指针,这表明文件无法正常打开(如该文件不存在、路径错误或是文件正在被使用等)。为保证文件操作的可靠性,调用 fopen()函数时最好做一个判断,以确保文件正常打开并进行读写。通常采用的形式为:

```
if( ( fp=fopen("d:\\datafile.txt", "r" )) == NULL )
    {
        printf( "File open error!\n" );
        exit(0);
    }
```

其中 exit(0)是标准函数,作用是关闭所有打开的文件,并终止程序的执行。参数 0 表示程序正常结束,非 0 参数通常表示不正常的程序结束,参数也可以空缺,即 exit()。该函数的原型定义在 process. h 头文件中。

(4) 一旦用 fopen()函数正常打开了文件,对该文件的操作方式就被确定,并且直至文件关闭都不变,即若一个文本文件按"a"方式打开,则只能对该文件进行追加数据的写操作,而不能进行读操作。

(5) C 语言允许同时打开多个文件,不同文件采用不同文件指针指示,但不允许同一个文件在关闭之前被再次打开。

(6) 对磁盘文件,在使用前一定要打开,而对于计算机的外部设备,如键盘和显示器,尽管也是作为设备文件来处理,但以前的应用中并未用到"打开文件"的操作。这是因为当运行一个 C 程序时,系统自动打开三个设备文件:标准输入、标准输出和标准出错输出。并且系统已自动定义了三个文件类型指针 stdin、stdout 和 stderr,分别指向标准输入(键盘)、标准输出(屏幕)和标准出错输出(屏幕)。用户在使用这些设备时,不必再进行打开或关闭,它们由 C 语言编译系统自动完成,用户可以直接使用。

11.3.2 文件关闭函数

当文件操作完成后,应及时关闭它,以防止不正常的操作。这是因为对于缓冲文件系统来说,文件的操作是通过缓冲区进行的,如果对打开的文件进行写入,首先是写到文件缓冲区里,当写满 512B 才会由系统真正写入磁盘文件。如果写入的数据不到 512B,发生程序异常终止,那么缓冲区中的数据将会丢失。只有对打开的文件进行关闭操作时,才能强制把缓冲区中不足 512B 的数据写到磁盘文件,从而保证了文件的完整性。

关闭文件通过调用 fclose()标准函数实现,其形式为:

```
fclose(文件类型指针);
```

例如:

```
fclose(fp);
```

执行该语句,将关闭文件类型指针 fp 对应的文件,并返回一个整数值,若该数值为 0 表示正常关闭文件,否则表示无法正常关闭文件。因此关闭文件一般也使用条件判断:

```
if (fclose(fp))
{
        printf( "Cannot close the file!\n" );
        exit(0);
}
```

关闭文件操作除了强制把缓冲区中的数据写入磁盘文件外,还将释放文件缓冲区单元和 FILE 结构,使文件类型指针与具体文件脱钩。但磁盘文件和文件类型指针变量仍然存在,只是指针不再指向原来的文件。

要养成文件使用结束后及时关闭文件的良好习惯,一是确保数据完整写入文件,二是及时释放不用的文件缓冲区单元。

11.4 文件的输入和输出

打开一个文件后，就可以对该文件进行读写操作。

在C语言中，scanf()和printf()函数是针对键盘输入和屏幕输出的标准函数。同时，C语言也为磁盘数据文件的读写提供了4种文件存取方法，并由C语言相应的函数来完成：

- 读写一个字符。由fgetc()和fputc()函数实现。
- 读写一个字符串，将多个字符组成的字符串写入文件或从文件中读出。由fgets()和fputs()函数实现。
- 格式化读写，根据格式控制指定的数据格式对数据进行转换存取。由fscanf()和fprintf()函数实现。
- 成块读写，也称作按记录读写。C语言的文件虽然是按字节流存放，但可以按记录存取多个字节的数据。由fread()和fwrite()函数实现。

以上标准函数都在"stdio.h"说明，因此文件读写操作需要包含有标准I/O的头文件：#inlcude <stdio.h>。本节主要介绍有关文件读写的函数。

11.4.1 字符读写函数fgetc()和fputc()

对于文本文件，存取的数据都是ASCII码字符流，使用这两个函数读写文件时，是逐个字符地进行读或写的，即每次从文件读出或向文件写入一个字符。

1. fputc()函数

fputc()函数的作用是向磁盘文件写一个字符，调用形式为：

```
fputc(字符量, 文件类型指针);
```

例如：

```
fputc(ch , fp);
```

实现将一个字符ch写到指针fp所指示的磁盘文件中。

说明：

(1) 被写入的文件可以用只写、读写或追加方式打开，用只写或读写方式打开一个已存在的文件时将清除原有的文件内容，写入字符从文件首开始。如需保留原有文件内容，希望写入的字符从文件末尾开始存放，则必须以追加方式打开文件。被写入的文件若不存在，则创建该文件。

(2) fputc()函数有一个返回值，如执行成功则返回写入的字符，否则返回一个EOF(系统定义其值为-1)，表示写文件失败。

(3) 在文件内部有一个位置指针。用来指向文件的当前读写字节。在文件打开时，该指针总是指向文件的第一个字节。每调用一次fputc()函数，即写入一个字符，位置指针将向后移动一个字节。应注意文件类型指针和文件内部的位置指针不是一回事。文件类型指针是指向整个文件的，须在程序中定义说明，只要不重新赋值，文件指针的值是不变的。每读写一次，位置指针自动向后移动，它不需在程序中定义说明，而是由系统自动设置的。

【例11-1】 从键盘输入一行字符后，写入到磁盘文件f11-1.txt中。

```
#include<stdio.h>
main()
{
    FILE *fp;                                         /*定义文件类型指针*/
    char ch;
    if((fp=fopen("d:\\f11-1.txt","w"))==NULL)   /*以只写方式创建文件f11-1.txt*/
    {
        printf("File open error!\n");
        exit(0);
    }
    printf("input a string:\n");
    while ((ch=getchar())!='\n')                  /*从键盘输入并判断是否回车*/
        fputc(ch,fp);                             /*写入到磁盘文件f11-1.txt中*/
    fclose(fp);                                   /*关闭文件*/
}
```

该程序运行后,可利用记事本等工具查看D:盘中文件的f11-1.txt的内容。

2. fgetc()函数

fgetc()函数的作用是从磁盘文件读取一个字符,调用形式为:

```
字符变量 = fgetc(文件类型指针);
```

例如:

```
ch = fgetc(fp);
```

实现从指针fp所指示的磁盘文件读一个字符到字符变量ch中。

说明:

(1) 在fgetc()函数调用中,读取的文件必须以只读或读写方式打开。

(2) fgetc()函数有一个返回值,即读取的字符。当遇到文件结束符EOF(表示文件尾的信息),函数将返回-1值给ch,说明文件已经读完。

(3) 每调用一次fgetc()函数,即读出一个字符后,文件内部的位置指针将自动向后移动一个字节。因此可连续多次使用fgetc函数,读取多个字符。

【例11-2】 读一个文本文件f11-1.txt(该文件在例11-1中已经建立),并在屏幕上显示其内容。

```
#include<stdio.h>
main()
{
    FILE *fp;
    char ch;
    if((fp = fopen("d:\\f11-1.txt","r")) == NULL)/*以只读方式打开文件f11-1.txt*/
    {
        printf("File open error! \n");
        exit(0);
    }
    while((ch=fgetc(fp))!=EOF)                      /*读文件并测试是否文件尾*/
        putchar(ch);                                /*输出到屏幕上显示*/
```

```
    putchar('\n');
    fclose(fp);                                        /*关闭文件*/
}
```


该程序利用文件中设置的文件结束符EOF,以区别于文件中的字符内容。仿照字符串处理方式(判断串结束标记'\0'),通过判断从文件中读出的字符是否为EOF来决定循环是否继续。

11.4.2 字符串读写函数fgets()和fputs()

这两个函数只能对文本文件进行读写,读写文件时一次读取或写入的是字符串。

1. fputs()函数

fputs()函数用来向指定的文本文件写入一个字符串,调用形式为:

```
fputs(字符串, 文件类型指针);
```

例如:

```
fputs(s, fp);
```

其中,s可以是字符串常量、字符型指针变量或字符数组名。该函数把字符串s写入fp所指向的文件时,字符串s的结束标记'\0'不会写入文件。若函数执行成功,则函数返回所写的最后一个字符;否则,函数返回EOF。

2. fgets()函数

fgets()函数用来从文本文件中读取一个字符串,调用形式为:

```
fgets(s, n, fp)
```

其中,s是字符型指针变量或字符数组名,n是指定读入的字符个数。调用该函数时,从fp所指向的文件中读取n−1个字符,存入s所指向内存地址起始的n−1个连续的内存单元中。若n−1个字符读入完成之前遇到换行符'\n'或文件结束符EOF,将停止读入(遇到的换行符'\n'也作为一个字符保留至s中,EOF则不保留),在读取的字符串后面自动添加一个字符串结束标记'\0'。因此字符串s最多占n字节。该函数如果执行成功,返回所读取的字符串;如果失败,则返回空指针,此时s的内容不确定。

【例11-3】 将字符串"China"、"Shanghai"、"Wuhan"写入磁盘文件f11-3.txt中,然后再从该文件中读出,并显示在屏幕上。

```
#include<stdio.h>
#include<string.h>
main()
{
    FILE *fp;
    int i;
    char a[ ][10] = {"China", "Shanghai", "Wuhan"}, s[10];
    if((fp = fopen("f11-3.txt","w")) == NULL)/*以只写方式打开文本文件f11-3.txt*/
    {
        printf("File open error!\n");
```

```
        exit(0);
    }
    for(i = 0; i < 3; i++)                              /* 写入磁盘文件 */
        fputs(a[i], fp);
    fclose(fp);                                         /* 关闭文件 */
    if((fp = fopen("f11-3.txt", "r")) == NULL) /* 以只读方式打开文本文件 f11-3.txt */
    {
        printf("File open error!\n");
        exit(0);
    }
    for(i = 0; i < 3; i++)
    {
        fgets(s, strlen(a[i]) + 1, fp);                 /* 从文件中读取一串字符 */
        puts(s);                                        /* 在屏幕上显示该字符串 */
    }
        fclose(fp);                                     /* 关闭文件 */
    }
```

运行结果:

```
China
Shanghai
Wuhan
```

【例 11-4】 从键盘输入若干行字符,把它们添加到磁盘文件 f11-4.txt 中。

```
#include <stdio.h>
#include <string.h>
main()
{
    FILE *fp;
    char s[80];
    if((fp = fopen("f11-4.txt", "a")) == NULL)/* 以追加方式打开文本文件 f11-4.txt */
    {
        printf("File open error!\n");
        exit(0);
    }
    while(strlen(fgets(s, 80, stdin))> 1)
            /* 从键盘读入一行字符,并测试字符串长度是否大于 1(fgets 接收换行符) */
        fputs(s, fp);                               /* 写入磁盘文件 */
    fclose(fp);                                     /* 关闭文件 */
}
```

程序运行时,每次从标准输入设备 stdin(即键盘)中读取一行字符送入 s 数组,再利用 fputs()函数把该字符串以追加的方式写入 f11-4.txt 文件中。该文本文件可以记事本等工具查看。

11.4.3 格式化读写函数 fscanf()和 fprintf()

格式化读写函数 fscanf()和 fprintf()跟常用的 scanf()和 printf()函数操作功能相似,不同之处是 scanf()是从 stdin 标准输入设备(键盘)输入,printf()是向 stdout 标准输出设备(屏幕)输出;而 fscanf()和 fprintf()则是针对磁盘文件,fscanf()函数用于从指定文件中按照指定格式读取数据保存到变量，fprintf()函数用于按指定格式向指定文件写入数据。当文件类型指针定义为 stdin 和 stdout 时，这两个函数的功能就和 scanf()和 printf()相同了。

格式化读写函数的调用形式为：

```
fscanf(文件类型指针, 格式字符串, 变量地址表列);
fprintf(文件类型指针, 格式字符串, 输出表列);
```

其中，格式字符串与 scanf()和 printf()函数的格式说明完全相同。

例如：

```
fscanf(fp, "%d%s", &i, s);
fprintf(fp, "%d%c", j, ch);
```

【例 11-5】 已知磁盘文件 f11-5.txt 中保存了 5 名学生的计算机等级考试成绩，包含学号、姓名和分数，文件内容如下：

```
1001    刘一行    90
1002    杨二虎    85
1003    张三思    55
1004    李四季    79
1005    王五环    68
```

用 fcsanf()函数将文件内容读出，并通过 fprintf()函数显示到屏幕上。

```
#include<stdio.h>
main()
{
    FILE *fp;
    int num;
    char name[20];
    int score;
    if((fp = fopen("f11-5.txt","r")) == NULL)/*以只读方式打开文本文件 f11-5.txt*/
    {
        printf("File open error!\n");
        exit(0);
    }
    while( !feof(fp) )                          /*判断文件是否结束*/
    {
        fscanf(fp, "%d%s%d", &num, name, &score); /*从文件中按指定格式读取数据*/
        fprintf(stdout, "%4d %-8s %d\n", num, name, score);
                /*输出到屏幕,等价于 printf("%4d %-8s %d\n", num, name, score); */
    }
    fclose(fp);                                 /*关闭文件*/
}
```

程序中的 feof(fp)是系统提供的一个标准函数，其用于测试文件的当前状态，如果文件结束，函数返回 1 值，否则返回 0 值。

另外，文件 f11-5.txt 是以文本方式打开的，但读写操作的数据并不一定是字符类型，数据在内存中都是以二进制形式存储的，两者的不一致由系统自动处理。文本文件本身存储的是字符，当使用 fscanf()函数进行输入时，系统会自动根据指定的格式，把输入的代表数值的字符串转换成数值。同样,使用 fprintf()函数输出时,系统也会根据指定的格式,把输出的二进制数值转换成字符串,写到文件中。文件中数据之间的分隔符由读写格式决定,可以是空格或逗号等,其意义与 scanf()和 printf()函数相同。

11.4.4 数据块读写函数 fread()和 fwrite()

fread()和 fwrite()函数用于数据整块地读写,如读写一个数据元素、一个结构体变量的值等。这两个函数多用于读写二进制文件。二进制文件中的数据流是非字符的,它包含的是数据在计算机内部的二进制形式。打开二进制文件的方式与文本文件不同,参看表 11-1。

fread()函数用于从二进制文件中读取一个数据块到变量。fwrite()函数用于向二进制文件中写入一个数据块。这两个函数的调用形式为:

```
fread( buffer, size, count, fp );
fwrite( buffer, size, count, fp );
```

其中,buffer 是一个指针,在 fread()函数中,它表示存放输入数据的首地址;在 fwrite()函数中,它表示存放输出数据的首地址。size 表示数据块的字节数。count 表示要读写的数据块的个数。fp 是文件类型指针。这两个函数调用成功后返回值都是 count 的值。

例如:

```
fread(p, 4, 5, fp );
```

其含义是从 fp 所指定的文件中,每次读 4 字节(如一个实数)送入实型数组 p 中,连续读 5 次,即读取 5 个实数到 p 数组中。

二进制文件的读写效率比文本文件要高,因为它不必进行数据与字符的转换。

【例 11-6】 设学生数据包括学号、姓名、成绩。从键盘输入 5 名学生的数据,保存到磁盘文件 f11-6.rec 中,再将文件内容读出,并显示在屏幕上。

```
#include <stdio.h>
#define SIZE 5
struct student
{
    int num;
    char name[20];
    int score;
};
main()
{
    struct student stu;
    int i;
    FILE * fp;
    if((fp = fopen("f11-6.rec","wb+")) == NULL)      /* 以读写方式打开二进制文件 */
    {
        printf("File open error!\n");
        exit(0);
    }
    for(i = 0; i < SIZE; i++)
```

```
    {
        scanf(" %d%s%d", &stu.num, stu.name, &stu.score);    /* 键盘输入 */
        if(fwrite(&stu, sizeof(struct student), 1, fp)!= 1)  /* 写文件 */
            printf("File write error!\n");
    }
    rewind(fp);                                          /* 将文件指针定位到文件开头 */
        printf("\n 学号 姓名 成绩\n");
        for(i = 0; i < SIZE; i++)
        {
            fread(&stu, sizeof(struct student), 1, fp);  /* 读文件 */
            printf(" %4d %-10s %4d\n", stu.num, stu.name, stu.score); /* 屏幕输出 */
        }
        fclose(fp);                                      /* 关闭文件 */
    }
```

运行结果:

```
1001    刘一行    90↙
1002    杨二虎    85↙
1003    张三思    55↙
1004    李四季    79↙
1005    王五环    68↙
学号      姓名      成绩
1001      刘一行    90
1002      杨二虎    85
1003      张三思    55
1004      李四季    79
1005      王五环    68
```

在程序中,定义了一个结构体类型 struct student,以“wb+”读写方式打开二进制文件 f11-6.rec,通过循环将键盘输入的学生数据,成块地写入到磁盘文件中。利用 rewind()函数将文件内部的位置指针重新定位到文件开头,又成块地读入学生数据,显示在屏幕上。

11.5 文件的其他函数

1. feof()函数

该函数用于判断文件的末尾标志。其调用形式为:

```
feof(fp);
```

判断 fp 所指文件的内部位置指针是否已经到文件末尾,如果到达文件末尾则返回 1 值,否则返回 0 值。

例 11-5 中有该函数的应用。

2. rewind()函数

该函数用于定位功能,使文件的位置指针重新返回文件的开头。当对某个文件进行读写后,其位置指针指向了文件中间或末尾,如果想回到文件的首地址进行重新读写时,可使用该函数。其调用形式为:

```
rewind(fp);
```

其中 fp 是指向某一磁盘文件的文件类型指针。

例 11-6 中有该函数的应用。

3. fseek()函数

该函数是 C 语言用来控制文件内部位置指针移动的函数。其调用形式为：

```
fseek(fp, offset, base);
```

其中,fp 是文件类型指针。base 是位置移动的基准点,用数字或符号常量代表：0 或 SEEK_SET 代表文件首部；1 或 SEEK_CUR 代表文件当前位置；2 或 SEEK_END 代表文件末尾。

offset(位移量)是指以 base 为基准,前后移动的字节数。它是 Long 型数据,使用常量时,应加上后缀"L"。位移量为正值时,向文件末尾方向顺序移动；位移量为负值时,向文件首部方向逆序移动。

例如：

```
fseek(fp, -20L, 0);
```

表示将文件位置指针移动到离文件末尾 20 字节处。

又如：

```
fseek(fp, 0L, 0);
```

相当于语句"rewind(fp);",表示将位置指针移动到文件开头。

【例 11-7】 用 fseek()函数对例 11-5 中的磁盘文件 f11-5.txt 进行定位读操作,将读取的数据显示在屏幕上。

```
#include<stdio.h>
main()
{
    FILE *fp;
    char s[20];
    if((fp = fopen("f11-5.txt", "rb")) == NULL)/*以只读方式打开二进制文件 f11-5.txt*/
    {
        printf("File open error!\n");
        exit(0);
    }
    fseek(fp, 38L, SEEK_SET);                /*定位位置指针*/
    fgets(s, 20, fp);                        /*读字符串存入 s 数组中*/
    puts(s);                                 /*显示到屏幕上*/
    fclose(fp);                              /*关闭文件*/
}
运行结果:
1003 张三思 55
```

4. ftell()函数

该函数用于获取当前文件指针的位置,即相对于文件开头的位移量(字节数)。调用形式为：

```
ftell(fp);
```

该函数如果成功调用，返回值是当前指针位置，否则返回 -1L，表示出错（例如文件不存在）。利用 ftell()函数实现出错检测可用如下语句：

```
a = ftell(fp);
if(a == -1L) printf("error!\n");
```

在实际应用中，也可以利用该函数的返回值来具体标明文件中每个记录的位置，以便查阅验证。

5. ferror()函数

该函数用于检测文件读写是否正确，若函数返回值为 0，表示未出错；返回非 0 值时表示有错。其调用形式为：

```
ferror(fp);
```

每调用一次读写函数，都有一个 ferror()函数值相对应。因此要检查出错原因，应及时检查 ferror()函数的值，否则出错信息会丢失。

例如，在调用 fopen()函数时，ferror()函数的值自动置为 0，可将此函数用在程序中的每次读写函数之后，程序段为：

```
if(ferror(fp))
{
    printf("无法读写!\n");
    fclose(fp);
    exit(0);
}
```

6. clearerr()函数

该函数用于清除出错标志和文件结束标志，使它们为 0 值。其调用形式为：

```
clearerr(fp);
```

一旦 ferror(fp)出现错误标志（非 0 值），可通过调用 clearerr(fp)，使 ferror(fp)的函数值复位到 0 值。

习题与思考

一、选择题

1. 在 Visual C++ 6.0 中，将一个整数 10002 存到磁盘上，以 ASCII 码形式存储和以二进制形式存储，占用的字节数分别是________。

A. 4 和 4　　B. 4 和 5　　C. 5 和 4　　D. 5 和 5

2. 若执行 fopen 函数时发生错误，则函数的返回值是________。

A. 地址值　　B. 0　　C. 1　　D. EOF

3. 若要用 fopen 函数打开一个新的二进制文件，该文件既要能读也能写，则文件打开方式字符串应是________。

A. "ab+"　　B. "wb+"　　C. "rb+"　　D. "ab"

4. 利用 fseek 函数可实现的操作是________。

A. 改变文件的位置指针　　B. 文件的顺序读写

C. 文件的随机读写　　D. 以上答案均正确

5. 若 fp 是指向某文件的指针，且已读到文件末尾，则函数 feof(fp)的返回值是________。

A. EOF　　B. −1　　C. 1　　D. NULL

6. 文件函数 fgets(s, n, fp)的功能是________。

A. 从 fp 所指向的文件中读取长度为 n 的字符串存入 s 地址

B. 从 fp 所指向的文件中读取长度不超过 n−1 的字符串存入 s 地址

C. 从 fp 所指向的文件中读取 n 个的字符串存入 s 地址

D. 从 fp 所指向的文件中读取长度为 n−1 的字符串存入 s 地址

7. 已知函数的调用形式："fread(buffer, size, count, fp);"，参数 buffer 的含义是________。

A. 一个整型变量，代表要读入的数据项总数

B. 一个文件指针，指向要读的文件

C. 一个指针，指向要读入数据的存放地址

D. 一个存储区，存放要读的数据项

8. 假设 a123.txt 在当前路径下已经存在，以下程序实现的功能是________。

```
#include <stdio.h>
#include <string.h>
main()
{
    FILE *fp;
    int a[10], *p = a;
    fp = fopen("a123.txt", "w");
    while(strlen(gets(p))> 0)
    {
        fputs(a, fp);
        fputs("\n", fp);
    }
    fclose(fp);
}
```

A. 从键盘输入若干行字符，按行号倒序写入文本文件 a123.txt 中

B. 从键盘输入若干行字符，取前两行写入文本文件 a123.txt 中

C. 从键盘输入若干行字符，第一行写入文本文件 a123.txt 中

D. 从键盘输入若干行字符，依次写入文本文件 a123.txt 中

二、简答题

1. C 语言中，文本文件和二进制文件有什么区别？

2. 什么是文件类型指针？通过文件指针访问文件有什么好处？

3. 对文件的打开与关闭的含义是什么？为什么要打开和关闭文件？

三、编程题

1. 编写程序，将一个二进制文件 file1. dat 的内容复制到 file2. dat 中。

2. 编写程序，统计一个文本文件中字母字符、数字字符及其他字符的个数。

3. 编写程序，从键盘输入一串字符(用“#”结束输入)，存放到一个文本文件中，并统计此串字符的个数并写入文件最后。

4. 从键盘输入 5 个学生的数据(每个学生的信息包括学号、姓名、成绩)，存放到磁盘文件 stud1 中。

5. 在第 4 题的基础上，从磁盘输入学生姓名，查询该学生记录是否存在，并输出相应信息。

6. 将第 4 题 stud1 文件中的数据按成绩高低排序，将排好序的学生数据存入一个新文件 stud2 中。

7. 在第 6 题的基础上，插入一个新的学生数据记录，插入后仍保持有序并存入一个新文件 stud3 中。

第12章 C++面向对象基础

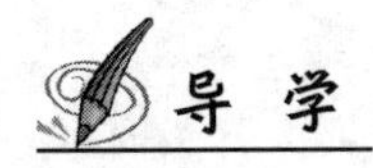

导 学

学习时长：1周

学习目标

知识目标：

- 理解面向对象的基本概念。
- 理解类与对象的定义。
- 理解对象指针的定义。
- 理解派生类与继承类。

能力目标：

- 掌握不同的C++开发环境的使用。
- 掌握C++的输入和输出操作。
- 掌握类与对象的使用。
- 掌握对象指针的基本使用。
- 掌握继承的基本使用。

本章内容概要

本章主要介绍C++对C语言的一些改进之处，例如，C++的开发环境、C++的输入与输出等。特别介绍C++中的面向对象相关概念，例如，类与对象、派生与继承等。

12.1 C++的开发环境
- Visual Studio
- Code::Blocks For Windows

12.2 C++的输入/输出
- 标准输出流对象(cout)
- 标准输入流对象(cin)

12.3 面向对象概述
- 面向对象基本概念
- 面向对象基本原则

12.4 类与对象
- 类的定义和使用
- 构造函数和析构函数
- 对象指针

12.5 派生类与继承类

C++语言是目前被广泛使用的程序设计语言之一，C++语言和 C 语言有着共同的子集。

12.1　C++的开发环境

12.1.1　Visual Studio

在 Windows 平台上使用 Visual Studio 开发环境的具体内容，可参见附录 A。

12.1.2　Code::Blocks For Windows

Code::Blocks 是一款支持多种编程语言、跨多平台的、开源免费的集成开发环境。其下载地址为 http://www.codeblocks.org/downloads/binaries。本章例程均在 Code::Blocks 中实现。

这里先简单介绍如何安装和使用 Code::Blocks 集成开发环境来实现一个简单的 C++程序。

第一步，选择运行的系统平台版本。这里默认选择 Windows XP/Vista/7/8.x/10，如图 12-1 所示。

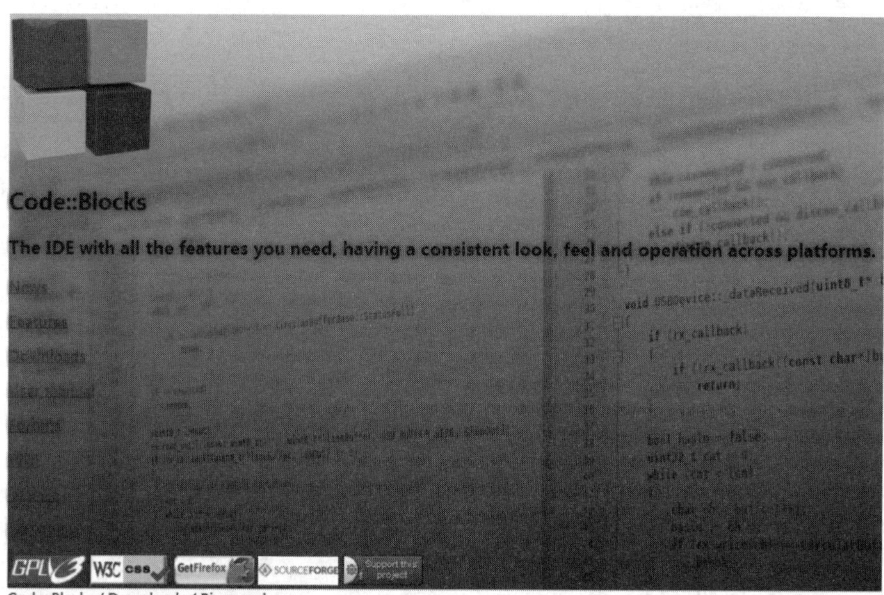

Code::Blocks / Downloads / Binary releases

Binary releases

Please select a setup package depending on your platform:

- Windows XP / Vista / 7 / 8.x / 10
- Linux 32 and 64-bit
- Mac OS X

NOTE: For older OS' es use older releases. There are releases for many OS version and platforms on the Sourceforge.net page.

NOTE: There are also more recent nightly builds available in the forums or (for Ubuntu users) in the Ubuntu PPA repository. Please note that we consider nightly builds to be stable, usually.

图 12-1　Code::Blocks 官网下载页面

第二步，下载相应的版本。这里默认下载 codeblocks-##.##-mingw-setup.exe，如图 12-2 所示。

Microsoft Windows

File	Download from
codeblocks-20.03-setup.exe	FossHUB or Sourceforge.net
codeblocks-20.03-setup-nonadmin.exe	FossHUB or Sourceforge.net
codeblocks-20.03-nosetup.zip	FossHUB or Sourceforge.net
codeblocks-20.03mingw-setup.exe	FossHUB or Sourceforge.net
codeblocks-20.03mingw-nosetup.zip	FossHUB or Sourceforge.net
codeblocks-20.03-32bit-setup.exe	FossHUB or Sourceforge.net
codeblocks-20.03-32bit-setup-nonadmin.exe	FossHUB or Sourceforge.net
codeblocks-20.03-32bit-nosetup.zip	FossHUB or Sourceforge.net
codeblocks-20.03mingw-32bit-setup.exe	FossHUB or Sourceforge.net
codeblocks-20.03mingw-32bit-nosetup.zip	FossHUB or Sourceforge.net

NOTE: The codeblocks-20.03-setup.exe file includes Code::Blocks with all plugins. The codeblocks-20.03-setup-nonadmin.exe file is provided for convenience to users that do not have administrator rights on their machine(s).

NOTE: The codeblocks-20.03mingw-setup.exe file includes additionally the GCC/G++/GFortran compiler and GDB debugger from MinGW-W64 project (version 8.1.0, 32/64 bit, SEH).

图 12-2　Code::Blocks 下载版本

第三步，安装集成开发环境。这里运行下载好的 exe 安装程序，根据其默认配置进行安装。安装完毕后双击桌面图标，运行 Code::Blocks，如图 12-3 所示。

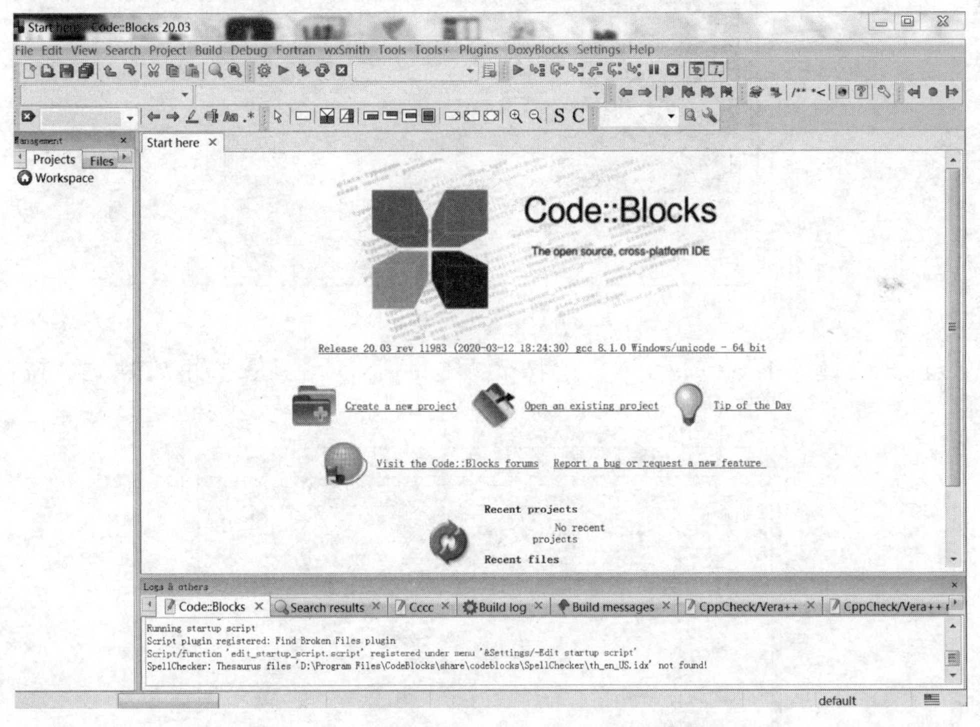

图 12-3　Code::Blocks 集成开发环境主界面

第四步，创建项目。打开选择菜单 File→New→Project，弹出如图 12-4 所示的窗口。

选择“Empty project”，单击 Next 按钮，设置项目名称和位置。如图 12-5 所示，“Project title:”是项目名称，“Folder to create project in:”是项目根目录，填写完毕后，单击 Finish 按钮即可。

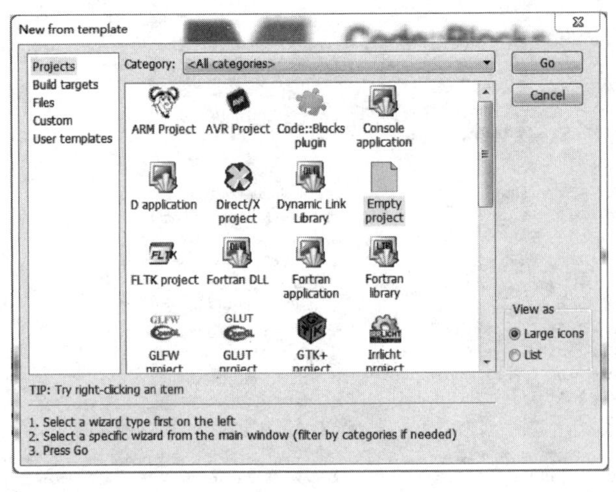

图 12-4　项目选择界面

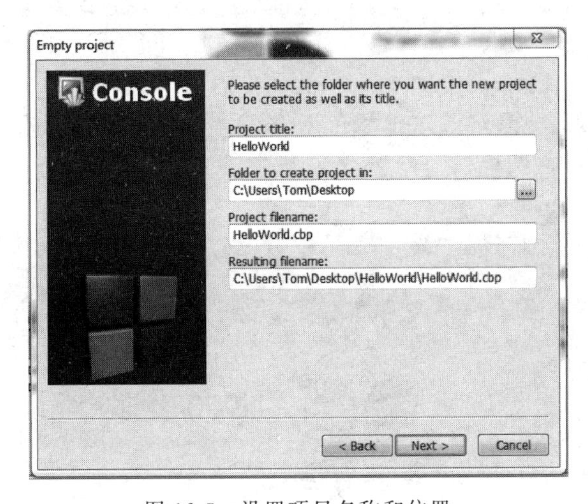

图 12-5　设置项目名称和位置

第五步，创建一个 C++源文件。选择菜单 File→New→File，弹出如图 12-6 所示的窗口。

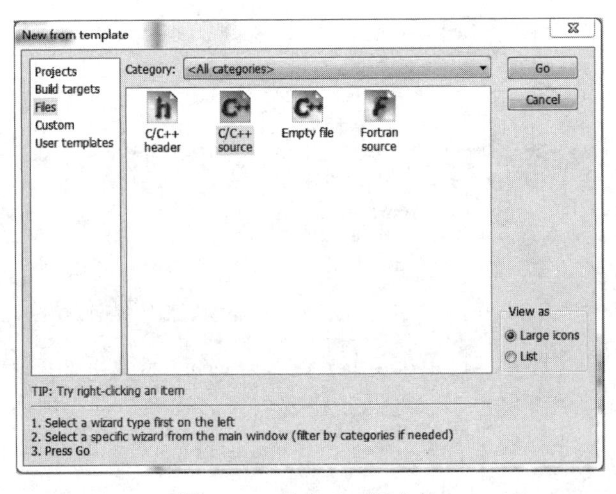

图 12-6　创建 C++源文件

双击选择 C/C++ source，弹出窗口；单击 Next 按钮，在随后出现窗口的中选择 C++选项。单击 Filename with full path：下的“…”按钮，在“文件名(N)：”输入“main. cpp”。全选 Debug 和 Release 选项，再单击 Finish 按钮，文件创建完成。

第六步，编写并运行一个简单的 HelloWorld 程序。在 main. cpp 文件中编写代码，如图 12-7 所示。

```
1  #include <iostream>
2
3  int main()
4  {
5      std::cout << "Hello World!";
6      return 0;
7  }
8
```

图 12-7　HelloWorld 程序

编写完毕后保存，按 F9 快捷键编译并运行程序，该程序运行结果如图 12-8 所示。

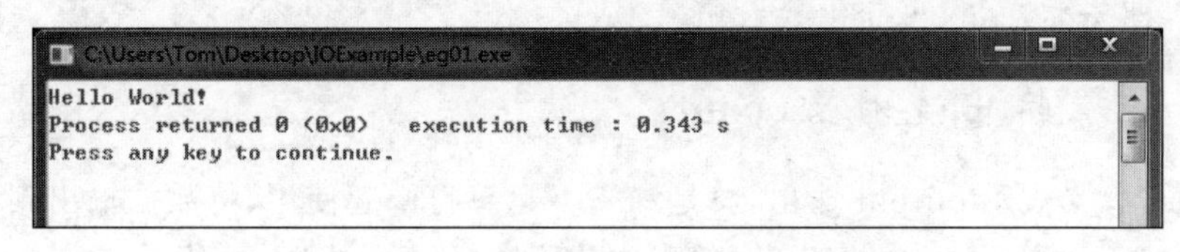

图 12-8　“HelloWorld!”程序运行结果

12. 2　C++的输入/输出

C 语言是面向过程的编程语言，通过调用 scanf、printf 等函数进行输入/输出。C++是面向对象的编程语言，std::cin 和 std::cout 是两个对象，通过重载运算符“>>”和“<<”进行操作。在 12.1 节的 HelloWorld 程序中，通过使用头文件< iostream >中的 std::cout 标准输出流对象，将程序运行结果输出到终端中显示。利用这个头文件可以避免 scanf、printf 等函数的格式要求。本节将简单介绍几个概念和 C++的输入/输出功能。

1. 数据流

“黄河之水天上来，奔流到海不复回。”这是现实生活中描写水流的诗句。在 C++中，数据是通过流形式(stream)进行交换传输的。计算机中数据流是由若干字节组成的有序连续的字符。数据流从输入设备(如键盘)流向内存，转而流向输出设备(例如显示器)。数据流内容可以是文本、二进制、图像、音频、视频等形式的信息。

2. 流类库

C++的编译系统提供了一个面向对象的输入/输出流类库< iostream >(即 input-output-stream)，其中包括了一些不同用途的输入输出类。ios 类是一个抽象类，由它分别派生出支持输入操作的 istream 类和支持输出操作的 ostream 类。通过多重继承的方式，派生出支持输入/输出操作的 iostream 类。其继承关系如图 12-9 所示。

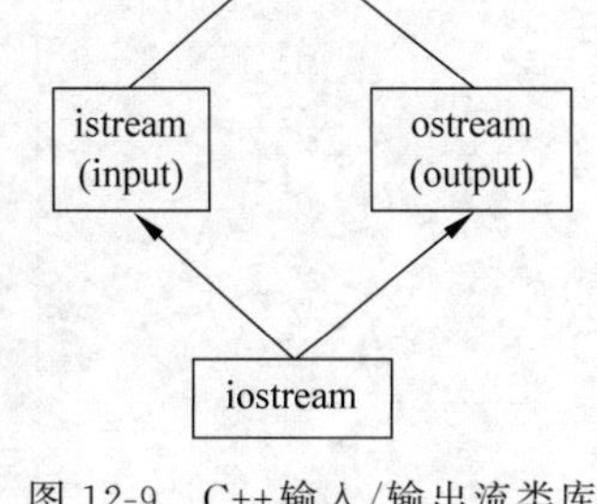

图 12-9　C++输入/输出流类库继承关系

C++以面向对象的方式，将不同数据类型的输入输出操作封装起来，对外提供一个统一的接口。运算符“<<”和“>>”通过运算符重载(operator overloading)机制,根据后面所跟的数据类型可以调整行为。这样使得不同的数据类型可以使用相同的操作方式进行输入输出。这样的流对象比C语言中的stdin、stdout等更加的容易使用。常用的输入/输出流如表12-1所示。

表12-1 常用输入/输出流

C++对象	C标准设备	设 备 描 述
std::cin	stdin	标准输入设备,如键盘
std::cout	stdout	标准输出设备,如显示器

3. 标准命名空间(std)

在12.1节的HelloWorld程序中,通过使用std::cout对象,将字符串"Hello World!"输出到终端显示。如果每次输入/输出时都要写std将会很烦琐。C++的标准库是存储在命名空间std中的,通过使用一条指令using namespace std告诉编译器,cout是来自于std这个命名空间,即std::cout可简化为cout。

12.2.1 标准输出流对象(cout)

cout顾名思义表示output输出,总是和"<<"运算符一起使用,将数据输出到终端显示。

【例12-1】 使用cout输出多个字符串。该程序代码如图12-10所示。

```
1   #include <iostream>
2   using namespace std;
3
4   int main()
5   {
6       string x = "Tom";
7       cout << "you can call me " << x;
8       return 0;
9   }
10
```

图12-10 cout示例代码

该程序运行结果如图12-11所示。

```
you can call me Tom
Process returned 0 (0x0)   execution time : 0.374 s
Press any key to continue.
```

图12-11 cout示例运行结果

当需要换行显示时,可以搭配使用endl,endl是C++标准库中的操控器,它的作用是在输出信息最后加上一个换行符。

【例12-2】 使用endl换行符示例。程序代码如图12-12所示。

```
1   #include <iostream>
2   using namespace std;
3
4   int main()
5   {
6       string x = "万径人踪灭。";
7       cout << "千山鸟飞绝，" << endl;
8       cout << x;
9       return 0;
10  }
11
```

图12-12 endl示例代码

该程序运行结果如图 12-13 所示。

```
千山鸟飞绝，
万径人踪灭。
Process returned 0 (0x0)   execution time : 0.343 s
Press any key to continue.
```

图 12-13　endl 示例运行结果

在输出数据时，有时需要按照指定格式显示输出。例如，以十六进制显示数值、保留小数点后两位有效数字等。C++ 中提供的操纵符可以控制输出格式，如表 12-2 所示。

表 12-2　C++ 操纵符控制输出格式

操纵符	实现效果
setw(int n)	设置字段宽度为 n
setfill(char_type c)	设置填空字符为 c
setprecision(int n)	设置浮点数精度为 n
setiosflags(ios_base::fmtflags mask)	设置输出字段格式位
resetiosflags(ios_base::fmtflags mask)	复位输出字段格式位
setbase(int n)	设置数字进制格式为 n
dec	用十进制输出数值
oct	用八进制输出数值
hex	用十六进制输出数值

12.2.2　标准输入流对象(cin)

cin 顾名思义表示 input 输出，总是和“>>”运算符一起使用，将键盘输入的数据储存到相应数据类型的变量中。

【例 12-3】　使用 cin 取得用户输入数据。程序代码如图 12-14 所示。

```
1   #include <iostream>
2   #include <string>
3   #include <sstream>
4   using namespace std;
5
6   int main()
7   {
8       string name;
9       string age_str;
10      int age;
11
12      cout << "如何称呼：";
13      getline(cin, name);
14      cout << name << "，久仰大名！" << endl;
15      cout << "今年贵庚：";
16      getline(cin, age_str);
17      stringstream(age_str) >> age;
18      cout << age << "呀！图样图森破。" << endl;
19
20      return 0;
21  }
22
```

图 12-14　cin 示例代码

处理数据流时，空格、tab 或者换行符将当作终止符处理。当需要提取整句信息的时候，可使用 getline()函数。它将从第一个参数 cin 对象中取得的整行字符信息，保存到第二个字符串参数中。在上面的例子中，age 是一个整型数值，但是用户输入的年龄数据是一个字符串类型。通过使用 stringstream()函数,可以将字符串当作流处理,这是 C++ 中比较常见的数值字符与数值相互转换的方式。该程序运行结果如图 12-15 所示。

```
如何称呼：屌丝
屌丝，久仰大名!
今年贵庚：18
18呀！图样图森破。

Process returned 0 (0x0)   execution time : 51.684 s
Press any key to continue.
```

图 12-15　cin 示例运行结果

12.3　面向对象概述

12.3.1　面向对象基本概念

对于简单的、规模小的任务,可以直接采用面向过程的方式编程解决。但是当程序达到一定规模后,这种结构化的编程方法,就有其局限性。程序员很难理解超过几千行的语句;即使按其功能分解为更小的函数单元模块,也很难维护这些模块之间的相互作用关系,对于全局数据访问也很难控制。俗话说:“成大事,不拘小节”。面向对象程序设计先将事情抽象成对象,然后具体的实施交由对象完成。以下介绍面向对象程序设计的几个基本概念:对象、类、封装、继承和多态等。

1. 对象

所谓对象(Object),就是面向对象程序设计的基本单元,由属性数据和行为方法两个要素组成。在 C++ 中,每个对象都有其数据和函数,通过保护机制只有对象中的函数才能访问本对象中的数据。多个对象间是通过函数进行交流协作的。

2. 类

所谓类(Class),就是对象的抽象。在 C++ 中,将事物的共性集中归纳到一种叫作类(Class)的类型中。类不占用内存存储空间,类的实例就是对象。如图 12-16 所示复仇者联盟中的超级英雄们,他们的共性是都具有超能力,都穿奇装异服等,图中上部的超级英雄类是具有超能力英雄的抽象,图下方的每一个超级英雄就是超级英雄类的具体实例,他们身着不同的服装,具有不同的超能力。

图 12-16　类与对象示例

3. 封装

所谓封装(Encapsulation),就是将对象的属性数据和对象的行为方法封装到一个类中。即信息隐藏,对用户隐藏实现细节。例如,对于一名司机,其主要工作就是开车,知道如何驾驶就足够了；至于汽车引擎工作原理可以不必熟悉。

4. 继承

所谓继承(Inheritance)，就是在新定义一个子类时，可以从已有父类那里取得某些特性和行为。子类具有父类的所有特性，并可以增加某些新特性。例如，不坑爹的富二代可以从长辈那里继承家族产业，并发扬光大。

5. 多态

所谓多态(Polymorphism)，就是由继承所产生不同的类，其对象会对相同的指令消息做出不同的响应。这是面向对象程序设计的一种重要特性。其目的是抽象行为，即用一个名称指定一般类型的行为。根据不同的输入数据，选择对应的特定实例，如图12-17所示。

图12-17　对象多态示例

总之，面向过程编程不太适合实际情况建模，其函数和数据结构与实际问题中的要素没有很好的对应关系。在现实世界中，对象无处不在，如动物、植物、汽车、地球等。面向对象编程的最基本逻辑实体是对象，其中包含数据和函数，每个对象的数据与相应的函数都是紧密联系的，多个对象之间是通过函数进行交流协作的。面向对象编程方法是一种在程序中包含各种独立但是又可以相互协作的对象。

12.3.2　面向对象基本原则

所谓"细节是魔鬼"，封装可以将抽象的细节隐藏在简单的接口之下。通过继承的方式，新的子类可以自动获取已有父类的某些或者全部特性，并对其进行扩展。多态的目的则是通过抽象行为的方式，使新的子类可以展现其自己新的行为方式。但是怎么使用类呢？应该如何把一些属性和方法封装在一个类里？何时使用类之间的继承关系呢？先来看看面向对象程序设计的五个基本原则，即SOLID原则。

1. 单一责任原则

一把瑞士军刀含有多功能的工具，你可以用它处理一字形或者十字形的螺丝；但是当遇到一种五星螺丝时，就需要扩充你的那把瑞士军刀。单一责任原则(Single Responsibility Principle)是指一个类应该有且只有一个职责，只负责做好一件事，并把它做好。如果一个类同时负责多件事，这些一个职责的变化可能会影响其他的职责。仅仅因为你有能力将所有的功能实现在一个类中，并不意味着你应该这么做。因为从长远来看，它将增加很多的可管理性问题，所以要将不同的职责封装到不同的类中，遵守单一责任原则。

2. 开闭原则

在看脸的世界里，人靠衣装美靠靓装，穿件衣服化个妆就可以解决的问题，何苦非要去做整形手术？开闭原则(Opened Closed Principle)是指程序模块、类、函数等，应该对功能的扩展开放，对源代码的修改关闭。在设计程序时，首先建立一个抽象层，其中包含所有的具体实现必须提供的方法，要预见所有扩展的可能性，在任何情况下，这个抽象层不需修改；然后可以从抽象层导出一个或多个新的具体实现，可以改变系统的行为，这意味着在最基本的层面上，你可以扩展一个类的行为，而不必改动其源代码。

3. Liscov 替换原则

一只玩具鸭，样子像鸭，叫声像鸭，但是它还需要用电池。这里父类的某些方法在子类中发生变异，不适合使用继承，应该采用依赖、聚集、组合等关系代替继承。Liscov 替换原则(Liscov Substitution Principle)是指子类的实例应该能够替换任何其父类的实例。反之不一定成立，因为子类必须完全实现父类的方法，但是子类可以有自己的特性。使用基类引用的函数必须能够使用派生类而无须了解派生类，使用者可能根本就不需要知道是父类还是子类。在设计程序时，使用继承来实现多态，再通过抽象和多态，使程序具有动态结构。

4. 接口隔离原则

假如一个装置有多种功能和型号的接口，那么你想让我把这 USB 接口插到什么地方呢？接口隔离原则(Interface Segregation Principle)是指用户不应该依赖于其所不需要使用的接口；一个类对另外一个类的依赖应该建立在最小范围的接口上。接口隔离原则确保接口实现自己的职责，且清晰明确，易于理解，具有可复用性。假设你想去买一台电视机并且有两种类型可以选择，其中一种有很多开关和按钮，但是多数对你来说用不到，另一种只有几个开关和按钮，并且看来你很熟悉怎么用。如果这两种电视机提供同样的功能，你会选择哪一种？不要强迫用户使用其所不需要的功能，否则会增加系统复杂度，降低系统可维护性和稳定性。

5. 依赖倒置原则

你会将电灯直接焊接到墙里的电线上吗？还是使用插头接口呢？依赖倒置原则(Dependency Inversion Principle)是指以抽象之不变应具体实现之万变。高层次的模块不应该依赖于低层次的模块，而是都应该依赖于抽象；抽象不应该依赖于具体，具体应该依赖于抽象。例如，汽车是由发动机、变速箱、底盘和车轮等很多部件组成，它们并没有严格的构建在一个部件里，它们都是“插件”，假如车轮出了问题，可以单独修理，甚至换一个用，不必因为某个插件有问题就整车更换。

12.4 类与对象

12.4.1 类的定义和使用

在 C++中，对象是类的实例，创建对象时才会占用内存空间。对象的类型称为类。类可以用来表示一些具有相同特征的对象，不占用内存空间。虽然 C++支持一些基本数据类型，如 char、int、double 等，但是这些并不足以满足实际需求。利用 C++类机制，用户可以定义自己的数据类型，并且能很好地将不同类型的数据以及与其相关的操作封装在一起。以下介绍在 C++中如何创建类与对象，以及如何使用它们。

1. 类的定义

类的定义包括声明和实现两部分，C++中使用对象之前，要先声明类。声明类时，将指定一组对象的属性和行为，生成用户自定义的数据类型。声明类的一般形式如下：

```
class 类名
{
public:
    数据成员或成员函数
private:
    数据成员或成员函数
};
```

其中 class 是声明类的关键字。类名是用户自定义的声明类的名字，必须符合标识符命名规则。花括号表示类的声明范围。数据成员以及成员函数分别用于描述类的属性和行为。关键字 public 和 private 表示访问权限，限制类成员的访问范围。

（1）private 表示只有类成员函数能够访问 private 后的类成员。

（2）protected 表示可以从同类的其他成员、友元或者从其派生类访问的类成员。

（3）public 表示类成员不限制访问，类外的对象和函数可以访问类成员。

2. 类的使用

【例 12-4】 一个二维空间点的类定义以及使用示例。程序代码如图 12-18 所示。

首先声明了一个名字叫 Point 类；其中有 2 个数据成员分别用来表示 x 和 y 轴坐标，它们的访问权限为 private 范围；还有 4 个成员函数分别用来设置和获取点的 x 和 y 轴坐标数据，它们的访问权限为 public 范围。然后分别实现前面声明了的 4 个成员函数：setX、setY、getX 和 getY。最后在 main 函数中，创建一个 Point 类型的对象叫作 p，通过使用成员运算符“.”，用户可以直接访问 Point 类中访问权限范围是 public 的数据成员或成员函数，这里是我们可以访问的是 set 型函数和 get 型函数。

```
1   #include <iostream>
2   using namespace std;
3   // 声明
4   class Point {
5   public:
6       Point();    // 无参构造函数
7       Point(int a, int b);    // 有参构造函数
8       ~Point();   // 析构函数
9
10      void setX(int a);
11      void setY(int b);
12      int getX();
13      int getY();
14
15  private:
16      int x;
17      int y;
18
19  };
20  // 实现
21  Point::Point():x(0),y(0){}
22
23  Point::Point(int a, int b):x(a),y(b){}
24
25  Point::~Point(){}
26
27  void Point::setX(int a){
28      x = a;
29  }
30
31  void Point::setY(int b){
32      y = b;
33  }
34
35  int Point::getX(){
36      return x;
37  }
38
39  int Point::getY(){
40      return y;
41  }
42  //使用
43  int main(){
44      Point p1;
45      Point p2(50, 50);
46      cout << "p1 is at (" << p1.getX() <<
47              " , " << p1.getY() << ")" << endl;
48      cout << "p2 is at (" << p2.getX() <<
49              " , " << p2.getY() << ")";
50      return 0;
51  }
```

图 12-18　二维空间点示例代码

该程序运行结果如图 12-19 所示。

```
p1 is at (0 , 0)
p2 is at (50 , 50)
Process returned 0 (0x0)   execution time : 0.047 s
Press any key to continue.
```

图 12-19　二维空间点示例运行结果

12.4.2 构造函数和析构函数

1. 构造函数

在C++中，通过使用构造函数(Constructor)来处理对象的初始化，即建立对象时对数据成员赋值。构造函数定义不需要声明其类型，构造函数也没有返回值。如果没有定义构造函数，那么C++系统会自动生成一个默认的空构造函数。在同一个类中，构造函数可以具有相同的名字，而参数的数量或参数的类型不相同，这叫作构造函数的重载。

2. 析构函数

在声明类时，需要定义析构函数(Destructor)，其功能与构造函数相反，当对象脱离其作用域后，系统会自动执行析构函数。如果没有定义析构函数，那么C++系统会自动生成一个默认的空析构函数。它的名字是类的名字前面加上一个"～"符号。析构函数没有函数类型，没有返回值，没有任何函数参数，不能被重载。

12.4.3 对象指针

在C++程序中，如果需要访问对象中的成员，可以通过对象名和成员运算符"."来访问对象中的成员。那么如何通过指向对象的指针访问对象中的成员呢?

每次从类实例化出一个对象时，系统在内存区都会为其数据成员分配一块空间。每个对象在内存中有自己的地址。访问对象时，可以使用对象指针(即类指针变量)。

在C++中，在变量名前加上"*"，表示变量为指针变量。例如，对于Point类定义，下列声明语句生成对象p和对象指针变量p_ptr:

```
Point p;
Point *p_ptr;
```

p_ptr是Point类型的指针变量，即可以在这个指针变量中存放Point对象的地址。下面的语句中使用地址运算符(&)取得对象p的地址，并赋值给指针变量p_ptr:

```
p_ptr = &p;
```

使用对象指针时，要访问一个对象成员，需要使用运算符"->":

```
cout << "p is at (" << p_ptr->getX() <<" , " << p_ptr->getY() << ")" << endl;
```

【例12-5】 定义并使用Box类，利用对象指针访问对象。程序代码如图12-20所示。该程序运行结果如图12-21所示。

在这个例子中使用了多种运算符，它们的含义如表12-3所示。

表12-3 多种运算符及其含义

表 达 式	含 义
*b_ptr	名为b_ptr的对象指针
&b	对象b的地址
b.getVolume()	对象b的成员函数getVolume()
b_ptr->getVolume()	b_ptr对象指针所指对象的成员函数getVolume()
(*b_ptr).getVolume()	b_ptr对象指针所指对象的成员函数getVolume()
b2[i]	b2对象指针所指第i+1个对象

```
1   #include <iostream>
2   using namespace std;
3   // 定义
4   class Box
5   {
6   public:
7       Box(int x, int y, int z): w(x), h(y), b(z) {}
8       double getVolume(void){ return w * b * h; }
9
10  private:
11      double w;      // Width of a box
12      double h;      // Height of a box
13      double b;      // Breadth of a box
14  };
15
16  //使用
17  int main(){
18      Box b (3, 4, 5);
19      Box *b_ptr, *b1_ptr, *b2;
20      b_ptr = &b;
21      b1_ptr = new Box (5, 6, 7);
22      b2 = new Box[2] { {3,5,7}, {2,4,6} };
23      cout << "Box b's Volume: " << b.getVolume() << endl;
24      cout << "Box *b_ptr's Volume: " << b_ptr->getVolume() << endl;
25      cout << "Box *b1_ptr's Volume: " << b1_ptr->getVolume() << endl;
26      cout << "Box b2[1]'s Volume:" << b2[0].getVolume() << endl;
27      cout << "Box b2[2]'s Volume:" << b2[1].getVolume() << endl;
28      delete b1_ptr;
29      delete[] b2;
30      return 0;
31  }
32
```

图 12-20　对象指针示例代码

```
Box b's Volume: 60
Box *b_ptr's Volume: 60
Box *b1_ptr's Volume: 210
Box b2[1]'s Volume:105
Box b2[2]'s Volume:48

Process returned 0 (0x0)   execution time : 2.262 s
Press any key to continue.
```

图 12-21　对象指针示例运行结果

12.5　派生类与继承类

继承是面向对象的重要特性之一。在 C++中如何使用继承呢?

在 C++中,继承是用来描述类与类之间的关系。父类派生出子类,子类继承了父类。派生类具有继承类的所有特性,并可以增加某些新特性。图 12-22 说明了类的继承关系。

继承一般用于描述类与类的 is-a 关系。如,Circle is-a Shape; Square is-a Shape; Triangle is-a Shape。Shape 类的继承关系,如图 12-23 所示。

声明派生类的一般形式如下:

```
class 派生类名字:继承类型继承类名字
{
    // 这里是其他语句
}
```

【例 12-6】　用 Circle 类、Square 类、Triangle 类和 Shape 类定义演示继承类与派生类的

用法。程序代码如图 12-24、图 12-25 和图 12-26 所示。

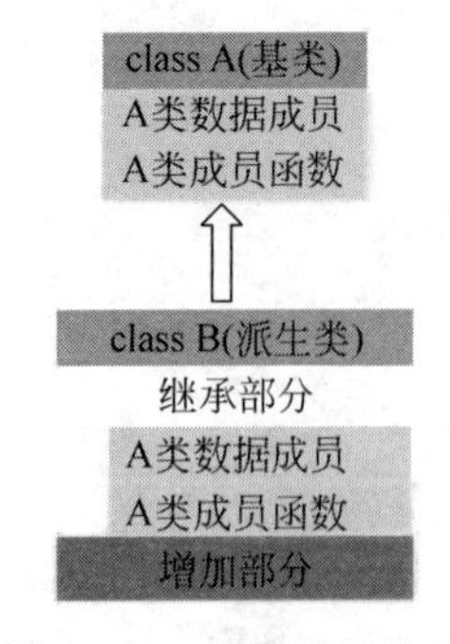

图 12-22　类的继承关系

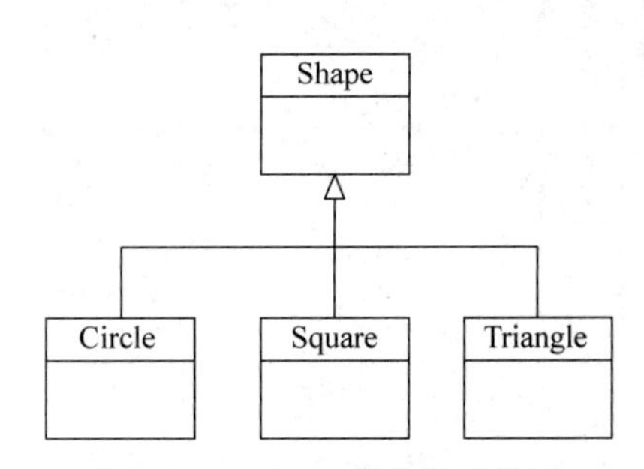

图 12-23　shape 类的继承关系

```
1   #include <iostream>
2   using namespace std;
3   // 定义
4   class Shape {
5   public:
6       Shape() { cout << "这是父类 Shape" << endl; }
7
8
9   protected:
10      double w;       // Width
11      double h;       // Height
12  };
13
```

图 12-24　父类 Shape 的定义代码

```
14  class Circle: public Shape {
15  public:
16      Circle() { cout << "这是子类 Circle" << endl; }
17      void setRadius(int r) { w = r; }
18      double getArea(void){ return 3.14 * w * w; }
19  };
20
21  class Square: public Shape {
22  public:
23      Square() { cout << "这是子类 Square" << endl; }
24      void setWidth(int x) { w = x; h = w; }
25      double getArea(void){ return w * w; }
26  };
27
28  class Triangle: public Shape {
29  public:
30      Triangle() { cout << "这是子类 Triangle" << endl; }
31      void setHeight(int x) { h = x; }
32      void setWidth(int x) { w = x; }
33      double getArea(void){ return w * h / 2; }
34  };
35
```

图 12-25　子类 Circle、Square、Triangle 的定义代码

在每个派生类和继承类的构造函数中，添加了一条打印信息，帮助显示对象初始化顺序。对于每个派生类对象，先调用继承类的基础构造函数，将其数据成员初始化，然后再调用派生类的构造函数，完成对象初始化，如图 12-25 所示。

从 Shape 类派生出来的 Circle 类、Square 类和 Triangle 类中都继承了 Shape 类的成员函数和数据成员。因为当一个类继承自另一个类时，派生类可以访问其继承类中访问权限为 protected 范围的成员；所以在 Shape 类中数据成员 w 和 h 的访问限制为 protected。在表 12-4 中总结了不同关键字的访问权限范围。

表 12-4　不同关键字的访问权限范围

访问权限关键字	类中可访问	派生类可访问	类外可访问
public	是	是	是
protected	是	是	否
private	是	否	否

该程序的 main 函数实现如图 12-26 所示。

```
36  //使用
37  int main(){
38      // 创建对象
39      Circle c;
40      Square s;
41      Triangle t;
42
43      // 给对象赋值
44      c.setRadius(10);
45      s.setWidth(5);
46      t.setWidth(20);
47      t.setHeight(10);
48
49      // 打印对象的面积
50      cout << "Total area: " << c.getArea() << endl;
51      cout << "Total area: " << s.getArea() << endl;
52      cout << "Total area: " << t.getArea() << endl;
53
54      return 0;
55  }
56
```

图 12-26　main 函数代码

程序运行结果如图 12-27 所示。

```
这是父类 Shape
这是子类 Circle
这是父类 Shape
这是子类 Square
这是父类 Shape
这是子类 Triangle
Total area: 314
Total area: 25
Total area: 100

Process returned 0 (0x0)   execution time : 0.312 s
Press any key to continue.
```

图 12-27　例 12-6 运行结果

习题与思考

一、简答题

1. 面向对象与面向过程编程的不同之处有哪些？
2. 什么是 C++中的类和对象？它们的关系是什么？
3. 什么是类的成员数据和成员函数？
4. 什么是派生类？什么是继承类？
5. 继承有哪些好处？
6. protected 和 private 类成员的区别是什么？

二、编程题

1. 写一个用户交互程序,让用户输入准备存入余额宝的金额数,根据支付宝收益率计算出用户近一周的收益,并按下列格式显示总金额,精确到小数点后两位。

2. 写一个程序求解一元二次方程 a * x * x+b * x+c=0; 用户输入 a,b,c 的值,如果 a=0 或者 b * b<4 * a * c,那么输出此方程无解。

3. 编写一个程序,计算公司员工每月工资。员工信息包括工号、工龄和工资类型,工资类型有以下三种。

① 定薪型:每月工资固定,但每年增加 10%。

② 提成型:每月工资为其业绩的 5%。

③ 时薪型:每小时 60 元,每月工资不超过 180 小时。

4. 修改例 12-6 中程序 Circle 类、Square 类、Triangle 类和 Shape 类定义,显示派生类中继承类的构造函数和析构函数的调用顺序。

参考文献

[1] 谭浩强.C程序设计[M].3版.北京：清华大学出版社,2005.

[2] 谭浩强.C程序设计题解与上机指导[M].3版.北京：清华大学出版社,2005.

[3] 杨路明.C语言程序设计教程[M].3版.北京：北京邮电大学出版社,2008.

[4] 钱能.C++程序设计教程[M].北京：清华大学出版社,2005.

[5] 谭浩强.C程序设计教程[M].2版.北京：清华大学出版社,2013.

[6] 姜学峰,曹光前.C程序设计[M].北京：清华大学出版社,2012.

[7] 邵荣.C++程序设计[M].北京：清华大学出版社,2013.

[8] 黄明,梁旭,万洪莉.C语言课程设计[M].北京：电子工业出版社,2006.

[9] 李春葆,张植民,肖忠付.C语言程序设计题典[M].北京：清华大学出版社,2002.

[10] 高涛.C语言程序设计——实验指导·课程设计·习题解答[M].西安：西安交通大学出版社,2007.

[11] Deitel H M, Deitel P J. C程序设计经典教程[M].聂雪军,贺军,译.4版.北京：清华大学出版社,2006.

[12] 科汉.C语言编程[M].张小潘,译.3版.北京：电子工业出版社,2006.

[13] Kernighan B W, Dennis M,Ritchie D M.C程序设计语言[M].徐宝文,李志,译.2版.北京：机械工业出版社,2004.

[14] Tondo C L,Gimpel S E. The C Answer Book：Solutions to the Exercises in The C Programming Language by Brian W. Kernighan & Dennis M. Ritchie[M]. Upper Saddle River：Prentice Hall, 1989.

[15] Kernighan B W. Programming in C-A Tutorial[J]. International Journal of Computer Science &Security,2002.

附录 A　几种 C 语言集成开发环境

C 语言的集成开发环境(IDE)有很多种,以下就 Windows、Linux 和 mac OS 三大平台进行介绍。

1. Windows 下如何选择 IDE

Windows 下常见的 IDE 有以下几种。

1) Visual Studio

Windows 下首推微软开发的 Visual Studio(简称 VS),它是 Windows 下的标准 IDE,VS 2010 是微软于 2010 年发布的,目前最新版的 2019 年发布的 VS 2019。

不过 VS 有点庞大,安装包有 2～3GB,下载不方便,而且会安装很多暂时用不到的工具,安装时间在半个小时左右。

最新版的 Visual Studio 下载地址为 https://visualstudio.microsoft.com/zh-hans/vs/community 版本是免费使用的,足够初学者学习 C 语言使用。

安装步骤参考如下网址:

https://docs.microsoft.com/zh-cn/visualstudio/install/install-visual-studio?view=vs-2019

2) Dev C++

如果觉得 VS 太复杂,那么可以使用 Dev C++。Dev C++是一款免费开源的 C/C++ IDE,内嵌 GCC 编译器(Linux GCC 编译器的 Windows 移植版),是 NOI、NOIP 等比赛的指定工具。Dev C++的优点是体积小、安装卸载方便、学习成本低,缺点是调试功能弱。

下载地址为 https://github.com/banzhusoft/devcpp 或者 https://royqh.net/devcpp/。

通常情况下 Dev C++不需要安装,解压缩就可以直接使用。

3) Visual C++ 6.0

Visual C++ 6.0(简称 VC 6.0)是微软 1998 年开发的一款经典的 IDE 产品,很多高校都以 VC 6.0 为教学工具来讲解 C 和 C++。

4) Code::Blocks

Code::Blocks 是一款开源、跨平台、免费的 C/C++ IDE,它和 Dev C++非常类似,小巧灵活,易于安装和卸载,不过它的界面要比 Dev C++复杂一些。使用过程可参看本书配套教程第 12 章。

5) Turbo C

Turbo C 是一款古老的、DOS 年代的 C 语言开发工具,程序员只能使用键盘来操作 Turbo C,不能使用鼠标,所以非常不方便。但是 Turbo C 集成了一套图形库,可以在控制台程序中画图,看起来非常炫酷,所以至今仍然有不少人在使用。

2. Linux 下如何选择 IDE

Linux 下可以不使用 IDE,只使用 GCC 编译器和一个文本编辑器(如 Gedit)即可,这样对初学者理解 C 语言程序的生成过程非常有帮助,读者可自行查阅 Linux GCC 相关教程。如果希望使用 IDE,那么可以选择 CodeLite、Code::Blocks、Anjuta、Eclipse、NetBeans 等。

3. mac OS 下如何选择 IDE

mac OS 下推荐使用 Apple 官方开发的 Xcode,在 App Store 即可下载,读者可自行查阅 Xcode 相关教程。另外,Visual Studio 也推出了 mac 版本。

A.1 使用 Dev-C++

以调试步骤相对简单的小熊猫 Dev-C++ 6.2 为 IDE,介绍代码无误时从创建到运行一个程序的完整过程。

1. 创建源文件

打开软件,单击主菜单中的“文件”按钮,滑动鼠标指针从“新建”至“源代码”按钮,单击“源代码”,如图 A-1 所示。

图 A-1 创建源文件窗口

注意:其他 IDE 需要先创建一个 Project,翻译过来就是“工程”或者“项目”。在 Visual C++ 6.0 下,这叫作一个“工程”,而在 Visual Studio 下,这又叫作一个“项目”,它们只是单词“Project”的不同翻译而已,实际上是一个概念。

2. 编辑代码

在编辑窗口中,输入如图 A-2 所示 C 程序代码。

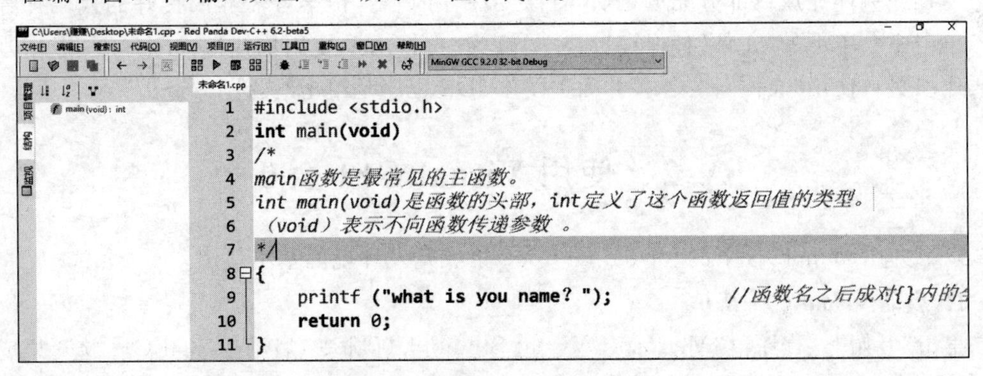

图 A-2 源程序代码编辑窗口

/*… */注释内容不参与编译,可不写,但仍建议读者培养好的注释习惯。

3. 编译、连接和运行

接下来,将 C 语言的源代码编译成计算机能执行的目标代码。编译过程为:

单击主菜单下的“运行”|“编译”按钮(或使用快捷键 F9)。编译时,在下方的输出框中将显示出相应的编译信息,包括错误、警告。

如果没有错误，则 IDE 会自动完成连接步骤，并生成一个可执行文件(.exe 文件)。屏幕下方会显示该.exe 文件的名称及存放位置，如图 A-3 所示。

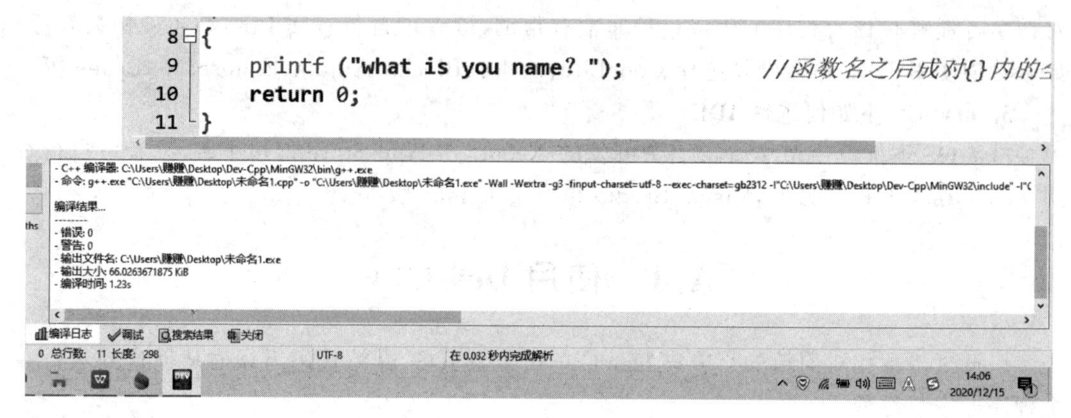

图 A-3 编译源程序

程序无误之后，单击“运行”按钮(或使用快捷键 F10)出现结果窗口，如图 A-4 所示，按任意键结束。

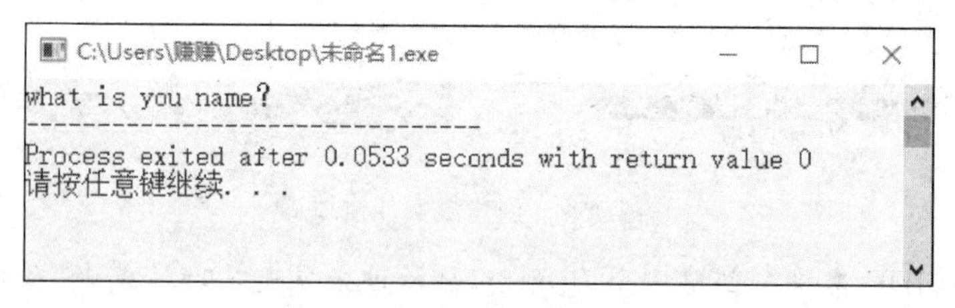

图 A-4 运行结果

注意：出现一行“——”是此 IDE 将程序结果与系统提示隔开，某些 IDE 无此标识。

4. 保存与退出

当程序编译完成或部分完成之后，就需要保存内容。初学者需养成良好的代码保存习惯。单击主菜单下的“文件”|“保存”(或“另存为”)命令，或使用快捷键 Ctrl+S。退出当前代码或项目可使用“文件”|“关闭”。而关闭本 IDE 程序是单击“文件”|“退出”。

A.2 使用 Visual C++ 6.0

以下介绍 Windows 下的 Visual C++ 6.0 集成开发环境的基本使用。

1. 启动 Visual C++ 6.0

单击“开始”|“程序”|“Microsoft Visual Studio 6.0”命令，启动 Visual C++ 6.0 集成开发环境。启动后如图 A-5 所示。

2. 创建文件

单击主菜单中的 File|New 命令，在弹出的 New|对话框中选择 File 选项卡，如图 A-6 所示。在左边列出的选项中选择“C++ Source File”；在右边 File 文本框中输入文件名，主文件名自行命名，扩展名为“.c”，如“exam1.c”。在 Location 文本框中确定保存的位置。

确认后进入 Visual C++ 6.0 集成开发环境的代码编辑窗口，如图 A-7 所示。

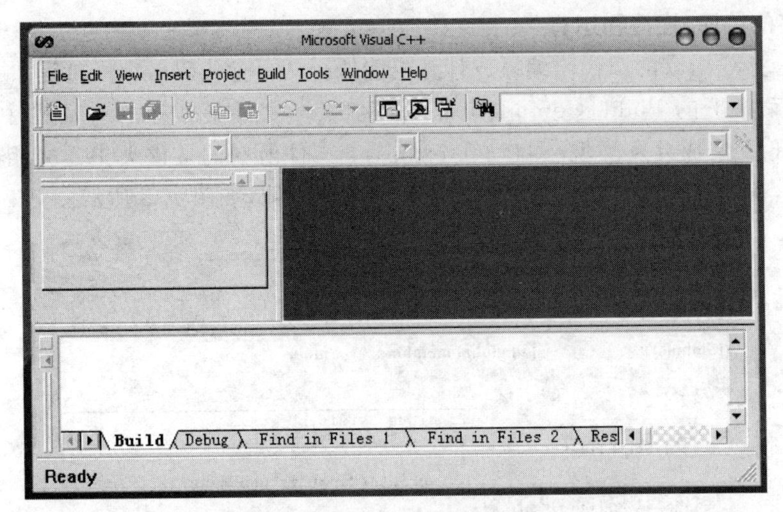

图 A-5　Visual C++ 6.0 集成开发环境

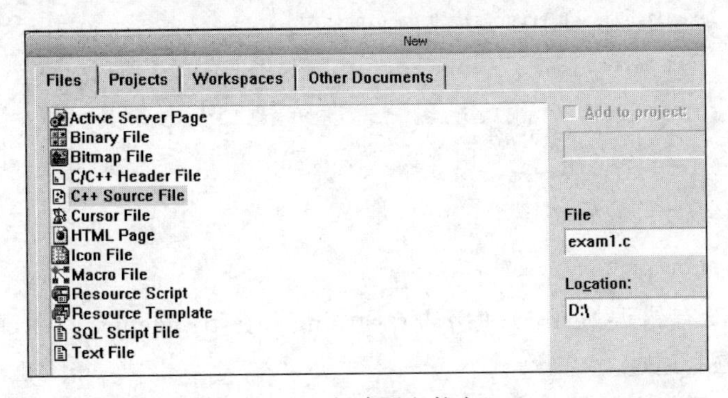

图 A-6　创建源文件窗口

3. 编辑代码

在 Visual C++ 6.0 代码编辑窗口中，输入如图 A-7 所示 C 程序代码。

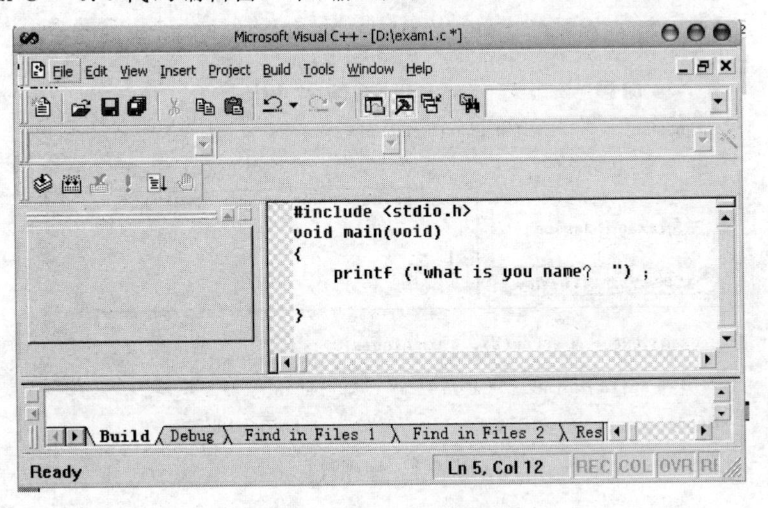

图 A-7　源程序代码编辑窗口

4. 程序的编译、连接和运行

接下来,将 C 语言的源代码编译成计算机能执行的目标代码。编译过程如下。

单击主菜单下的 Build|Compile exam1.c 命令,接着在打开的对话框中选择“是”。Visual C++ 6.0 集成开发环境会自动在 exam1.c 文件所在的文件夹中建立相应的项目文件。编译时,在下方的输出框中将显示出相应的编译说明,如图 A-8 所示。

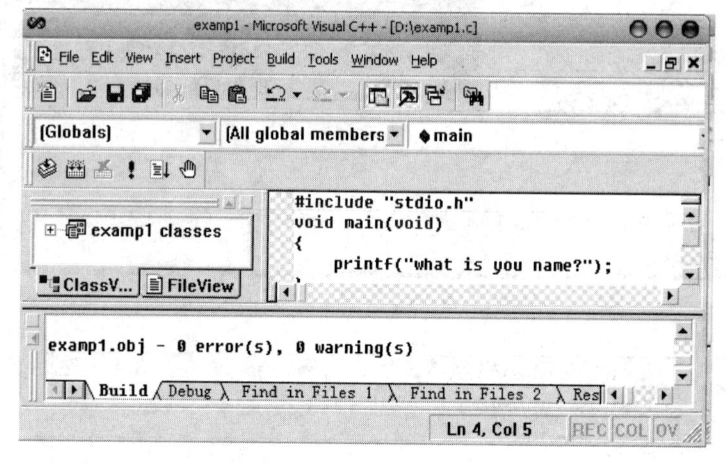

图 A-8　编译源程序

如果代码编译无误,最后将显示:

```
exam1.obj - 0error(s),0 warning(s)
```

这说明编译没有错误(error)和警告(warning),在 d:\debug 目录下生成目标文件 exam1.obj 编译顺利通过。

连接过程为:目标文件不能直接执行,必须要将目标文件(*.obj)和相关的库函数连接成可执行程序(*.exe)。如图 A-9 所示,接下来单击 Build|Build exam1.exe 命令,生成可执行文件 exam1.exe。该文件保存在与 exam1.c 同一文件夹下的 Debug 文件夹中。

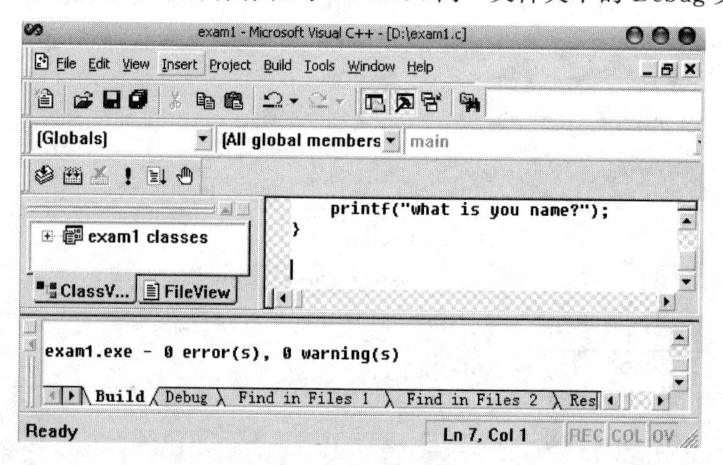

图 A-9　连接过程

运行过程为:单击主菜单下的 Build|Execute exam1.exe 命令。此时,弹出一个控制台窗口,如图 A-10 所示,按任意键返回(press any key to continue)。

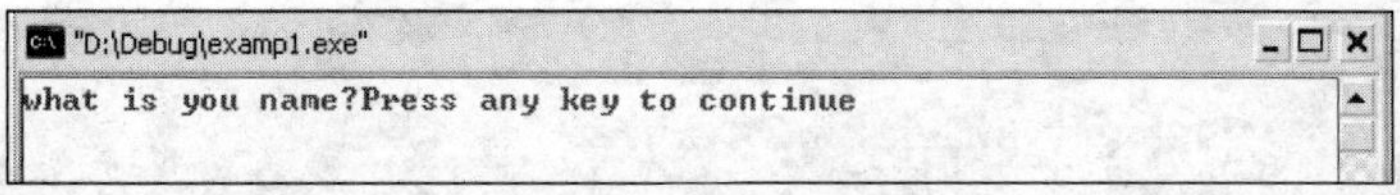

```
"D:\Debug\examp1.exe"
what is you name?Press any key to continue
```

图 A-10　程序运行结果

5. 关闭工作区

工作完成后,应将该文件保存下来,并关闭工作区。

单击主菜单下的 File|Save all 命令保存所有的文件,然后再单击 File|Close Workspace 命令,关闭当前工作区。

A.3　使用 Visual C++ 2010

Visual C++ 2010 是属于 Visual Studio 2010 的一部分,它使用灵活方便,界面操作简便,功能强大,集成多种开发工具和技术,如 C# 等。

Visual C++ 2010 较 Visual C++ 6.0 有较大改动。如果直接使用 Visual C++ 2010 打开 Visual C++ 6.0 的项目进行升级是行不通的。

本节简单介绍在 Visual C++ 2010 中如何创建新项目、如何配置项目属性、调试和运行。

1. 启动 Visual C++ 2010

Visual C++ 2010 安装成功后运行的画面如图 A-11 所示。

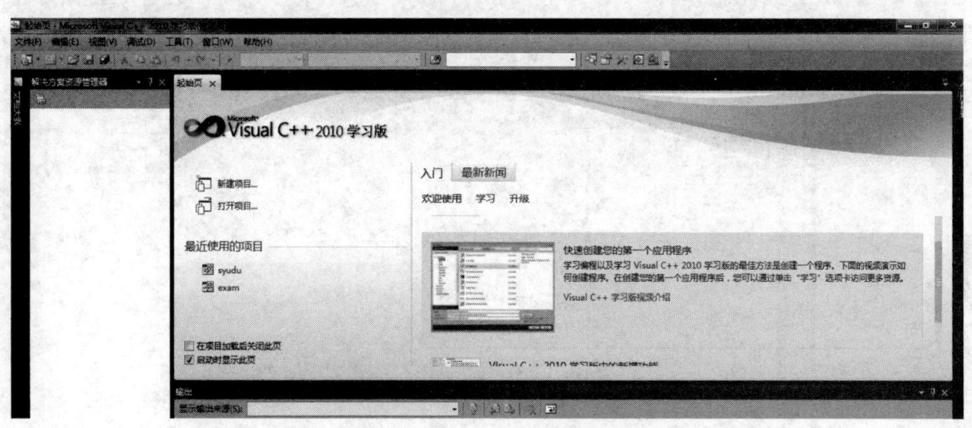

图 A-11　Visual C++ 2010 起始页

2. 配置属性

在工具/自定义/工具栏中勾选标准、调试、生成复选项,如图 A-12 所示。

设置的目的是可以直接在工具栏上面选择编译项目、编译整个解决方案、调试和运行程序,如图 A-13 所示。

Visual C++ 2010 不能单独编译一个.cpp 或者.c 文件,必须建立在某一个项目下。

3. 新建项目

在起始页单击新建项目,选 Visual C++下 Win32 控制台应用程序,输入名称、确定位置,解决方案文件夹名默认同项目名,如图 A-14 所示。

项目是构成某个程序的全部组件的容器,可能是控制台程序,基于窗口的程序等。程序通常由一个或多个包含用户代码的源文件,可能还要加上其他包含辅助数据的文件组成。

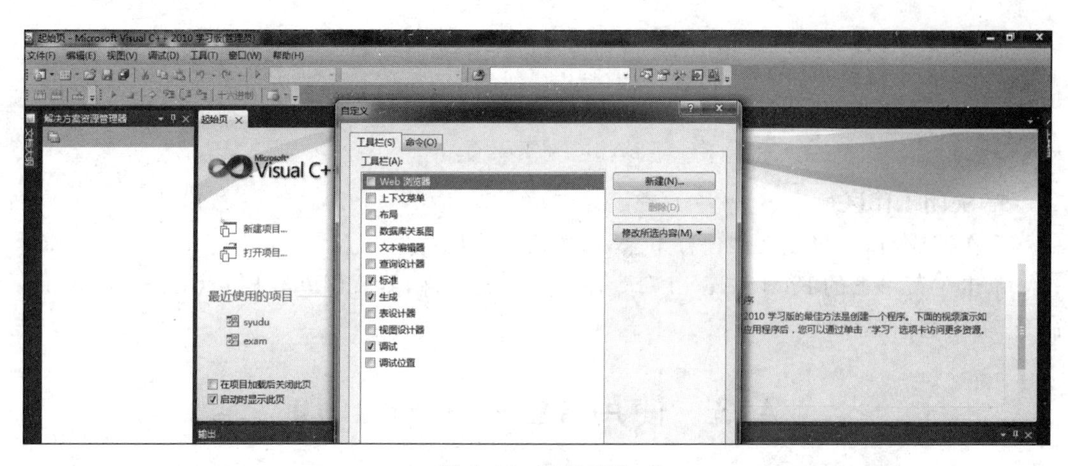

图 A-12　配置属性

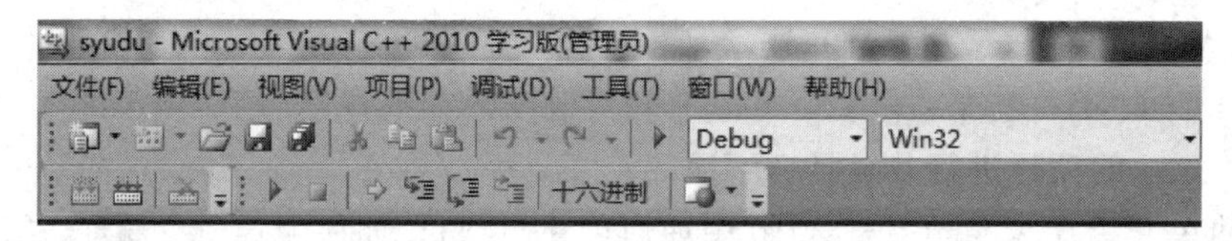

图 A-13　设置的工具栏

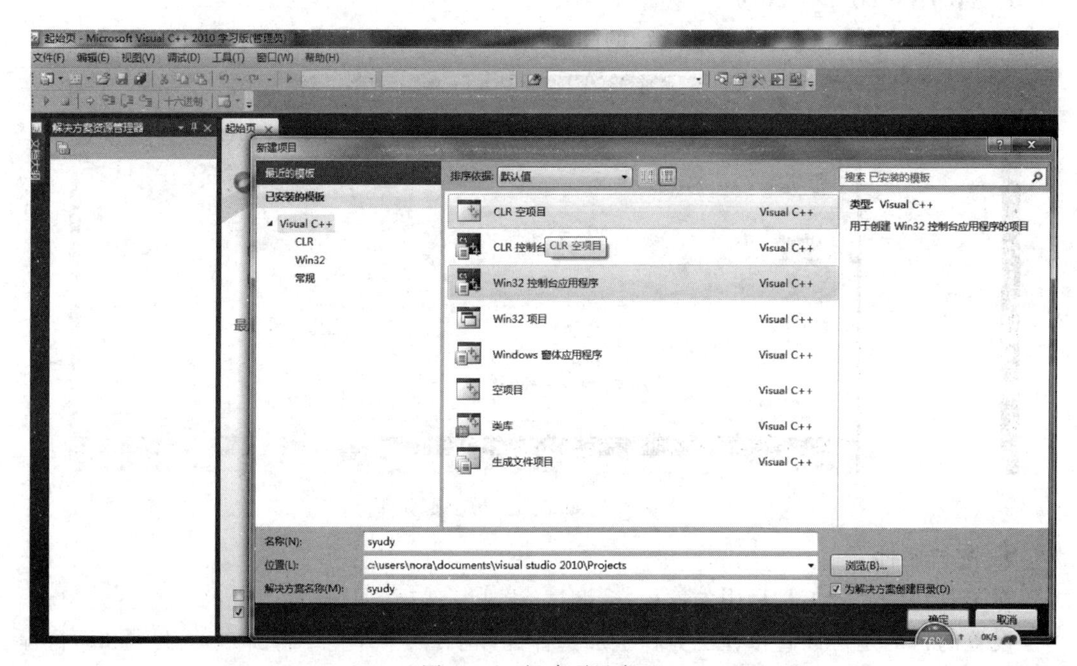

图 A-14　新建项目窗口

解决方案是一种将所有程序和其他资源聚集到一起的机制,解决方案是存储一个或多个项目有关的所有信息的文件夹,这样就有一个或多个项目文件夹是解决方案文件夹的子文件夹。

接下来创建页面,根据 Win32 应用程序向导默认“下一步”,如图 A-15 所示。

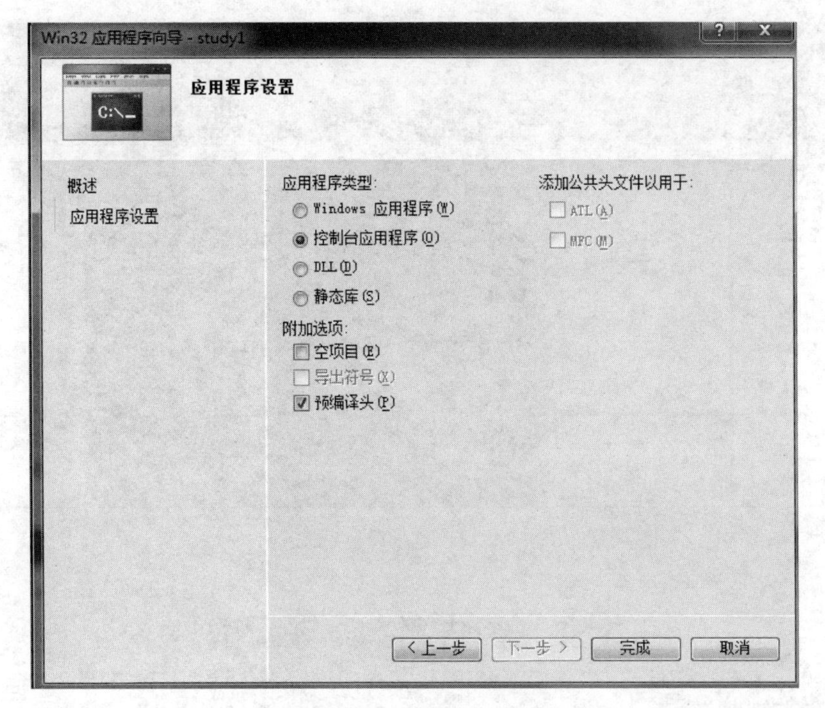

图 A-15　Win32 应用程序向导

向导可生成完整的可编译和可执行的 Win32 控制台程序，这里也可选空项目，完成后源代码窗口就是空白，需要完整地输入代码。

图 A-16 中显示的仅是个程序的框架，不能做任何事情，需要对其稍加修改。添加第 5 行、第 9 行两行代码，目的是显示一行问候语："Hello World!"。

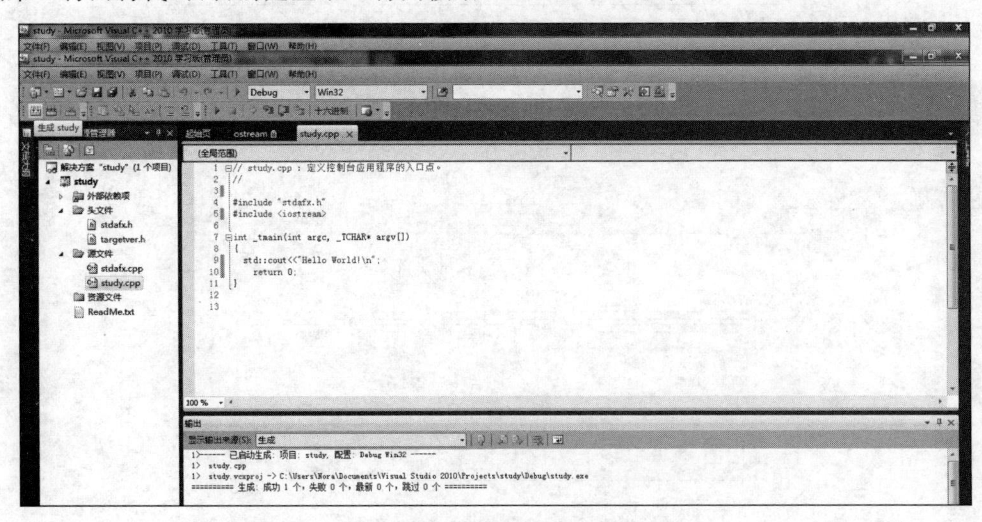

图 A-16　编辑源程序代码

第 10 行的代码作用暂停屏幕显示的结果。按 Ctrl+F5 键或工具栏中启动"调试"按钮运行程序，显示结果如图 A-17 所示。

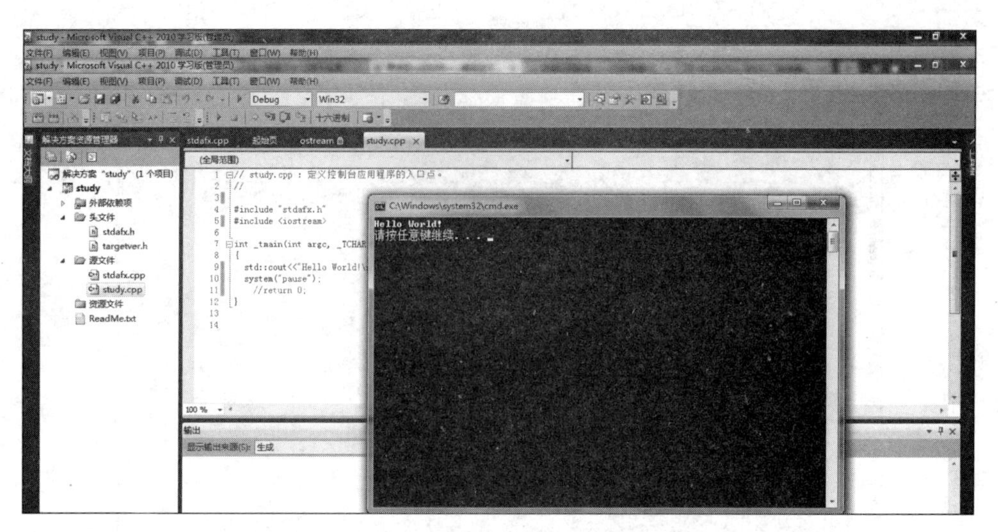

图 A-17　显示运行结果

A.4　警告、错误与调试

1. 警告与错误

一段 C 程序代码，在编译、连接接和运行的各个阶段都可能会出现问题。编译器只能检查编译和连接阶段出现的问题，而可执行程序已经脱离了编译器，运行阶段出现问题编译器是无能为力的。如果我们编写的代码正确，运行时会提示没有错误（Error）和警告（Warning），如图 A-18 和图 A-19 所示。

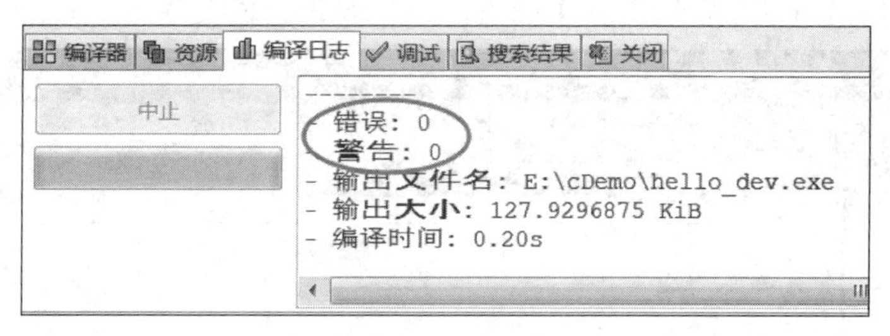

图 A-18　Dev C++的编译提示

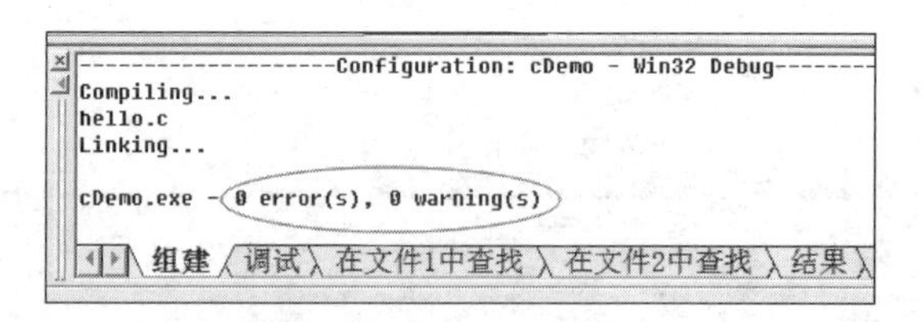

图 A-19　VC 6.0 的提示

对于 VS、GCC、Xcode 等，如果代码没有错误，它们只会显示“生成成功”，不会显示“0 个错误，0 个警告”，只有代码真的出错了，它们才会显示具体的错误信息。

以上是代码无误的情况。

如果因为源代码中存在问题而出现编译错误，应该如何处理呢？

首先，程序问题可分为致命错误、错误和警告。

(1) 致命错误多发生在编译程序内部，虽然这类错误很少发生，但会使得编译中止，只能重新启动 IDE。因此，编译前要先保存程序。

(2) 错误通常是在编译时，由不正确的语法引发的，例如，缺少括号、变量未声明等。此时，编译程序会报告错误提示，用户根据提示对源程序进行修改。这类错误是最容易出现的。

(3) 警告是指被编译程序怀疑有错，但不确定，有时可强行编译通过。

注意：*几乎所有 IDE 的错误信息是用英语显示的。初学者一定要耐心地阅读编译出错信息和程序源代码，理解错误原因才能想出解决办法。*

错误，表示程序不正确，不能正常编译、连接或运行，必须要纠正。

警告，表示可能会发生错误(实际上未发生)或者代码不规范，但是程序能够正常运行，有的警告可以忽略，有的则要引起注意。

错误和警告可能发生在编译、链接、运行的任何时候。

例如，语句"puts("你好世界")"的最后忘记写分号";"就会出现错误，如图 A-20～图 A-22 所示。

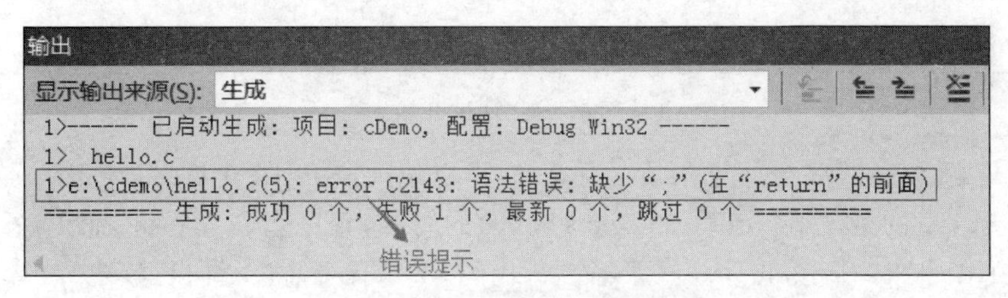

图 A-20　VS 2010 的错误提示

编译器 (2) | 资源 | 编译日志 | 调试 | 搜索结果 | 关闭

行	列	单元	信息
		E:\cDemo\hello.c	**In function 'main':**
5	2	E:\cDemo\hello.c	[Error] expected ';' before 'return'

行: 6　列: 2　已选择: 0　总行数: 6　插入

图 A-21　Dev C++的错误提示

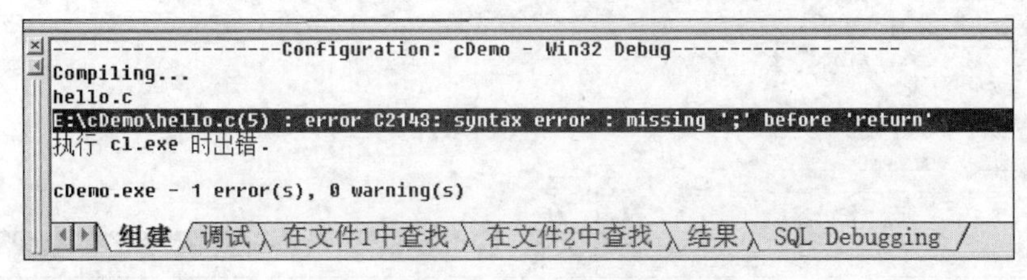

图 A-22　VC++ 6.0 的错误提示

图 A-23 分析了 VC++ 6.0 的错误信息。

该错误信息提示为：源文件 E:\cDemo\hello.c 第 5 行发生了语法错误，错误代码是 C2143，原因是'return'前面丢失了';'。

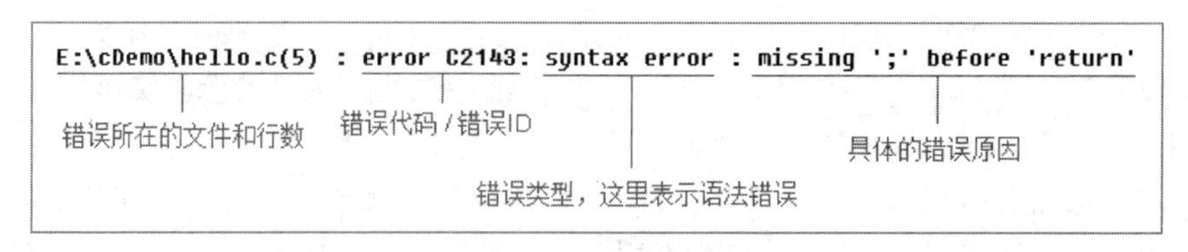

图 A-23　VC++ 6.0 下的错误信息说明

2. 调试代码

很多时候程序可以正常编译，但仍得不到期望的结果。这个时候就需要用到调试方法了。

单击主菜单中的“运行”后选择“调试”或者使用 F5 快捷键，如图 A-24 所示。

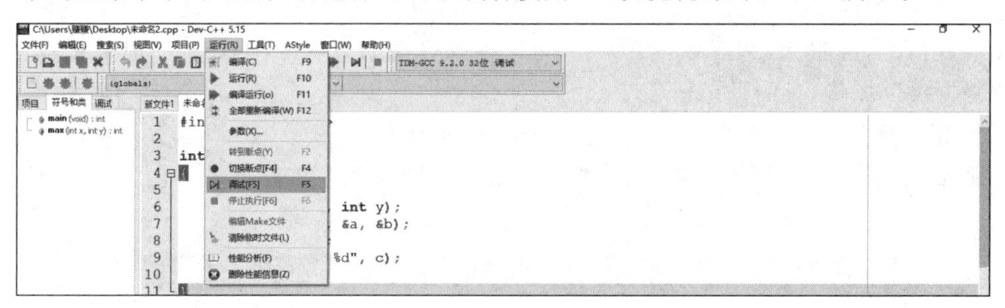

图 A-24　调试开始

调试开始之后，程序会停止在某一行，此时可以选择按 F6 终止调试，或 F7 进入下一行代码。需要注意的是，存在交互(如从键盘输入)的时候，程序会一直等待，而无法进入下一行代码。如图 A-25 所示，程序停在了第 7 行代码，左侧有个箭头指向行数 7。

```
5      int a, b, c;
6      int max(int x, int y);
7      scanf("%d %d", &a, &b);
8      c = max(a, b);
9      printf("max = % d", c);
10     return 0;
```

图 A-25　调试中途

在调试过程中，想要查看变量、数组等信息时，可以单击“添加查看”按钮，单击想查看的变量在当前的内容，如图 A-26 所示，已经跟踪查看了变量 a,b，还可以继续添加。

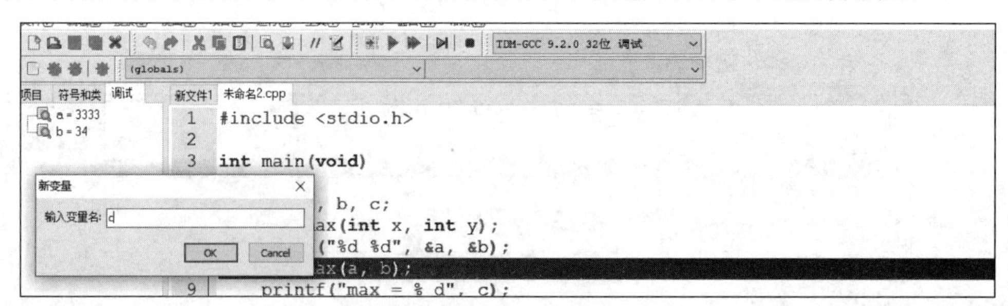

图 A-26　添加变量跟踪查看

进入循环或函数时，由于可能的步骤过多，为节约调试时间，可以选择跳出循环、或跳出函数功能，如图 A-27 所示。

断点也是一个常用的功能，它能在设置在某一行，调试过程中只要程序运行到该行，就

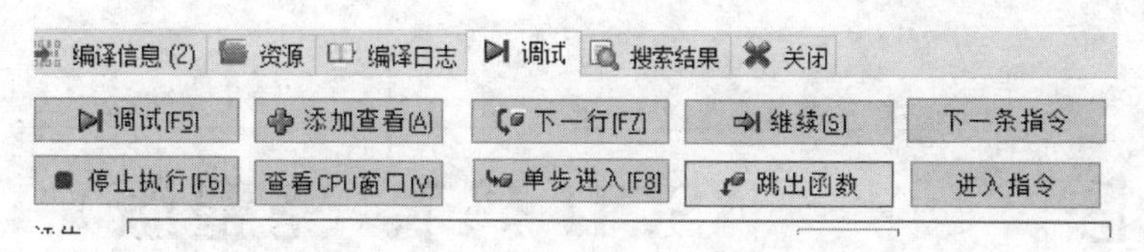

图 A-27　跳出函数

能自动停止。这一功能既可以供编写者查看程序什么时候会运行到这一行(甚至发现程序根本走不到这一行代码),也可以帮助编写者查看关键节点的运行状态。具体方式是在需要设置断点的行数上单击鼠标左键,或单击右键选择“切换断点”。断点设置完成之后,会在该行数字下显示一个红色圆圈,如图 A-28 所示。

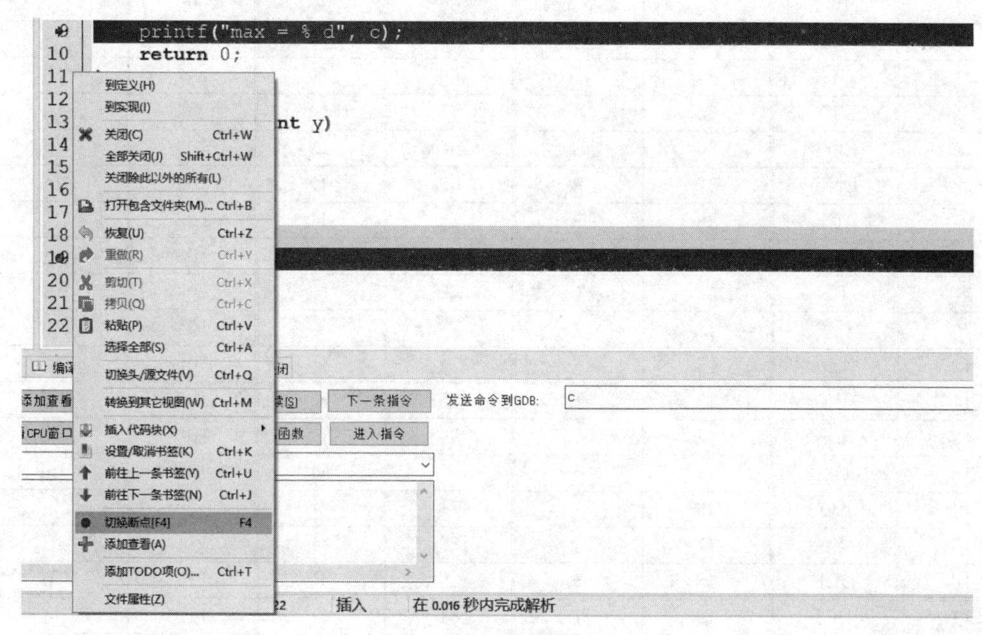

图 A-28　设置断点

附录B ASCII 码表(完整版)

ASCII 值	控制字符	ASCII 值	控制字符	ASCII 值	控制字符	ASCII 值	控制字符
0	NUT	32	(space)	64	@	96	、
1	SOH	33	!	65	A	97	a
2	STX	34	”	66	B	98	b
3	ETX	35	#	67	C	99	c
4	EOT	36	$	68	D	100	d
5	ENQ	37	%	69	E	101	e
6	ACK	38	&	70	F	102	f
7	BEL	39	,	71	G	103	g
8	BS	40	(	72	H	104	h
9	HT	41	)	73	I	105	i
10	LF	42	*	74	J	106	j
11	VT	43	+	75	K	107	k
12	FF	44	,	76	L	108	l
13	CR	45	-	77	M	109	m
14	SO	46	.	78	N	110	n
15	SI	47	/	79	O	111	o
16	DLE	48	0	80	P	112	p
17	DCI	49	1	81	Q	113	q
18	DC2	50	2	82	R	114	r
19	DC3	51	3	83	X	115	s
20	DC4	52	4	84	T	116	t
21	NAK	53	5	85	U	117	u
22	SYN	54	6	86	V	118	v
23	TB	55	7	87	W	119	w
24	CAN	56	8	88	X	120	x
25	EM	57	9	89	Y	121	y
26	SUB	58	:	90	Z	122	z
27	ESC	59	;	91	[	123	{
28	FS	60	<	92	/	124	|
29	GS	61	=	93	]	125	}
30	RS	62	>	94	^	126	~
31	US	63	?	95	—	127	DEL

表中部分控制字符的含义如下：

NUL	空	VT	垂直制表	SYN	空转同步
SOH	标题开始	FF	走纸控制	ETB	信息组传送结束
STX	正文开始	CR	回车	CAN	作废
ETX	正文结束	SO	移位输出	EM	纸尽
EOY	传输结束	SI	移位输入	SUB	换置
ENQ	询问字符	DLE	空格	ESC	换码
ACK	承认	DC1	设备控制 1	FS	文字分隔符
BEL	报警	DC2	设备控制 2	GS	组分隔符
BS	退一格	DC3	设备控制 3	RS	记录分隔符
HT	横向列表	DC4	设备控制 4	US	单元分隔符
LF	换行	NAK	否定	DEL	删除

附录C C语言的32个关键字

关 键 字	用 途	说 明
auto	存储种类说明	用于说明局部变量,缺省时即 auto 类
break	程序语句	退出本层循环
case	程序语句	switch 语句中的选择项
char	数据类型说明	单字节整型数或字符型数据
const	存储类型说明	在程序执行过程中不可更改的常量值
continue	程序语句	转向下一次循环
default	程序语句	switch 语句中缺省的选择项
do	程序语句	构成 do-while 循环结构
double	数据类型说明	双精度浮点数
else	程序语句	构成 if-else 选择结构
enum	数据类型说明	枚举类型数据
extern	存储种类说明	在其他程序模块中已说明的全局变量
float	数据类型说明	单精度浮点数
for	程序语句	构成 for 循环结构
goto	程序语句	构成 goto 转移结构
if	程序语句	构成 if-else 选择结构
int	数据类型说明	基本整型数
long	数据类型说明	长整型数
register	存储种类说明	使用 CPU 内部寄存的变量
return	程序语句	函数返回
short	数据类型说明	短整型数
signed	数据类型说明	有符号数,二进制数据的最高位为符号位
sizeof	运算符	计算表达式或数据类型的字节数
static	存储种类说明	静态变量
struct	数据类型说明	结构体类型数据
switch	程序语句	构成 switch 选择结构
typedef	数据类型说明	重新进行数据类型定义
union	数据类型说明	联合类型数据
unsigned	数据类型说明	无符号数数据
void	数据类型说明	无类型数据
volatile	数据类型说明	该变量在程序执行中可被隐含地改变
while	程序语句	构成 while 和 do-while 循环结构

附录D　C语言常用库函数

1. 数学函数

头文件 math. h

函数名	函数原型	函数功能
sin()	double sin(double x);	计算并返回 x 的正弦值
cos()	double cos(double x);	计算并返回 x 的余弦值
tan()	double tan(double x);	计算并返回 x 的正切值
exp()	double exp(double x);	计算并返回常数 e 的 x 次幂
fabs()	double fabs(double x);	返回双精度数 x 的绝对值
pow()	double pow(double x,double y);	计算并返回 x 的 y 次幂
sqrt()	double sqrt(double x);	计算并返回 x 的平方根值

2. 数值与字符串转换函数

头文件 stdlib. h

函数名	函数原型	函数功能
atof()	double atof(char * str);	把 str 指向的数字字符串转换为一个双精度数
atoi()	int atoi(char * str);	把 str 指向的数字串转换为一个整型数
atol()	long atol(char * str);	把 str 指向的数字串转换为一个长整型数
itoa()	char * itoa(int unm,char * str, int radix);	将整数 num 按 radix 规定的进制转换成字符串存入 str 中
ltoa()	char * ltoa(long unm,char * str,int radix);	将长整数 num 按 radix 规定的进制转换成字符串存入 str 中
ultoa()	char * ultoa(unsigned long unm, char * str,int radix);	将无符号长整数 num 按 radix 规定的进制转换成字符串存入 str 中

3. 字符的分类与转换函数

头文件 ctype. h

函数名	函数原型	函数功能
isalpha()	int isalpha(int ch);	判断 ch 是否为字母,是字母返回 1,否则返回 0
islower()	int islower(int ch);	判断 ch 是否为小写字母,是小写字母返回 1,否则返回 0
isupper()	int isupper(int ch);	判断 ch 是否为大写字母,是大写字母返回 1,否则返回 0
tolower()	int tolower(int ch);	返回 ch 的小写字母
toupper()	int toupper(int ch);	返回 ch 的大写字母

4. 字符串操作函数

头文件 string.h

函 数 名	函 数 原 型	函 数 功 能
strlen()	unsigned int strlen(char * str);	返回字符串 str 中的字符个数(不包括字符串结束标志'\0')
strcat()	char * strcat(char * str1,char * str2);	将字符串 str2 接到 str1 后面,返回给 str1(str1 结束标志'\0'被清除)
strcmp()	int strcmp(char * str1, char * str2);	比较两个字符串 str1 和 str2,str1 大于 str2 时返回整数;等于返回 0;小于返回负数
strcpy()	char * strcpy(char * str1,char * str2);	将字符串 str2 拷贝到 str1 中,返回给 str1
strchr()	char * strchr(char * str, int ch);	在字符串 str 中找字符 ch 第一次出现的位置,返回该位置的指针,若没找到 ch 则返回 NULL

5. 输入输出函数

头文件 stdio.h

函 数 名	函 数 原 型	函 数 功 能
scanf()	int scanf(char * format, address, …);	从标准输入设备中按 format 指定的格式输入数据,并把输入的数据依次存入对应的地址 address 中,返回输入数据个数(通常不需要引用该函数返回值)
getchar()	int getchar(void);	从标准输入设备读入一个字符,成功时返回键入的字符,出错时返回 EOF
getch()	int getch(void);	返回从键盘上读入的字符,屏幕上不显示
gets()	char * gets(char * str);	从标准输入设备读入一个字符串(以换行符结束)送入 str 中,成功时返回字符串参数 str,出错或遇到文件结束时返回 NULL
printf()	int printf(char * format, address, …);	将格式串 format 中的内容原样输出到标准输入设备,每遇到一个%,就按规定的格式依次输出一个表达式 argument 的值到标准输出设备,返回成功输出的项数,出错时返回 EOF(通常不需要引用该函数返回值)
putchar()	int putchar(int c);	将字符 c 输出到标准输出设备,成功时返回字符 c 的值,出错时返回 EOF(通常不需要引用该函数的返回值)
puts()	int puts(char * str);	将字符串 str 输出到标准输出设备,并加上换行符,返回最后输出的字符,出错时返回 EOF(通常不需要引用该函数的返回值)
fopen()	FILE * fopen(char * filename, * mode);	以 mode 指定的方式打开文件 filename,成功则返回与打开文件相关的文件指针,出错时返回 NULL
fclose()	int fclose(FILE * fp);	关闭 fp 指定的文件,释放其文件缓冲区,成功返回 0,失败返回 EOF(通常不需要引用该函数的返回值)
fcloseall()	int fcloseall(void);	关闭所有打开的文件
feof()	int feof(FILE * fp);	检测 fp 所指定的文件是否遇到文件结束符 EOF,遇到结束符时返回 0,否则返回非 0 值

续表

函 数 名	函数原型	函数功能
fscanf()	int fscanf (FILE * fp, char * format, address,…);	从fp指定的文件中按format规定的格式输入数据,并把输入的数据依次存入对应的地址address中,返回输入数据个数(通常不需要引用该函数的返回值)
fgetc()	int fgetc(FILE * fp);	从fp指定的文件中读取下一个字符,成功时返回读取的字符,出错或至文件结束时返回EOF
fgets()	char * fgets (char * buf, int n, FILE * fp);	从fp指定的文件中读取一个长度为n-1的字符串,存入起始地址为buf的内存空间中,成功时返回buf指定的字符串,出错或遇到文件结束时返回NULL
fprintf()	int fprintf (FILE * fp, char * format, argument,…);	将格式串format中的内容原样输出到所指定的文件中,每遇到一个%,就按规定的格式依次输出一个表达式argument的值到所fp指定的文件中,返回成功输出的项数,出错时返回EOF
fputc()	int fputc(int c, FILE * fp);	输出一个字符到fp指定的文件中,成功时返回所写的字符,出错时返回EOF(通常不需要引用该函数的返回值)
fputs()	int fputs(char * str, FILE * fp);	把字符串str输出到fp指定的文件中,返回最后输出的字符,出错时返回EOF(通常不需要引用该函数的返回值)
fread()	int fread(void * buf, int size, int n, FILE * fp);	从fp文件中读取长度为size的n个数据项,放到buf指向的内存区,成功时返回所读的数据项个数,遇到文件结束或出错时返回0
fwrite()	int fwrite(void * buf, int size, int n, FILE * fp);	将buf指向的内存区中长度为size的n个数据写入fp文件中,返回写到fp文件中的数据项个数
ftell()	longftell(FILE * fp);	返回fp文件中当前文件指针位置相对于文件起始位置的偏移量(单位是字节),出错时返回-1L
rewind()	void rewind (FILE * fp);	把fp文件的位置指针从新定位到文件开始位置
fseek()	int fseek(FILE * fp, long offset, int origin);	将fp文件的位置指针移到新的位置,新位置与origin所指的位置距离为offset字节,origin的取值为 SEEK_SET(0)　代表文件的开始位置 SEEK_CUR(1)　代表文件的当前位置 SEEK_END(2)　代表文件尾
rename()	int rename(char * oldname, char * newname);	将oldname指定的文件重命名为newname
remove()	int remove (char * filename);	删除filename指定的文件

6. 文件目录管理函数

头文件 dir. h

函 数 名	函数原型	函数功能
chdir()	int chdir (const char * path);	改变当前的工作目录为path指定的目录,如果成功函数返回0,否则为-1

续表

函　数　名	函数原型	函数功能
findfirst()	int findfirst(char * pathname, struct ffblk * ffblk,int attrib);	搜索符合条件的文件或目录,搜寻结果必须符合pathname指定的通配符字符串条件和attrib指定的文件属性条件。如果搜寻成功,函数返回一个搜寻句柄,并将搜寻结果的有关信息,通过结构ffblk返回,如果搜寻失败,函数返回－1
findnext()	int findnext(struct ffblk * ffblk);	搜索下一个符合条件的文件或目录,搜寻结果必须符合最近的一次findfirst调用时的搜寻条件,如果搜寻成功,函数返回一个句柄,并将搜寻结果的有关信息通过结构ffblk返回,如果搜寻失败,函数返回－1
fnmerge()	void fnmerge(char * path, const char * drive, const char * dir, const char * name,const char * ext);	以指定的驱动器号drive,路径dir,文件名name,文件扩展名ext来建立新文件名path
fnsplit()	int fnsplit(const char * path,char * drive,char * dir,char * name,char * ext);	从文件名path中获取驱动器号drive,路径dir,文件名name,文件扩展名ext
getcurdir()	int getcurdir(int drive, char * direc);	取指定驱动器drive的当前目录,存入direc中
getcwd()	char * getcwd(char * buf,int n);	取当前工作目录的全路径,并存入buf中,参数n为buf的大小,如果成功,函数返回指向buf的指针,否则返回NULL
getdisk()	int getdisk(void);	取当前磁盘驱动器号并返回(其中1为A驱,3为C驱,以此类推)
mkdir()	int mkdir(char * pathname);	建立一个名为pathname的目录,如果成功 函数返回0,否则返回－1
rmdir()	int rmdir(char * pathname);	删除一个名为pathname的目录,如果成功 函数返回0,否则返回－1
setdisk()	int setdisk(int drive);	根据drive来设置当前磁盘驱动器(其中1为A驱,3为C驱,以此类推)

7. 进程控制函数

头文件process. h

函　数　名	函数原型	函数功能
system()	int system(char * command);	执行command指定的DOS命令
exit()	void exit(int status);	以status指定的退出码中止程序
execl()	int execl(char * pathname,char * arg0,…,NULL);	调用并执行新的子进程,pathname为要执行的文件 arg0 arg1等为执行参数
spawnl()	intspawnl(int mode,char * pathname, char * arg0, …, NULL);	创建并执行新的进程,mode为执行方式 取值为_P_WAIT　_P_NOWAIT或_P_NOWAITO pathname为要执行的文件,arg0 arg1等为执行参数

8. 时间日期函数

头文件 time. h

函 数 名	函 数 原 型	函 数 功 能
asctime()	char * asctime(const struct tm * tblock);	将 tm 结构变量 tblock 中保存的日期和时间信息转换为 ASCII 码形式,并返回该形式的字符串
clock()	clock_t clock(void);	计算当前进程使用的处理器时间并返回
ctime()	char * ctime(const time_t * time);	将 time_t 结构变量 time 中保存的日期和时间信息转换为 ASCII 码形式,并返回该形式的字符串
time()	time_t time(time_t * timer);	将系统时间保存在 time 中,并返回该系统时间
difftime()	double difftime(time_t time2, time_t time1);	计算两个时刻之间的时间差并返回,其中 time1 为起始时间,time2 为终止时间
stime()	int stime(time_t * tp);	设置当前时间为 tp 表达的时间

附录 E　章节习题参考解答

第 1 章习题与思考

一、填空题

1. /*　*/　　2. .c　.h　　3. 库(标准)　　4. main　　5. 编译　　6. 连接

二、判断题

1. T　2. F　3. T　4. T　5. F　6. F　7. F

三、验证程序

1. 运行结果：

```
    *
   ***
  *****
 *******
```

2. 运行结果：

```
the area is 12
```

四、算法设计

1. 算法流程图如图 E-1 所示。

源程序参考：

```
#include < stdio.h >
main()
{
    printf("HELLO WELCOME YOU");
}
```

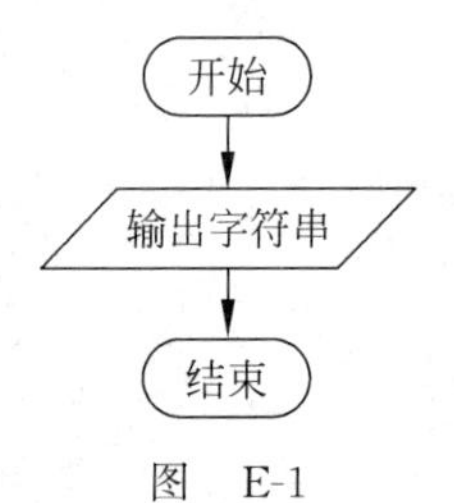

图　E-1

2. 分析：水仙花数产生在 100 到 999，利用穷举法，对此范围之内的所有数一个个进行测试，关键是要对每一个三位数分离出它的三个数字。具体的步骤为：n%10 得到个位，(n/10)%10 得到十位，n/100 得到百位上的数字；再利用水仙花数的含义来判断该数是否满足条件。

算法流程图如图 E-2 所示。

源程序参考：

```
#include < stdio.h >
main()
{
    int n,,i,j,k;
```

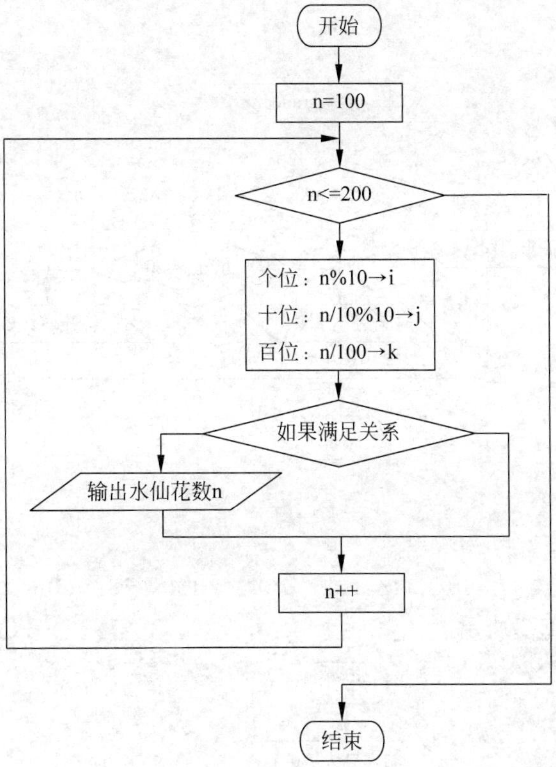

开始

n=100

n<=200

个位：n%10→i

十位：n/10%10→j

百位：n/100→k

如果满足关系

输出水仙花数n

n++

结束

图 E-2

```
    for(n = 100;n <= 999;n++)
    {
        i = n % 10;
        j = (n/10) % 10;
        k = n/100;
        if(i * i * i + j * j * j + k * k * k == n) printf(" % d\n",n);
    }
}
```

3. 算法流程图如图 E-3 所示。

源程序参考：

```
#include <stdio.h>
main()
{
    int grade;
    printf("input grade = ");
    scanf(" % d",&grade);
    if(grade >= 90) printf("A\n");
    else if(grade >= 60 &&grade <= 89) printf("B\n");
            else printf("C\n");
}
```

4. 分析：找出前后两天的数量关系，然后用递推法求解。设第 10 天的桃子数目为 t，昨天的桃子数为 y，则 $t=y/2-1$，得到 $y=2t+2$，这样由今日数目可以求出昨日数目。从最后一天开始，倒退到第一天，倒推的循环次数比天数少 1。

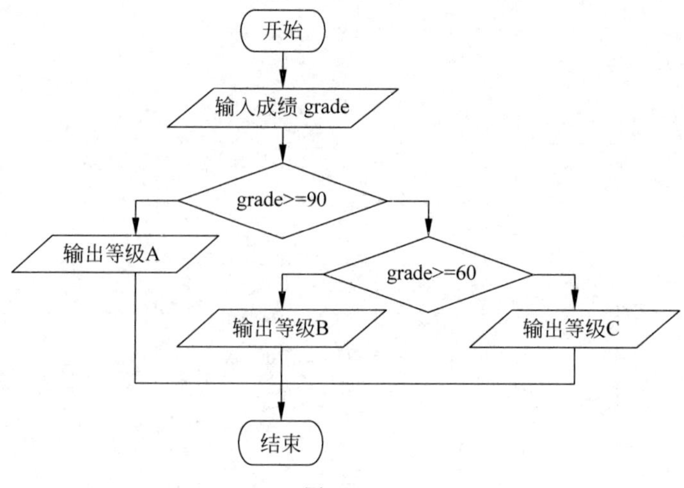

图　E-3

天数：	10	9	8	7	6	5	4	3	2	1
桃子数：	1	4	10	22	46	94	190	382	766	1534

算法流程图如图 E-4 所示。

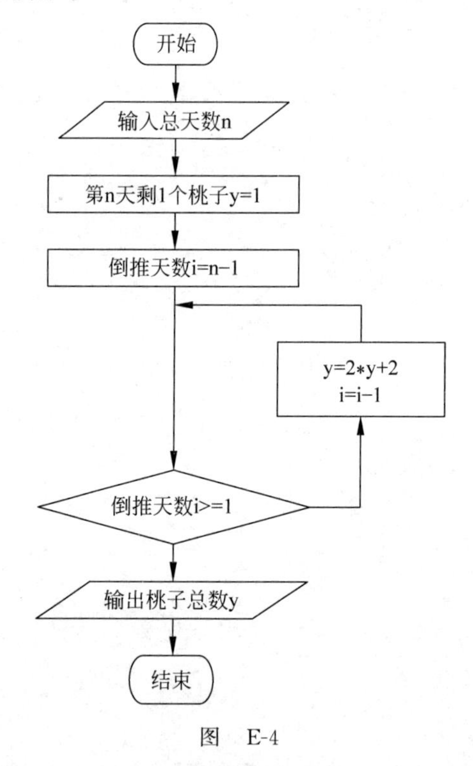

图　E-4

源程序参考：

```
#include <stdio.h>
main()
{
    int i,y;
    printf("\n 请输入猴子吃了几天:\n");
```

```
    scanf(" % d",&n);
    t = 1;
    for(i = n - 1;i >= 1;i -- ) y = 2 * y + 2;
    printf("the total is : % d\n", y);
}
```

第 2 章习题与思考

一、选择题

1. D　2. A　3. D　4. B　5. A　6. C　7. D　8. A　9. A
10. B　11. C　12. D　13. C　14. D　15. C　16. B　17. B　18. C
19. D　20. A　21. D　22. D　23. C　24. C　25. B

二、填空题

1. 52.0　2. 1　3. 106　4. 2　5. 124　6. 26　7. 1
8. −2147483648～2147483647　9. −16　10. double

三、判断题

1. F　2. T　3. F　4. F　5. F　6. F　7. F　8. F

第 3 章习题与思考

一、选择题

1. D　2. B　3. B　4. D　5. B　6. C　7. B　8. A　9. D
10. C　11. B　12. D　13. B　14. D

二、填空题

1. 函数　2. 表达式语句，函数调用语句，复合语句，空语句，控制语句
3. 3　4. ；　5. 花括号　6. %
7. (1)遇空格、“回车”、“跳格”键，(2)遇宽度结束，(3)遇非法输入。
8. i=−10，j=12，410.34
9. 标准库函数
10. #include <stdio.h>

三、读程序写结果

1. 2，E　2. 67，D　3. x=123，y=4.000000
4. a=12345，b=−1.98e+002，c=6.50　5. −2345，−12.30

四、编程题

1.
```
#include < stdio.h >
#include < math.h >
main()
{
    int a,b,c;
    double p,S;
    printf("请输入三边长度(如 3,4,5)：");
    scanf(" % d, % d, % d",&a,&b,&c);
```

```
    if(a+b<=c||b+c<=a||a+c<=b) printf("您所输入的三边不构成三角形!");
    else
    {
        p=(a+b+c)/2;
        S=sqrt(p*(p-a)*(p-b)*(p-c));
        printf("此三角形面积为:%f",S);
    }
}
```

2.
```
#include<stdio.h>
main()
{
    double c,f;
    printf("请输入一个华氏温度:");
    scanf("%lf",&f);
    c=(f-32.0)/1.8;
    printf("摄氏温度为:%5.2f\n",c);
}
```

3.
```
#include<stdio.h>
main()
{
    int s,f,m;
    m=7278;
    s=m/3600;
    f=m%3600/60;
    m=m%3600%60;
    printf("%d:%d:%d",s,f,m);
}
```

4.
```
#include<stdio.h>
main()
{
    float x;
    scanf("%f",&x);
    printf("rmb=%.4f,usd:%.2f\n",x,x*0.1574);
    printf("rmb=%.4f,gbp:%.2f\n",x,x*0.102);
    printf("rmb=%.4f,jpy:%.2f\n",x,x*18.97);
    printf("rmb=%.4f,krw:%.2f\n",x,x*186.56);
    printf("rmb=%.4f,hkd:%.2f\n",x,x*1.22);
}
```

第4章习题与思考

一、选择题

1. D　2. B　3. A　4. D　5. A　6. B　7. B　8. D　9. D
10. D　11. D　12. C　13. A　14. A

二、读程序写结果

1. 6　2. 66　3. 4

4. 第一次输入：x=0；y=2；z=3；运行结果：* #
第二次输入：x=1；y=2；z=1；运行结果：$ *

第三次输入：x=0；y=1；z=0；运行结果：#

三、编程题

1.
```
#include <stdio.h>
main( )
{
    int a, b;
    printf("input a b:");
    scanf("%d %d", &a, &b);
    if(a%2 == 1 && b%2 == 1) printf("\n %d, %d", a*a, b*b);
    else if(a%2 == 0 && b%2 == 0) printf("\n %d, %d", a*a*a, b*b*b);
    else printf("\n %d, %d", a, b);
}
```

2.
```
#include <stdio.h>
main()
{
    int n,n1,n2,n3,m;
    printf("input nnn:");
    scanf("%d", &n);
    if(n>99)
    {   m = 3;
        n1 = n%10;
        n2 = n%100/10;
        n3 = n/100;
        printf("\n %d, %d, %d, %d ", m, n1, n2, n3);
        printf("\n %d ", n1*100 + n2*10 + n3);
    }
    else if(n>9) {
          m = 2;
        n1 = n%10;
        n2 = n/10;
        printf("\n %d, %d, %d ", m, n1, n2);
        printf("\n %d ", n1*10 + n2);
    }
    else
    {   m = 1;
        n1 = n;
        printf("\n %d, %d ", m, n1);
        printf("\n %d ", n1);
    }
}
```

3.
```
#include <stdio.h>
main()
{
    float x,y;
    printf("input x:");
    scanf("%f", &x);
    if(x>=10) y = 3*x - 11;
    else if(x>=1 && x<10) y = 2*x - 1;
        else y = x;
    printf("\n %f", y);
}
```

4.
```
#include <stdio.h>
#include <math.h>
main()
{
    float a,b,c,p,s;
    printf("请输入三角形的三条边长:\n");
    scanf("%f%f%f", &a,&b,&c);
    if(a+b>c && a+c>b && b+c>a)
    {
        p=(a+b+c)/2;
        s=sqrt(p*(p-a)*(p-b)*(p-c));
        printf("三角形的面积 s=%f\n",s);
    }
    else printf("不能构成三角形!\n");
}
```

第 5 章习题与思考

一、选择题

1. C　2. B　3. C　4. B　5. B　6. A　7. C　8. C　9. A
10. B　11. D　12. C　13. B　14. C

二、读程序写结果

1. *#*#　2. 852　3. &#&*

三、编程题

1.
```
#include <stdio.h>
main( )
{
    int i;
    for(i=101; i<200; i++)
        if(i%3!=0) printf(" %d \n", i);
}
```

2.
```
#include <stdio.h>
main( )
{
  int a,b;
  for(a=1; a<=9; a++)
    for(b=0; b<=9; b++)
      if((a*1000+200+b*10+3)%23==0) printf("%d\n ", a*1000+200+b*10+3);
}
```

3. 程序 1:
```
#include <stdio.h>
main( )
{
    int n,s=0;
    for(n=1; s<=5500; n++) s=s+n*n;
    printf("%d\n ", n-1);
}
```
程序 2:
```
#include <stdio.h>
```

```
main( )
{
    int n,s = 0;
    for(n = 1; n < 100; n++)
        {s = s + n * n; if(s > 5500) break;}
    printf(" %d\n ", n);
}
```

4.
```
#include < stdio.h >
main( )
{
    int i, m,n = 1; double s = 0.0;
    scanf(" %d",&m);
    for(i = 1; i < = m; i++)
    {
        n = n * i;
        s = s + 1.0/n;
    }
    printf("s = %16.10lf ", s);
}
```

5.
```
#include < stdio.h >
main( )
{
    int a, i, s;
    for( a = 1; a < = 1000; a++)
    {   s = 0;
        for( i = 1; i < a; i++)
            if(a % i == 0) s = s + i;
        if(a == s) printf(" %d\n", a);
    }
}
```

6.
```
#include < stdio.h >
main( )
{
    int i,j,k;
    for(i = 1;i < = 5;i++)
    {
        for(j = 1;j < i;j++) printf(" ");
        for(k = 1;k < = 5;k++) printf(" * ");
        printf("\n");
    }
}
```

7.
```
#include < stdio.h >
main( )
{
    int chick,rooster,hen;
    for(rooster = 0;rooster < = 50;rooster++)
        for(hen = 0;hen < = 33;hen++)
        {
            chick = 100 - rooster - hen;
            if(rooster * 2 + hen * 3 + chick * 0.5 == 100)
                printf("rooster = %d,hen = %d,chick = %d\n",rooster,hen,chick);
        }
```

```
}
```

8.
```
#include <stdio.h>
main( )
{
    int prev;                   /* 前一天的桃子数 */
    int next = 1;               /* 后一天的桃子数,初值为第 10 天的桃子数 */
    int i;
    for(i = 9;i >= 1;i -- )     /* i 为循环控制变量,兼表示天数 */
    {
        prev = (next + 1) * 2;  /* 倒推法算出前一天的桃子数 */
        next = prev;
    }
    printf("total = %d\n",prev);
}
```

9.
```
#include <stdio.h>
main( )
{
    int i,j,score,max;
    for(i = 1;i <= 3;i++)
    {
        max = 0;
        printf("请输入 NO. %d 学生的 5 门成绩:",i);
        for(j = 1;j <= 5;j++)
        {
            scanf(" %d",&score);
            if(max < score) max = score;
        }
        printf("NO. %d max = %d\n",i,max);
    }
}
```

第 6 章习题与思考

一、选择题

1\. C　2. D　3. B　4. B　5. C　6. D　7. A　8. C　9. B

10\. D　11. D　12. B　13. D　14. D　15. C　16. C　17. B　18. D

二、读程序写结果

1\. 3　2. 3 20　3. 21　4. 2322　5. a[1][1]: 8

三、编程题

1.
```
#include <stdio.h>
main()
{
    int s[ ] = {90,85,92,77,80,62},i,sum = 0;
    float ave;
    for (i = 0;i < 6;i++)
        sum = sum + s[i];
        ave = sum/6.0;
```

```
    printf("average = %f\n",ave);
}
```

2.
```
#include <stdio.h>
main()
{
    int s[10],i,temp;
    for(i = 0;i < 10;i++)
        scanf("%d",&s[i]);
    for(i = 0;i < 10/2;i++)
    {temp = s[i];
        s[i] = s[9 - i];
        s[9 - i] = temp;
    }
    for (i = 0;i < 10;i++)
    printf("%4d",s[i]);
printf("\n");
}
```

3.
```
#include <stdio.h>
main()
{
    int s[10],i,j,min,temp;
    for(i = 0;i < 10;i++) scanf("%d",&s[i]);
        for(i = 0; i < 10; i++)
        {
            min = i;
            for(j = i; j < 10; j++)
                if(s[min] > s[j]) min = j;
            temp = s[min]; s[min] = s[i]; s[i] = temp;
        }
    for(i = 0;i < 10;i++) printf("%4d",s[i]);
    printf("\n");
}
```

4.
```
#include <stdio.h>
#include <string.h>
main()
{
    int i,l;
    char s1[80];
    printf("enter string1:");
    gets(s1);
    l = strlen(s1);
    for(i = 0;i < l;i++)
        if(i % 2 == 0 && (s1[i]>= 'a' && s1[i]<= 'z')) s1[i] = s1[i] - 32;
    printf("\n string: %s\n",s1);
}
```

5.
```
#include <stdio.h>
main()
{
    int i,j = 0;
    char s1[40],s2[40],s[80];
    printf("enter string1:");
    gets(s1);
```

```
        printf("enter string2:");
        gets(s2);
        for(i = 0;s1[i]!= '\0';i++) s[j++] = s1[i];
        for(i = 0;s2[i]!= '\0';i++) s[j++] = s2[i];
        s[j] = '\0';
        printf("connect string: % s\n",s);
    }
```

6.
```
    # include < stdio.h >
    main()
    {
        int i;
        char s1[40];
        long sum = 0;
        printf("enter string1:");
        gets(s1);
        for(i = 0;s1[i]!= '\0';i++)
            if(s1[i]> = '0' && s1[i]< = '9') sum = sum * 10 + s1[i] - '0';
        printf("sum = % ld\n",sum);
    }
```

7.
```
    # include < stdio.h >
    main()
    {
            int a[80];
            int num;
            int i,j,n,ch;
            printf("input num:");
            scanf(" % d",&num);
            printf("转换成 n 进制,输入 n(2,8,16):");
            scanf(" % d",&n);
            i = 0;
            while (num!= 0)
            {
                a[i++] = num % n;
                num = num/n;
            }
            printf("result:\n");
            for(j = i - 1;j > = 0;j -- )
                if(a[j]> 9)
                {
                    ch = 'A' + a[j] - 10;
                    printf(" % c",ch);
                }
                else printf(" % d",a[j]);
            printf("\n");
        }
```

8.
```
    # include < stdio.h >
    main()
    {
        int a[10];
        int num = 0;
        int i = 0;
        for(i = 0;i < = 9;i++) scanf(" % d",&a[i]);
```

```
    for(i = 0;i <= 9;i++)
        if(i % 2!= 0&&a[i] % 2 == 0) num++;
    printf("num: % d\n",num);
}
```

9.
```
#include < stdio.h >
main()
{
    int i,num = 0;
    int a[10],num5[10];
    printf("请输入十个数:\n");
    for(i = 0;i < 10;i++)
    {
        scanf(" % d",&a[i]);
        if(a[i] == 5)
          num5[num++] = i;
    }
    for(i = 0;i < num;i++) printf("下标 % d\n",num5[i]);
}
```

10.
```
#include < stdio.h >
main()
{
    int a[4][3] = {{80,75,92},{61,65,71},{59,63,70},{85,87,90}};

    int i,j,sum = 0,average,v[3];
    for(i = 0;i < 3;i++)
    {
        for(j = 0;j < 4;j++) sum += a[j][i];
        v[i] = sum/4;
        sum = 0;
    }
    average = (v[0] + v[1] + v[2])/3;
    printf("计算机: % d\n 英语: % d\n 体育: % d\n",v[0],v[1],v[2]);
    printf("平均值: % d\n",average);
}
```

第 7 章习题与思考

一、选择题

1. C 2. B 3. D 4. A 5. B 6. C 7. C 8. B 9. D
10. D 11. C 12. D 13. B 14. A 15. C 16. D 17. C 18. C
19. D 20. B 21. A

二、编程题

1. /* 设计一个函数,判断一个整数是否为素数。 */
```
#include < stdio.h >
main()
{
    int m,f;
    int pd(int m);
    scanf(" % d",&m);
```

```
    f = pd(m);
    if(f)printf(" %d是素数\n",m);
    else printf(" %d不是素数\n",m);
}
int pd(int m)
{
    int i,f = 1;
    for(i = 2;i < m;i++)
        if(m % i == 0){f = 0;break;}
    return f;
}
```

2. /* 编写一个判断水仙花数的程序,从主函数中输入一个任意正整数 n,
然后调用判断水仙花数的函数,找出 n 以内的所有水仙花数 */

```
#include < stdio.h >
main()
{
    int n,f,i;
    int sxh(int n);
    scanf(" %d",&n);
    for(i = 100;i <= n;i++)
    {
        f = sxh(i);
        if(f)printf(" %d是水仙花数\n",i);
    }
}
int sxh(int n)
{
    int a,b,c,f = 0;
    a = n % 10;
    b = n/10 % 10;
    c = n/100;
    if(n == a * a * a + b * b * b + c * c * c) f = 1;
    return f;
}
```

3. /* 编写函数 fun,功能为将主函数传来的一个长度不大于 4 个字符的字符数组,
输出不超过 8 个字符的回文字符数组。例如输入 abcd,则计算机输出 abcddcba。 */

```
#include < stdio.h >
main()
{   void fun(char a[],char b[]);
    char a[5],b[10];
    gets(a);
        fun(a,b);
    puts(b);
}
void fun(char a[],char b[])
{
    int i,j;
    for(i = 0;a[i];i++) b[i] = a[i];
    for(j = i - 1;j >= 0;j -- ,i++) b[i] = a[j];
    b[i] = 0;
}
```

4. /* 编写函数 count(),其功能是:分别统计字符串中英文字母、空格、数字和其他字符的个

数。*/
```
#include<stdio.h>
int a1,a2,a3,a4;
main()
{   void count(char s[]);
    char s[1000];
    gets(s);
    count(s);
    printf("%d,%d,%d,%d\n",a1,a2,a3,a4);
}

void count(char s[])
{
    int i;
        for(i=0;s[i];i++)
        {
        if(s[i]>='a'&&s[i]<='z'||s[i]>='A'&&s[i]<='Z')a1++;
        else if(s[i]==' ')a2++;
        else if(s[i]>='0'&&s[i]<='9')a3++;
        else a4++;
    }
}
```

5. /*函数 fun 的功能是:从主函数传入两个一维整型数组 a 和 b,
每个数组包括八个无符号整数,将 a 和 b 相应元素的大者填入一维数组 c 的相应位置。
例如,若主函数输入
{1,2,3,4,5,6,7,8}和{9,8,7,6,5,4,3,2},则结果为{9,8,7,6,5,6,7,8}。*/
```
#include<stdio.h>
main()
{   void fun(int a[],int b[]);
    int a[10]={1,2,3,4,5,6,7,8},b[10]={9,8,7,6,5,4,3,2};
    fun(a,b);
}
void fun(int a[],int b[])
{
    int c[10],i;
    for(i=0;i<8;i++)
        if(a[i]>b[i])c[i]=a[i];
        else c[i]=b[i];
    for(i=0;i<8;i++) printf("%d ",c[i]);
    printf("\n");
}
```

6. /*函数 fun 的功能是:对主函数传过来的两等长字符串 a、b 进行比较,
若 a 与 b 对应位置上的两字符不同,则互换,若相等且不为'\0',
则 b 中对应的字符改置为'U'。例如,若 a 为"abcde",b 为"abccc",
则结果 a 变为"abccc",b 变为"UUUde"。*/
```
#include<stdio.h>
main()
{   void fun(char a[],char b[]);
    char a[100],b[100];
    gets(a); gets(b);
    fun(a,b);
    puts(a); puts(b);
}
```

```
void fun(char a[],char b[])
{
    int i;
    char t;
    for(i = 0;a[i]&&b[i];i++)
        if(a[i]!= b[i]){t = a[i];a[i] = b[i];b[i] = t;}
        else b[i] = 'U';
}
```

7\. /* 编写一个程序,要求如下:在主函数中建立数组并输入 10 个数,
调用自定义函数对这 10 个数进行排序,然后显示排序的结果。 */

```
#include< stdio.h>
main()
{   void fun(int a[]);
    int a[10],i;
    for(i = 0;i < 10;i++)scanf(" %d",a + i);
    fun(a);
    for(i = 0;i < 10;i++)printf(" %d ",a[i]);
}
void fun(int a[])
{
    int i,j,t;
    for(i = 0;i < 9;i++)
        for(j = 0;j < 9 - i;j++) if(a[j]> a[j + 1]){t = a[j];a[j] = a[j + 1];a[j + 1] = t;}
}
```

8\. /* 函数 fun 的功能为,将主函数传入的一个长整型的 7 位数
次求出该数的个、拾、百、千、万、拾万、百万位上的数依次写入到整型的 b 数组中。
例如,若输入 1234567,则 b 数组中依次存放{1,2,3,4,5,6,7}。 */

```
#include< stdio.h>
main()
{   void fun(long n,int b[]);
    long n;
    int b[7],i;
    scanf(" %d",&n);
    fun(n,b);
    for(i = 0;i < 7;i++) printf(" %d,",b[i]);
}
void fun(long n,int b[])
{
    int i;
    for(i = 6;i >= 0;i -- )
    {
    b[i] = n % 10;
    n = n/10;
    }
}
```

9\. /* 编写一个递归函数,将一个任意整数转换成字符串,例如输入 5328,应该输出"5328" */

```
#include< stdio.h>
char s[100];
int i = 0;
main()
{
    int m;
```

```
    void func(int n);
    scanf("%d",&m);
    func(m);
    s[i] = '\0';
    puts(s);
}
void func(int n)
{
    char f;
    if(n/10)func(n/10);
    f = n % 10 + '0';
    s[i++] = f;
}
```

10. /* 定义函数求 F = (m + n)! + m!,m,n 均为任意正整数,要求使用递归调用 */

```
#include <stdio.h>
main()
{
    int m,n;
    double F;
    double func(int n);
    scanf("%d%d",&m,&n);
    F = func(m + n) + func(m);
    printf("%f\n",F);
}
double func(int n)
{
    double f;
    if(n)f = n * func(n - 1);
    else f = 1;
    return f;
}
```

第 8 章习题与思考

一、选择题

1. B　2. C　3. B　4. C　5. A　6. B　7. D　8. C　9. D
10. A　11. A　12. D　13. D　14. D　15. D　16. D

二、读程序写结果

1. s = 30
   t = -10
   m = 200

2. 18
   10

3. 1
   3

4. 3,12,39

5. strcat 函数复制字串 ct 到 s 中。
   upper 函数统计并返回字串 s 中的所有大写字母

6. a = 4338440 //a 变量的地址
 * a = 0
p = 4338460, * p = 4338440, ** p = 0 //p 变量的地址, * p 就是 p 变量的值
111
222
333
344
000
111
122
123

7. POINT
ER
ST
EW

三、编程题

1. /* 编写程序,交换数组 a 和数组 b 中的对应元素。 */
```
#include< stdio.h>
main()
{
    int a[6],b[6],i, * pa = a, * pb = b,t;
    for(i = 0;i < 6;i++)scanf(" %d",a + i);
    for(i = 0;i < 6;i++)scanf(" %d",b + i);
    for(i = 0;i < 6;i++) {t = * (pa + i); * (pa + i) = * (pb + i); * (pb + i) = t;}
    for(i = 0;i < 6;i++)printf(" %d,",a[i]);
    for(i = 0;i < 6;i++)printf(" %d,",b[i]);
}
```

2. /* 有 10 个数围成一圈,求出相邻三个数之和的最小值。 */
```
#include< stdio.h>
main()
{
    int a[10],i, * p = a,min,x1,x2,x3;
    for(i = 0;i < 10;i++)scanf(" %d",a + i);
    min = * (p + 0) + * (p + 1) + * (p + 2);
    for(i = 1;i < 10;i++)
    {
        x1 = * (p + i);
        if(p + i + 1 < = a + 9)x2 = * (p + i + 1);
        else x2 = * (p + i + 1 - 9);
        if(p + i + 2 < = a + 9)x3 = * (p + i + 2);
        else x3 = * (p + i + 2 - 9);
        if(min > x1 + x2 + x3)min = x1 + x2 + x3;
    }
printf("min: %d\n",min);
}
```

3. /* 编写函数,通过指针连接两个字符串。 */
```
#include< stdio.h>
main()
{
    char s1[20],s2[20],s3[40];
    void func(char s1[],char s2[],char s3[]);
```

```
    gets(s1);
    gets(s2);
    func(s1,s2,s3);
    puts(s3);
}
void func(char s1[],char s2[],char s3[])
{
    char *p1, *p2;
    p1 = s1;
    p2 = s3;
    while(*p1) *p2++ = *p1++;
    p1 = s2;
    while(*p2++ = *p1++);
}
```

4. /*编写函数,通过指针求字符串的长度*/

```
#include<stdio.h>
main()
{
    char s[20]; int n;
    int func(char s[]);
    gets(s);
    n = func(s);
    printf("The len: %d\n",n);
}
int func(char s[])
{
    char *p = s;
    int n = 0;
    while(*p){n++,p++;}
    return n;
}
```

5. /*输入一行文字,找出其中大写字母,小写字母,空格,数字及其他字符各有多少*/

```
#include<stdio.h>
int n1,n2,n3,n4,n5;
main()
{
    char s[100];
    void func(char s[]);
    gets(s);
    func(s);
    printf("%d, %d, %d, %d, %d\n",n1,n2,n3,n4,n5);
}
void func(char s[])
{
    char *p = s;
    while(*p)
    {
        if(*p>='A'&&*p<='Z')n1++;
        if(*p>='a'&&*p<='z')n2++;
        if(*p==' ')n3++;
        if(*p>='0'&&*p<='9')n4++;
        else n5++;
        p++;}
}
```

6. /* 定义一个函数,计算两个数的和与乘积。 */

```
#include<stdio.h>
void f(double x,double y,double *p,double *q)
{
     *p=x+y;
     *q=x*y;
}
void main()
{
    double a,b,add,mult;
    printf ("Input a b:\n");
    scanf("%lf%lf",&a,&b);
    f(a,b,&add,&mult);
    printf("add=%-8.2f mult=%-8.2f\n",add,mult);
}
```

7. /* 编写函数,将字符串中连续的相同字符仅保留1个(字符串"abbcccdd ef"处理后为"abcd ef"。 */

```
#include<stdio.h>
void del(char s[])
{
    char *p,*q;
    p=s;
    q=s+1;
    for(;*p!='\0';q++)
      if (*p!=*q)
      { *(p+1)=*q;
          p++;
              }
}
void main()
{
    char a[80];
    gets(a);
    del(a);
    puts(a);
}
```

8. /* 编写函数,用指针将5×5的矩阵转置 */

```
#include<stdio.h>
void fun(float a[][5])
{
    int i,j;
    float temp;
    for(i=0;i<5;i++)
        {   for(j=0;j<i;j++)
            {   temp=(*(*(a+i)+j));
                 *(*(a+i)+j)=(*(*(a+j)+i));
                (*(*(a+j)+i))=temp;
            }
        }
    }
void main()
{
    int i,j;
```

```
    float a[5][5];
    for(i = 0;i < 5;i++)
        for(j = 0;j < 5;j++) scanf(" % f",&a[i][j]);
    fun(a);
    for(i = 0;i < 5;i++)
        { for(j = 0;j < 5;j++) printf(" % .0f",a[i][j]);
            printf("\n");
        }
}
```

9. /* 输入5个字符串,输出其中最长的字符串。 */

```
#include "stdio.h"
#include "string.h"
void main()
{
    char str[5][100], * p[5];
    int i,k;                    // 用 k 记录最长字符串所在的行下标
    for(i = 0;i < 5;i++)        // 指针数组的每一个元素分别指向一个字符串
        p[i] = str[i];
    printf("输入5个字符串:\n");
    for(i = 0;i < 5;i++)
        gets(p[i]);
    for(k = 0,i = 1;i < 5;i++) // 设 p[k]所指的字符串最长,k 的初始值为 0
        if(strlen(p[i])> strlen(p[k]))
            k = i;
    printf("最长的字符串是: % s\n",p[k]);
}
```

第9章习题与思考

一、选择题

1. C　2. A　3. C　4. D　5. C　6. D　7. D

二、读程序写结果

1. 运行结果:

```
6
```

2. 运行结果:

```
51
60
21
```

三、程序填空

1. person[i]. sex　2. p—> data　q

四、程序设计题

1.
```
#include < stdio.h >
#include < string.h >
#define N 5
struct person
{
    char name[10], address[20], telephone[20];
```

```
};
main()
{
struct person p1, p[N] = {{"刘一","武汉","027-11111111"},
                          {"张而","武汉","027-22222222"},
                          {"赵散","武汉","027-33333333"},
                          {"李思","武汉","027-44444444"},
                          {"朝地","武汉","027-55555555"}};
char name[10];
int i, j;
printf("请输入人名:");
scanf("%s", name);
for(i=0;i<N;i++)
    if(strcmp(name,p[i].name)==0)
    {
            printf("%14s %20s\n", p[i].name, p[i].telephone);
        break;
    }
if(i>=N) printf("该记录不存在!\n");
}
```

2.
```
#include<stdio.h>
#define N 10
typedef struct _score
{
    char name[10];
    int math, computer, english;
    int total;
} SCORE;
void fsort(SCORE s[ ])
{
    int i, j, k;
    SCORE temp;
    for(i=0; i<N; i++)     /*选择法排序*/
    {
        k=i;
        for(j=i+1; j<N; j++)
            if (s[k].total<s[j].total) k=j;
        if(k!=i) { temp=s[k]; s[k]=s[i]; s[i]=temp; }
    }
}
void print(SCORE p[ ])
{
    int i;
    printf("%14s %5d %5d %5d %7d\n","姓名","数学","英语","计算机","总分");
    for(i=0;i<N;i++)
    {
        printf("%14s %5d %5d %5d %7d\n",
        p[i].name,p[i].math,p[i].english,p[i].computer,p[i].total);
    }
}
main()
{
    SCORE a[N];
```

```
    int i;
    printf("请输入10个学生的信息(姓名、数学、英语、计算机):");
    for(i = 0; i < N; i++)
    {
        scanf(" %s %d %d %d",a[i].name,&a[i].math,&a[i].english,&a[i].computer);
        a[i].total = a[i].math + a[i].english + a[i].computer;
    }
    printf("排序前:\n");
    print(a);
    fsort(a);
    printf("排序后:\n");
    print(a);
}
```

3. 函数如下(请自行将 main 函数补充完整):

```
#define SIZE sizeof(struct stu_node)
struct stu_node
{
    int num;
    char name[20];
    int score;
    struct stu_node * next;
} * head;
int n;                              /* n表示链表结点个数 */
struct stu_node * create()
{
    struct stu_node *p1, *p2, *p;
    head = NULL;                    /* 建立空表 */
    n = 0;
    printf("请输入学号、姓名、成绩(学号为0时停止输入):\n");
    do
    {
        p = (struct stu_node *)malloc(SIZE);
        scanf(" %d%s%d", &p->num, p->name, &p->score);    /* 建立新结点,并初始化 */
        if(p->num == 0) break;    /* 学号为0时,终止循环 */
        else{
            p2 = head;
            if(head == NULL) { head = p; head->next = NULL; } /* 原表为空时插入为头结点 */
            else{
                while((p->num > p2->num)&&(p2->next != NULL))
                  { p1 = p2; p2 = p2->next; }    /* p1,p2各后移一个结点 */
                if(p->num <= p2->num){    /* 在p1与p2之间插入新结点 */
                    if(head == p2) head = p;
                    else p1->next = p;
                    p->next = p2;
                }
                else {p2->next = p; p->next = NULL; }    /* 新结点插入为尾结点 */
            }
        }
        n++;                        /* 表长加1 */
    }while(1);
    free(p);
    return head;                    /* 返回链表头指针 */
}
```

4. 函数如下(请自行将 main 函数补充完整)：

```
void search_stu(struct stu_node * head, int num)          /* 查找学号为 num 的记录信息 */
{
    struct stu_node * p;
    p = head;
    if(head == NULL)
    {
        printf("空表,无记录!\n");
        return;
    }
    do
    {
        if(num == p->num){
            printf("\n学号 姓名 成绩\n");
            printf("%4d %s %d\n", p->num, p->name, p->score);
            break;
        }
        elsep = p->next;
    }while(p != NULL);
    if(p == NULL) printf("该表中无此记录!\n");
}
```

5. 函数如下(请自行将 main 函数补充完整)：

```
struct empl_node
{
    char name[20];
    float jbgz;
    struct empl_node * next;
};
int new_n=0;                                /* new 表的表长 */
void copy_emp(struct empl_node * old, struct empl_node * new)
{
    struct empl_node * last, * p, * s;
    p = old;
    new = last = NULL;                 /* last 是 new 表的表尾指针 */
    if(old == NULL)
    {
        printf("空表,无记录!\n");
        return;
    }
    else{
        while(p != NULL){
            s = (struct empl_node *)malloc(SIZE);
            strcpy(s->name, p->name);
            s->jbgz = p->jbgz;
            s->next = NULL;
            if(new == NULL) new = s;
            else last->next = s;
            last = s;
            new_n++;
            p = p->next;
        }
}
```

6. 函数如下(请自行将 main 函数补充完整):

```
struct empl_node
{
    char name[20];
    float jbgz;
    struct empl_node * next;
};
struct empl_node link_emp(struct empl_node * list1, struct empl_node * list2)
{
    struct empl_node *p, *s;
    p = list1;
    s = list2;
    while(p->next != NULL) p = p->next;
    while(s != NULL){
        list2 = s->next;
        p->next = s;
        p = s;
        p->next = NULL;
        s = list2;
    }
    return list1;
}
```

第 10 章习题与思考

一、选择题

1. C　2. C　3. D　4. A　5. D　6. B　7. B　8. A　9. B

二、读程序写结果

1. 运行结果:

```
21,43
```

2. 运行结果:

```
0000000001000001
```

三、简答题

1. 什么是共用体数据类型?试比较共用体与结构体。

答:共用体数据类型是 C 语言的一种用户自定义构造类型,它可以有多个不同数据类型的成员,但每次只使用它的一个成员,这种类型定义的变量占用的空间取其成员中最长的一个,这种数据对象在程序执行的不同时间能存储不同类型的值。共用体与结构体类型的比较:①共用体类型定义的形式跟结构体类型的定义形式相同,只是其类型关键字不同,前者是 union,后者是 struct;②共用体类型和结构体相似,也可以有多个不同数据类型的成员,但共用体每次只使用它的一个成员,而结构体无此限制;③共用体类型定义的变量占用的空间取其成员中最长的一个,而结构体类型定义的变量占用的空间是其所有成员长度之和。

2. 什么是枚举数据类型?请举例说明。

答:枚举数据类型是 C 语言的一种用户自定义基本类型,为提高程序描述问题的直观性,在枚举类型的定义中列举出所有可能的取值,被说明为该枚举类型的变量取值不能超过定义的范围,例如“enum day{sun, mon, tue, wed, thu, fri, sat};”。

3. 什么是类型定义? 请举例说明。

答:类型定义是对现有数据类型的标识符的重新定义,即定义一个现有类型标识符的“别名”,这种方法可改善程序的可读性,例如“typedef int ARRAY[10]; ARRAY a, b;”。

第11章习题与思考

一、选择题

1. C　2. A　3. B　4. D　5. C　6. D　7. C　8. D

二、简答题

1. C语言中,文本文件和二进制文件有什么区别?

答:在C语言中,二进制文件是以数据在内存中的二进制存储形式(内码)原样保存的文件;而文本文件则是以字符的ASCII码值进行存储与编码的文件,文件的内容就是字符。文本文件和二进制文件都可以作为用户的数据文件,当写数据到磁盘时,文本文件需要把内存中的二进制形式转换成ASCII码的形式,要耗费转换时间,且占用的存储空间大,但优点是文本文件可读的并易于修改;而二进制文件所占的存储空间小,输出时无须转换,但一个字节并不对应一个字符,所以是不可读的,也很难修改。

2. 什么是文件型指针? 通过文件指针访问文件有什么好处?

答:指向文件结构体类型变量的指针就是文件类型指针。C程序在处理文件时,利用文件指针来访问文件缓冲区,实现对文件的操作和检测,方便对数据存取。

3. 对文件的打开与关闭的含义是什么? 为什么要打开和关闭文件?

答:打开文件,是建立文件的各种相关信息,并使文件类型指针指向该文件,以便进行其他操作。而关闭文件操作可强制把缓冲区中的数据写入磁盘文件,保证文件的完整性,同时还将释放文件缓冲区单元和文件结构,使文件类型指针与具体文件脱钩。要对一个文件进行操作,必须先将其打开,读写完毕后还要将其关闭,以防止不正常的操作。

三、编程题

1.
```
#include <stdio.h>
main()
{
    FILE *fp1, *fp2;
    char c;
    if((fp1 = fopen("d:\\file1.dat","rb")) == NULL)    /file1.dat 已存在
    {
        printf("cannot open file! \n");
            exit(0);
    }
    if((fp2 = fopen("d:\\file2.dat","wb")) == NULL)
    {
        printf("cannot open file! \n");
        exit(0);
    }
```

```
    while(!feof(fp1))
        {c = fgetc(fp1);
            fputc(c,fp2);
    }
    fclose(fp1);
    fclose(fp2);
}
```

2.
```
#include <stdio.h>
main()
{
    FILE *fp;
    char t;
    int letter = 0,number = 0,other = 0;
    if((fp = fopen("d:\\myfile.txt","r")) == NULL)
    {
        printf("cannot open file! \n");
        exit(0);
    }
    do
    {   t = fgetc(fp);
        if(t>'a'&& t<'z'|| t>'A'&& t<'Z') letter++;
        else if(t>'0'&& t<'9') number++;
            else other++;
    }while(t!= EOF);
    fclose(fp);
    printf("letter: %d, number: %d, other: %d\n", letter, number, other);
}
```

3.
```
#include <stdio.h>
main()
{
    FILE *fp;
    char ch, fname[32];
    int count = 0;
    if ((fp = fopen("file3.txt","w+")) == NULL)
        {printf("Can't open file! \n");
            exit(0);
        }
    printf("Enter data:\n");
    while ((ch = getchar())!= '#')
    {
    fputc(ch,fp);
    count++;
        }
    fprintf(fp, "\n%d\n",count);                    //将输入的字符个数添加到文件尾
    fclose(fp);
    }
```

4.
```
#include <stdio.h>
#define SIZE 5
#define ST struct student
ST
{
    char num[12];
```

```
    char name[10];
    int score;
};
main()
{
    ST a[SIZE];
    int i;
    FILE * fp;
    if ((fp = fopen("d:\\stud1.dat","wb")) == NULL)
    {   printf("Can't open file! \n");
        exit(0);
    }
    for(i = 0; i < SIZE; i++)
    {
        scanf(" %s%s%d", a[i].num, a[i].name, &a[i].score);
        if(fwrite(&a[i], sizeof(ST), 1, fp)!= 1)
            printf("File write error!\n");
    }
    fclose(fp);
}
```

5.
```
#include <stdio.h>
#include <string.h>
#define SIZE 5
#define ST struct student
ST
{
    char num[12];
    char name[10];
    int score;
};
main()
{
    ST b;
    int i;
    char xm[10];
    FILE * fp;
    if ((fp = fopen("d:\\stud1.dat","rb")) == NULL)
    {   printf("Can't open file! \n");
        exit(0);
    }
    printf("Please input xm:");
    scanf(" %s", xm);
    for(i = 0; i < SIZE; i++)
    {
        fread(&b, sizeof(ST), 1, fp);
        if(strcmp(b.name, xm) == 0)
        {
            printf("\n%s %s %d\n", b.num, b.name, b.score);
            break;
        }
    }
    if(i >= SIZE) printf("No exist!\n");
    fclose(fp);
```

```
}
```

6.
```
#include <stdio.h>
#define SIZE 5
#define ST struct student
ST
{
    char num[12];
    char name[10];
    int score;
};
main()
{
    ST a[SIZE], b;
    int i, j, k;
    FILE *fp;
    if((fp = fopen("d:\\stud1.dat","rb")) == NULL)
    {   printf("Can't open file! \n");
        exit(0);
    }
    for(i = 0; i < SIZE; i++)          //将文件记录读入数组 a 中
        fread(&a[i], sizeof(ST), 1, fp);
    fclose(fp);
    for(i = 0; i < SIZE; i++)          //选择法排序
    {
        k = i;
        for(j = i + 1; j < SIZE; j++)
            if(a[k].score < a[j].score) k = j;
        if(i!= k) { b = a[i]; a[i] = a[k]; a[k] = b; }
    }
    if((fp = fopen("d:\\stud2.dat","wb")) == NULL)
    {   printf("Can't open file! \n");
        exit(0);
    }
    for(i = 0; i < SIZE; i++)          //将排好序的数组写入新文件中
        if(fwrite(&a[i], sizeof(ST), 1, fp)!= 1)
            printf("File write error!\n");
    rewind(fp);
    for(i = 0; i < SIZE; i++)          //显示新文件
    {
        fread(&a[i], sizeof(ST), 1, fp);
        printf("\n%s %s %d\n", b.num, b.name, b.score);
    }
    fclose(fp);
}
```

7.
```
#include <stdio.h>
#define SIZE 6
#define ST struct student
ST
{
    char num[12];
    char name[10];
    int score;
};
```

```
main()
{
    ST a[SIZE], b;
    int i, j;
    FILE * fp;
    if((fp = fopen("d:\\stud2.dat","rb + ")) == NULL)
    {   printf("Can't open file! \n");
        exit(0);
    }
        for(i = 0; i < SIZE - 1; i++)                //将文件记录读入数组 a 中
    {
        fread(&a[i], sizeof(ST), 1, fp);
        printf("\n% s  % s  % d\n", b.num, b.name, b.score);
    }
    printf("Please input new record:\n");
    scanf(" % s % s % d", b.num, b.name, &b.score);
    i = 0;
    while(a[i].score > b.score&&i < SIZE - 1) i++;    //找插入位置
    for(j = SIZE - 2; j >= i; j-- ) a[j + 1] = a[j];  //该位置及其后面的元素后移
    a[i] = b;                                         //插入新记录
    rewind(fp);
    for(i = 0; i < SIZE; i++)                         //将数组重新写入文件中
        if(fwrite(&a[i], sizeof(ST), 1, fp)!= 1)
            printf("File write error!\n");
    rewind(fp);
    for(i = 0; i < SIZE; i++)                         //显示已插入新记录的文件
    {
        fread(&a[i], sizeof(ST), 1, fp);
        printf("\n% s  % s  % d\n", b.num, b.name, b.score);
    }
    fclose(fp);
}
```

第 12 章习题与思考

一、简答题

1. 面向对象与面向过程编程的不同之处有哪些？

答：面向对象的特点，就是把数据和逻辑封装成一个整体，带来了强耦合的问题。向过程的特点，数据和逻辑分开，绝对的松耦合，但封装性不够。面向对象和面向过程区别在以下两方面：封装性上面向对象的封装将一系列的数据和方法集中在类中面向过程的封装，方法一般不做封装，数据用 Struct 封装，方法和数据分离代码复用性上面向对象利用继承的方式复用面向过程只能以普通的函数复用。

2. 什么是 C++中的类和对象？它们的关系是什么？

答：简单来说，C++中，类是一种自定义数据类型，而对象就是类的一个实例。所谓对象，就是面向对象程序设计的基本单元，由属性数据和行为方法两个要素组成。在 C++中，每个对象都有其数据和函数，通过保护机制只有对象中的函数才能访问本对象中的数据。多个对象间是通过函数进行交流协作的。所谓类，就是对象的抽象。在 C++中，将事物的共性集中归纳到一种叫作类(Class)的类型中。类的实例就是对象，其不占用内存存储空间。

3. 什么是类的成员数据和成员函数？

答：利用C++类机制，用户可以定义自己的数据类型；并且能很好地将不同类型的数据以及与其相关的操作封装在一起，数据成员以及成员函数分别用于描述类的属性和行为。

4. 什么是派生类？什么是继承类？

答：继承类是一个已经定义的类的名字，也可称为父类；派生类是继承原有类的特性而生成的新类的名称。

5. 继承有哪些好处？

答：代码重用：类的继承和派生机制，使程序员无须修改已有类，只需在已有类的基础上，通过增加少量代码或修改少量代码的方法得到新的类，从而较好地解决了代码重用的问题。

代码扩充：只有在派生类中通过添加新的成员，加入新的功能，类的派生才有实际意义。

6. protected 和 private 类成员的区别是什么？

答：当基类成员在基类中的访问属性为 private 时，在三种继承方式的派生类中的访问属性都不可直接访问；当基类成员在基类中的访问属性为 protected 时，继承方式为 public，在派生类中的访问属性为 protected，继承方式为 private，在派生类中的访问属性为 private，继承方式为 protected，在派生类中的访问属性为 protected。

二、编程题

1.
```
#include <iostream>
#include <iomanip>
#include <string>
#include <sstream>
using namespace std;

int main()
{
    string money_str;
    double money;
    string rate_str;
    double rate;

    cout << "准备存入余额宝的金额数:";
    getline(cin, money_str);
    stringstream(money_str) >> money;
    cout << "余额宝的每万份收益率:";
    getline(cin, rate_str);
    stringstream(rate_str) >> rate;
    cout << "用户近一周的收益为" << setiosflags(ios::fixed) << setprecision(2)
        << money / 10000 * rate * 7 << endl;

    return 0;
}
```

2.
```
#include <iostream>
#include <cmath>
#include <string>
#include <sstream>
```

```
using namespace std;

int main()
{
    string a_str, b_str, c_str;
    float a, b, c, t;

    cout << "a:";
    getline(cin, a_str);
    stringstream(a_str) >> a;

    if (a == 0) {
        cout << "因为 a = 0,所以此方程无解!" << endl;
        return 1;
    }

    cout << "b:";
    getline(cin, b_str);
    stringstream(b_str) >> b;

    cout << "c:";
    getline(cin, c_str);
    stringstream(c_str) >> c;

    t = b * b - 4 * a * c;

    if (t < 0) {
        cout << "因为 b * b < 4 * a * c,所以此方程无解!" << endl;
        return 1;
    }

    cout << t << " x1 = " << ( - b + sqrt(t))/(2 * a) << endl;
    cout << t << " x2 = " << ( - b - sqrt(t))/(2 * a) << endl;

    return 0;
}
```

3.
```
#include <iostream>
using namespace std;

class Employee {

public:
    Employee(string a, int b, string c) : id(a), year(b), type(c) {}
    string getID() { return id; }

protected:
    string id;
    int year;
    string type;
};

class MonthlyPayEmployee: public Employee {

public:
    MonthlyPayEmployee(string a, int b, string c, float d, float e) : Employee(a,b,c),
payment(d), rate(e) {}
```

```
    float getSalary() { return payment * year * (rate + 1); }

private:
    float payment;
    float rate;
};

class PercentagePayEmployee: public Employee {

public:
    PercentagePayEmployee(string a, int b, string c, float d, float e) : Employee(a,b,c),
profit(d), rate(e) {}
    float getSalary() { return profit * rate; }

private:
    float profit;
    float rate;
};

class HourlyPayEmployee: public Employee {

public:
    HourlyPayEmployee(string a, int b, string c, float d, float e) : Employee(a,b,c),
payment(d), hours(e) {}
    float getSalary() { return payment * hours; }

private:
    float payment;
    float hours;
};

int main(){
    // 创建对象
    MonthlyPayEmployee m("1000", 10, "MonthlyPayEmployee", 3000, 0.1);
    PercentagePayEmployee p("2000", 5, "PercentagePayEmployee", 100000, 0.05);
    HourlyPayEmployee h("3000", 0, "HourlyPayEmployee", 60, 176);

    // 计算薪酬
    cout << m.getID() << " MonthlyPayEmployee's Salary: " << m.getSalary() << endl;
    cout << p.getID() << " PercentagePayEmployee's Salary: " << p.getSalary() << endl;
    cout << h.getID() << " HourlyPayEmployee's Salary: " << h.getSalary() << endl;

    return 0;
}
```

4.
```
#include <iostream>
using namespace std;
// 定义
class Shape {
public:
    Shape() { cout << "调用 Shape 的构造函数,"; }
    ~Shape() { cout << "调用 Shape 的析构函数,"; }
protected:
    double w;                    // Width
    double h;                    // Height
};
```

```
class Circle: public Shape {
public:
    Circle() { cout << "调用 Circle 的构造函数。" << endl; }
    ~Circle() { cout << "调用 Circle 的析构函数。"<< endl; }
    void setRadius(int r) { w = r; }
    double getArea(void){ return 3.14 * w * w; }
};

class Square: public Shape {
public:
    Square() { cout << "调用 Square 的构造函数。" << endl; }
    ~Square() { cout << "调用 Square 的析构函数。" << endl; }
    void setWidth(int x) { w = x; h = w; }
    double getArea(void){ return w * w; }
};

class Triangle: public Shape {
public:
    Triangle() { cout << "调用 Triangle 的构造函数。" << endl; }
    ~Triangle() { cout << "调用 Triangle 的析构函数。" << endl; }
    void setHeight(int x) { h = x; }
    void setWidth(int x) { w = x; }
    double getArea(void){ return w * h / 2; }
};

//使用
int main(){
    // 创建对象
    Circle c;
    Square s;
    Triangle t;

    // 给对象赋值
    c.setRadius(10);
    s.setWidth(5);
    t.setWidth(20);
    t.setHeight(10);

    // 打印对象的面积
    cout << "Total area: " << c.getArea() << endl;
    cout << "Total area: " << s.getArea() << endl;
    cout << "Total area: " << t.getArea() << endl;

    return 0;
}
```